北疆文化

U0884500

黄河國家治理文獻集成（民國卷）第二十九册
《黄河國家治理文獻集成》編委會 編

總第九十三册

治水述要

（上册）

周馥 撰
曹玲 梁芹洋 編

內蒙古出版集團
內蒙古人民出版社

圖書在版編目（CIP）數據

治水述要．上册 / 周馥撰 ； 曹玲， 梁芹洋編．
呼和浩特 ： 内蒙古人民出版社， 2025．8．--（黄河國家治理文獻集成）．-- ISBN 978-7-204-16703-6

Ⅰ．TV882

中國國家版本館 CIP 數據核字第 2025FV3440 號

治水述要（上册）

周馥　撰

編　　者　曹　玲　梁芹洋
策劃編輯　王　瑶
責任編輯　王　瑶
裝幀設計　劉那日蘇　吉　雅　安立新
責任監印　包鐵柱
出版發行　内蒙古出版集團　内蒙古人民出版社
地　　址　呼和浩特市新城區中山東路 8 號波士名人國際 B 座 5 層
網　　址　http：//www.impph.cn
印　　刷　内蒙古愛信達教育印務有限責任公司
開　　本　880mm × 1230mm　1/16
印　　張　27.75
字　　數　340 千
版　　次　2025 年 8 月第 1 版
印　　次　2025 年 8 月第 1 次印刷
印　　數　1—1000 册
書　　號　ISBN 978-7-204-16703-6
定　　價　228.00 元

如出現印裝質量問題，請與我社聯繫。聯繫電話：（0471）3946120

編纂委員會

主　　任　陳利保

副 主 任　周承英　吴義學　王　瑶

成　　員　賈大明　何可欣　董立群　羅　婧　王曉俊　董麗娟
白　玲　特日格勒　徐　飛　李月琪　王麗燕　李　琳

主　　編　董　杰

副 主 編　張曉東　曹　玲

委　　員（按姓氏筆畫排序）
王　丹　王智慧　王鑫義　白胡日査　朱紫陽　李　萌
李新蕊　姚亞菲　陳　思　曹佳興　梁芹洋　張文文
張　岩　張博原　張　祺　張曉英　喬恩懋　賀　莎
楊　怡　楊建國　楊　承　霍燕平　魏雪剛

引言

千古河流成沃野，幾年沙勢自風湍。

得益于黄河冲積所帶來的疏松土質和有機物，中華先民利用石製工具開始了農業生産，并逐步發展出旱地粟作農業，『能够最大程度保障食物供給的穩定性，奠定了中華文明起源和形成的堅實基礎』〔一〕。而利用河水灌溉，提高區域可預測農業産量，『在産業史上起着最有决定性的作用』〔二〕。隨後，技術進步、經濟發展、人口增加，讓先民的文化生活大爲豐富。嚴文明先生評價道：『這是一場影響深遠的革命。』〔三〕在這場革命中，平衡水、沙、産、人四者之間的關係，始終是黄河治理的核心問題。四者關係一旦失衡，就容易引發諸多灾患。

歷史上，黄河下游因人口稠密、經濟發達，一直是學術界關注的重點。但自河源至今内蒙古托克托縣河口鎮的黄河上、中游區域，雖遠離王畿，人口稀疏，却也一直備受關注，人們逐步認識到黄河全流域治理是國家的重要任務。《漢書》載：『堤防之作，近起戰國，雍防百川，各以自利。』〔四〕没有全流域的協同治理，僅靠各地分段築堤，則黄河河患無法解决。秦建立了中國歷史上第一個中央集權大一統王朝，秦始皇東巡碣石，刻石銘記『决通川防，夷去險阻』〔五〕，開啓中央政府調動各要素治黃之先河，這『在中國，實質上是國家的一種職能』〔六〕。同時，國家通過對黃河的有效治理，爲沿黃流域人民群衆乃至其他地區人民群衆提供了重要的公共物品和産業支撑，成爲人民群衆眼中中央政府的功過評價指標之一。因此，治黃在增强沿黃各族群國家、政治、文化認同的基礎上，强化了中國大一統國家的合法性，成爲歷代國家治理能力的一個重要測度。

一、黃河治理維護了國家的社會穩定

從秦并六國到漢朝建立大一統國家，中國統一的多民族國家形成并得到初步發展。當時中央政府對所轄疆域有『北邊郡』和『内郡』之稱。内蒙古額濟納旗出土的居延漢簡有載，『貇（墾）田以鐵器爲本北邊郡毋鐵官印器内郡令郡以時博賣予細民毋令豪富吏民得多取販賣細民』，可以看出北邊郡是與内郡相對應的行政管轄區域。《史記》卷二十八『封禪書第六』載：『上乃遂去，並（并）海上，北至碣石，巡自遼西，歷北邊至九原。』〔七〕。《史記》卷三十『平準書第八』載：『天子北至朔方，東到太山，巡海上，並（并）北邊以歸。』〔八〕司馬遷多次提及北邊，足見統治者對北邊治理的重視。

漢武帝時，齊人延年提出從今内蒙古引黃河水經今北京一帶，向東注入渤海，以衛北部邊疆。『是時方事匈奴，興功利，言便宜者甚衆。齊人延年上書言：「河出昆侖，經中國，注勃海，是其地勢西北高而東南下也。可案圖書，觀地形，令水工準高下，開大河上領，出之胡中，東注之海。如此，關東長無水災（灾），北邊不憂匈奴，可以省隄（堤）防備塞，士卒轉輸，胡寇侵盜（盗），覆軍殺將，暴骨原野之患。天下常備匈奴而不憂百越者，以其水絶壤斷也。此功壹（一）成，萬世大利。」』〔九〕《史記》卷二十四『樂書第二』載：『天馬來兮從西極，經萬里兮歸有德。承靈威兮降外國，涉流沙兮四夷服。』〔十〕如今，包頭地區出土了『四夷盡服』瓦當，出土文物與傳世文獻的呼應，成爲黄河治理維護祖國北部邊疆穩定的見證。

《史記》卷三十『平準書第八』載：『嚴助、朱買臣等招來東甌，事兩越，江淮之閒（間）蕭然煩費矣。唐蒙、司馬相如開路西南夷，鑿山通道千餘里，以廣巴蜀，巴蜀之民罷焉。彭吳（吴）賈滅朝鮮，置滄海之郡，則燕齊之閒（間）靡然發動。及王恢設謀馬邑，匈奴絶和親，侵擾北邊，兵連而不解，天下苦其勞，而干戈日滋。』〔十一〕清代《汾陽縣志》卷十三『藝文』收録曹學閔《開修黄蘆嶺車路紀德政碑記》，上載：『永寧州，界連西陲，北達邊外歸綏諸路，商賈遠貿粟麥，泛皮船隨黄流南下，聚于州西磧口，一府之民仰利賴焉。而東至太原，南抵平陽，州縣凡二十餘，亦視汾爲橐鑰，蓋所繫非特一方生計矣。』〔十二〕民國時期，東北淪陷後，開發西北刻不容緩，而『黄河中游之水利，自應加以擴充及整理，藉（借）收桑榆之效，以挽狂瀾於（于）萬一』〔十三〕。

因黄河流域自然條件優越，歷朝歷代都十分重視對此地的開發，通過强有力的國家干預方式推動各類產業的發展，爲中國北部疆域的形成和社會穩定奠定了基礎。

二、民族交往、物資交流、技術轉移促成黃河治理共同體

《史記》卷十五『六國年表第三』載：秦始皇三十三年（前214），『築長城河上，蒙恬將三十萬』〔十四〕。這數十萬人中，擁有一技之長的人員不在少數。由此，邊地人口不斷增多，而豐富的物產則促進了商品交流與統一市場的形成。西漢《鹽鐵論·力耕第二》記録了『异物内流』的情形：『是以贏（騾）驢馲駞（駝），銜尾入塞，驒騱騵馬，盡爲我畜，鼲鼦狐貉，采旃文罽，充於（于）内府，而璧玉珊瑚瑠（琉）璃，咸爲國之寶。』〔十五〕此後，黃河北岸的『贏（騾）驢馲駞（駝）』『驒騱騵馬』『鼲鼦狐貉』『采旃文罽』與西南織錦、中原麻織、農作物等物資相互交流，逐步形成統一的國内大市場，加强了邊疆與其他地區的經濟聯繫，促進了邊疆特色產業的發展。

隨着民族交往交流交融的增强，清代以降，黃河流域内蒙古段輸入到内地的也不僅僅是『异寶』了。《綏遠通志稿·水路》載：『自乾隆以還。口外墾殖日廣。民殷物阜。出境之油、糧、鹽、鹼（碱）、甘草各貨。入境之日用雜貨。山西與歸綏往來之商運。凡經河路者皆以托屬河口爲唯一之碼頭。』〔十六〕從清乾隆年間到民國時期，由内蒙古經黃河運到山西的貨物有糧、油、鹽、碱、藥材、皮毛等，其中以糧油爲最大宗。糧食品種主要有糜黍、穀子、高粱、豆類及玉米、大小麥

等，油料主要是胡麻。內蒙古供貨支綫有從阿拉善盟阿拉善左旗吉蘭泰鹽池到山西吕梁市磧口鎮的運鹽駝路，五原縣、臨河區一帶各大幹渠的運糧水道，杭錦旗、達拉特旗的甘草馱運綫，鄂托克旗的運碱駝路。內蒙古段各條支綫以供貨爲主，山西段若干支綫以運銷爲主。

《臨縣志》載：『清朝乾隆至民國年間，陝、甘、綏、蒙等地的物資，通過此航綫運達磧口，再用牲口馱運到離石、吴城，轉運至東路（汾、平、介、孝等縣）。據民國 20 年（1931）統計，每年從綏遠磴口航至磧口的貨船不下 4000 餘艘』『是陝、甘、綏、寧與晋西北物資集散之重鎮』。〔十七〕可見，內蒙古在甘肅、寧夏與陝西、山西等沿黄上下游物資交易中起到了重要的聯結作用；同時也吸引了山西、陝北、河北、山東、甘肅等地的農民遷移至此，并將開渠打壩、引水澆地等農業生産技術、手工技術和商業貿易經營方式帶到這裏。他們在此扎根，除了從事農業生産外，還挖甘草、下窑背炭、在黄河上拉船、在沙漠中拉駱駝、打短工放冬羊、開碾磨油坊，等等。不同地域、不同民族的人們合力修築河渠、引水興業，逐漸形成休戚與共的共同體。其間積纍的産品交易、商業管理、社會治理等方面的經驗，在今天依然有借鑒意義。

清代『首重治河，探河源以窮水患』〔十八〕，但更深層次的考量是『宣揚大一統及增强國家認同』〔十九〕。黄河流域人口基數大、分布廣，而全流域治理理念將不同地區、不同民族的人們凝聚成命運共同體，而『大一統』理念正是這一治理實踐的核心主題。

三、黄河流域拓展了中國的發展空間

早期統治者因巡幸及邊防建設所需，統籌管理沿黄河運與秦直道等沿黄馬道，維持着中央政府對北邊的有效治理。河套平原引黄渠道的建設爲秦漢王朝屯田事業提供了基本的水利保證，并將這些區域變成防禦北部邊患的大後方與根據地。于是，沿黄馬道、沿黄河運與萬里茶道、草原絲路等陸路運輸聯通起來，促進了中華文明與其他文明的交流互鑒，拓展了新的發展空間。

新中國成立之後，沿黄各族兒女在中國共產黨的領導下團結合作、艱苦奮鬥，實現了大河安瀾。黄河流域建立起行之有效的防洪抗汛機制，支撑着沿岸的産業發展，改善了周邊生態環境。當代治黄史證明，正是由于中國共產黨的正確領導以及集中力量辦大事的制度優勢，纔從根本上減輕了河患的威脅。進入新時代，黄河流域在築牢安瀾根基的同時，以蓬勃活力拓展着中國的發展空間。沿黄九省區在協同發展中不斷釋放潛力，讓黄河流域成爲國家區域協調發展戰略中不可或缺的重要一極，爲中國的發展源源不斷地注入新動能。

綜上所述，黄河流域的治理不是單純的河道治理、生態環境治理或社會治理，而是一種關涉水、沙、産、人四者關係的系統性、協同性治理，是推動國家可持續發展的動力，也是厘清國家治理與邊疆治理兩者動態交互實際效果的絶佳視角。而黄河工程等『中國本土理論資源、學術積纍』〔二十〕，有助于研究國家治理的演進歷程。進入新時代，黄河治理與國家治理的關係研究不斷開闢新視角、持續涌現新成果，其中鑄牢中華民族共同體意識、邊疆治理與黄河流域生態保護和高質量發展成爲非常重要的研究視角。因此，基于這一角度搜集整理黄河國家治理文獻，意義重大。《黄河國家治理文獻集成》，應運而生。

本叢書系統梳理了黄河治理的歷史脉絡與經驗，既爲新時代黄河流域生態保護和高質量發展提供了歷史鏡鑒，更以文獻爲載體，傳承了治理智慧、凝聚了民族力量，是服務國家發展戰略、鑄牢中華民族共同體意識的重要學術實踐。

《黄河國家治理文獻集成》編委會

二〇二五年一月

〔一〕韓建業：《中華文明的起源和形成》，載《中華民族共同體研究》2022年第4期，第80-91+172頁。

〔二〕中共中央馬克思恩格斯列寧斯大林著作編譯局：《馬克思恩格斯選集》第二卷，人民出版社，2014年，第240頁。

〔三〕嚴文明：《黄河流域文明的發祥與發展》，載《華夏考古》1997年第1期，第49-54+113頁。

〔四〕（漢）班固：《漢書》卷二十九「溝洫志第九」，中華書局，1964年，第1692頁。

〔五〕（漢）司馬遷：《史記》卷六「秦始皇本紀第六」，中華書局，1963年，第252頁。

〔六〕冀朝鼎：《中國歷史上的基本經濟區與水利事業的發展》，朱詩鰲譯，中國社會科學出版社，1981年，第7頁。

〔七〕（漢）司馬遷：《史記》卷二十八「封禪書第六」，中華書局，1963年，第1398–1399頁。

〔八〕（漢）司馬遷：《史記》卷三十「平準書第八」，中華書局，1963年，第1441頁。

〔九〕（漢）班固：《漢書》卷二十九「溝洫志第九」，中華書局，1964年，第1686頁。

〔十〕（漢）司馬遷：《史記》卷二十四「樂書第二」，中華書局，1963年，第1178頁。

〔十一〕（漢）司馬遷：《史記》卷三十「平準書第八」，中華書局，1963年，第1420–1421頁。

〔十二〕（清）方家駒修，（清）王文員纂：《汾陽縣志》卷十三「藝文」，清光緒十年刻本，第57–58頁。

〔十三〕王華棠、劉錫彤、吴樹德：《黄河中游調查報告》，華北水利委員會編印，1934年，第1頁。

〔十四〕（漢）司馬遷：《史記》卷十五「六國年表第三」，中華書局，1963年，第758頁。

〔十五〕王利器：《鹽鐵論校注》，中華書局，1992年，第28頁。

〔十六〕綏遠通志館：《綏遠通志稿》第十册，内蒙古人民出版社，2007年，第176頁。

〔十七〕臨縣志編纂委員會：《臨縣志》，海潮出版社，1994年，第273、321頁。

〔十八〕趙爾巽等：《清史稿》卷一二六「河渠一」，中華書局，1977年，第3715頁。

〔十九〕劉惠：《乾隆朝重構黄河河源的實踐與國家認同》，載《清華大學學報》（哲學社會科學版）2018年2期，第147–154+195頁。

〔二十〕許耀桐：《當代中國「治理」概念的演進探析》，載《國家現代化建設研究》2023年3期，第100–111頁。

出版前言

黃河，中華民族的母親河，她不僅孕育了中華文明，更見證了中華民族數千年的發展歷程。習近平總書記深刻指出：『從某種意義上講，中華民族治理黃河的歷史也是一部治國史。』這一重要論述，爲新時代黃河文化的保護傳承以及流域治理提供了根本遵循，也深刻揭示了黃河治理在國家發展和民族復興進程中的核心地位。在學習貫徹習近平新時代中國特色社會主義思想，積極響應國家黃河流域生態保護和高質量發展重大戰略，大力推進北疆文化建設的背景下，《黃河國家治理文獻集成》的編纂出版，具有重要的歷史意義、學術價值與現實指導意義。

黃河治理，自古以來就是國家的頭等大事。從遠古時期大禹治水，到當代運用科學技術進行系統治理，中華民族在數千年的時間裏，積纍了豐富的治河經驗，留下了浩如烟海的文獻遺産。《黃河國家治理文獻集成》收録了元代至民國時期古籍、朱批奏摺、期刊圖片等多模態文獻資源。這些文獻內容豐富、維度多元，既包含記載河工技術、治理方略等的專書，又有漢文朱批奏摺、工程檔案以及不同區域的調查研究報告等。民國時期的文獻則標志着現代水利科學開始融入黃河治理，展現了我國水利事業在時代變革中的創新與發展。近代照片的收録則以更加直觀的方式將黄河治理、黄河沿岸的風貌呈現給讀者。

該文獻的出版，不僅是對瀕危黄河文化遺産的及時搶救與保護，更是對我國水利史、國家治理史、邊疆治理研究學術鏈條的重要補充，具有較高的文獻價值和學術意義。尤爲重要的是，這一集成工作，深度契合鑄牢中華民族共同體意識這一全黨全國各族人民的共同任務。各民族在治理黄河的歷史進程中，緊密協作、共同探索，這些珍貴文獻便是各民族交往交流交融和中華文明認同的生動見證。對這些文獻進行整理出版，能够讓各族人民更加深刻地認識到，在歷史長河中，各民族共同爲黄河治理貢獻了力量，共同守護了家園，從而進一步增强對中華民族共同體的認同感與歸屬感，夯實鑄牢中華民族共同體意識的歷史根基。

《黄河國家治理文獻集成》以『國家治理』爲核心綫索，構建起一個全面、系統、多維的文獻體系：在時間跨度上，聚焦從元代至民國這一傳統治河向現代水利轉型的歷史時期，爲深入研究我國水利事業的發展脉絡提供了清晰的時間坐標；在内容分類上，細緻劃分爲技術專著、工程檔案、區域研究、朱批奏摺、科學報告、圖片等類别，涵蓋黄河治理的各個方面，從不同角度展現了我國在黄河治理上的探索與實踐；在版本選擇上，秉持嚴謹、科學的態度，確保文獻内容的準確性與代表性，爲學術研究奠定堅實基礎。

在編纂過程中，叢書特别注重『全流域治理』的理念，不僅收録了有關下游防洪治河的重要文獻，還涵蓋了中游地區水土保持以及上游地區灌溉開發等方面的珍貴記載。這種對黄河全流域治理的全方位關注，與當前『共同抓好大保護，協同推進大治理』的要求高度契合，充分體現了叢書在傳承歷史文化遺産的同時，緊密服務于當代國家發展戰略的時代價值。

在出版過程中，嚴格保持原書的版式與行款，最大程度地還原文獻原貌。對于部分出現黴變、殘缺的頁面，運用先進的數字化修復技術進行精心處理，在保留原始批注與印章痕迹的基礎上，兼顧了文物的真實性與文獻的可讀性。

此外，爲了更好地服務讀者，方便學術研究，本叢書新增了目録、提要等内容，這些新增部分由編委會精心撰寫。新增目録一般編製二級，個别圖書編製三級；原書有目録而内文無對應標題的，根據原書目録照録；原書目録爲關鍵詞或者其他情况的不編製目録；原書目録與内文不一致的，以原書内文爲準；原書無目録的，按卷端、版心或其他部分輯録；一册書中收録多種圖書的，以書名爲一級標題，編製二或三級。在文字使用上，統一使用現代漢語規範繁體字，對于原版文獻中的异體字、避諱字也使用現代規範繁體字，無對應規範繁體字的保留原字。

《黄河國家治理文獻集成》的出版，是對黄河文化遺産的一次系統性、搶救性保護，具有重大而深遠的現實意義：從學術價值層面來看，叢書成功構建起一座連接傳統與現代治黄文獻的橋梁，爲黄河流域生態保護、水利工程史、國家治理史、邊疆治理、中華民族共同體學等多個領域的學術研究提供了豐富、翔實的基礎文獻，有力推動了相關學科的發展與創新；從文化價值角度而言，生動展現了北疆文化與黄河文化在歷史長河中的交融共生，爲内蒙古『北疆文化』品牌建設提供了堅實的文獻支撑，進一步豐富了中華文化的内涵與外延；從實踐價值方面考量，書中所藴含的治河理念爲我們在新時代背景下實現人與自然和諧共生、推動黄河流域可持續發展提供了寶貴的歷史經驗與智慧啓示。

在此，我們要衷心感謝各藏書機構的大力支持，正是他們提供了珍貴底本資源，纔使得本叢書的編纂出版成爲可能。同時，我們也要向文化遺産智能應用服務中華民族共同體建設『英才與蒙』團隊致以崇高的敬意，他們歷經五年的辛勤耕耘，以嚴謹的治學態度和專業的學術素養，對文獻進行了系統的整理和輯録，爲叢書的内容質量提供了堅實保障。此外，我們還要特别感謝内蒙古自治區黨委宣傳部、内蒙古出版集團將本叢書納入『北疆文庫』重點項目，并在出版過程中給予全方位支持與幫助。

我們衷心期待，這套凝聚着無數心血與智慧的《黄河國家治理文獻集成》，能够在新時代的『黄河大合唱』中奏響歷史的强音，爲黄河流域生態保護和高質量發展注入强大的歷史動力，讓黄河文化在保護中傳承，在傳承中創新，在創新中不斷發展，綻放出更加絢爛的光彩。同時，希望這套叢書能够成爲促進各民族文化交流、鑄牢中華民族共同體意識的重要載體，助力各民族更加緊密地團結在一起，共同爲實現中華民族偉大復興的中國夢而努力奮鬥，讓中華民族共同體意識在黄河文化的滋養下，扎根于每一位中華兒女的心中，成爲推動中華民族不斷前進的强大精神力量。

提　要

《治水述要》，周馥撰。周馥（1837—1921），字玉山，安徽建德人。著有《玉山詩集》《黄河源流考》等。

《治水述要》是一部記録各歷史時期黄河治理情況的重要著作，共10卷。書中詳細記録了黄河、淮河等主要水系頻繁决口的情况，闡述了各朝爲治理水患采取的多種措施，包括疏浚河道、修築堤壩，探討了不同治水策略的利弊，還提及水利工程管理、經費來源及人力調配等方面的内容，對于研究古代水利發展、社會經濟和民生保障狀况意義重大。

總目録

上册

序　三
自序　七
凡例　八
目録　一〇
卷一　四三
卷二　一〇五
卷三　二〇六
卷四　二九四
後記　三八七

下册

卷五　一
卷六　九六
卷七　一六四
卷八　二四〇
卷九　三二六
卷十　三八七
後記　四四三

上册目録

序　三
自序　七
凡例　八
目録　一〇
卷一　四三
禹貢導水各節集解　四三
夏王桀鑿山穿陵　五二
湯居亳　五二
殷五遷都　五三
周定王五年河徙　五三
周定王二十一年梁山崩壅河　五四
楚令尹孫叔敖作芍陂　五四

管子置水官　五五
周靈王二十二年穀洛鬬　五八
吴王闔閭伐楚開堰瀆運糧東通太湖西入長江　五八
周敬王三十四年吴城邗溝通江淮　六〇
魏文侯時西門豹引漳溉鄴　六一
周敬王二十五年伍員鑿河自長泖　六一
周威烈王十三年晉河岸崩壅龍門　六一
周顯王八年入河水于圃田　六一
周顯王十年楚師决河　六二
周赧王六年河水溢酸棗　六二
秦蜀守李冰開成都兩江　六二
秦作鄭國渠　六三
魏襄王時史起引漳溉鄴　六四
秦始皇帝二十三年王賁攻魏引河灌大梁城　六四
漢文帝十二年河决東郡　六五
漢武帝建元三年河溢平原　六五

漢武帝元光三年河徙從頓邱東南流入渤海 六五
漢武帝元光六年穿漕渠通渭 六六
漢武帝時穿漆沮水溉臨晋重泉 六七
漢武帝時朔方西河河西酒泉引河溉田關中靈軹成
國漳渠引諸川汝南九江引淮東海引鉅定泰山下
引汶水各溉田他小渠及陂山通道者不可勝言 六七
漢武帝元鼎六年兒寬鑿六輔渠 六七
漢武帝太始二年引涇水入櫟陽注渭溉田名曰白
公渠 六七
漢武帝時通褒斜道不可漕 六九
漢武帝時齊人延年請引黄河出胡中 七〇
漢武帝時河北決于館陶分爲屯氏河 七〇
漢元帝永光五年河決清河鳴犢口 七〇
漢元帝建昭中召信臣建鉗盧陂于穰南又開渠于
唐州 七一
漢成帝建始四年河決館陶及東郡金堤 七三

漢成帝河平三年河决平原 七四
漢成帝鴻嘉四年河溢渤海清河信都 七四
王莽始建國三年河决魏郡 七八
後漢光武帝建武十八年復鴻郤大陂 七九
後漢明帝永平十年作滹沱蒲吾渠 八一
後漢明帝永平十二年詔王景王吴修汴渠 八一
後漢安帝永初七年建八激堤于石門東 八三
後漢桓帝永興元年河水溢 八三
後漢靈帝光和六年秋金城河溢 八三
後漢獻帝建安五年陳登築高家堰 八三
後漢獻帝建安九年遏淇水入白溝 八六
後漢獻帝建安十一年鑿渠自滹沱入泒水又從泃河
口鑿入潞河 八六
後漢獻帝建安十八年引漳水入白溝 八六
後漢獻帝建安二十四年引洛水爲漕 八七
魏文帝黄初四年伊洛溢 八七

魏黃初中造龍舟從潁至淮入廣陵江口 八七
魏青龍初穿成國渠築臨晋陂 八八
魏劉馥開吴唐陂七門堰 八八
吴赤烏八年鑿句容中道築赤山湖 八八
晋武帝泰始六年河洛伊沁同時并溢 九〇
晋武帝泰始七年河洛伊沁皆溢 九〇
晋武帝泰始十年立河橋于富平津 九〇
是年決河注洛以通運漕 九一
晋懷帝永嘉三年大旱河洛江漢皆可涉 九一
南朝宋文帝元嘉十八年河溢 九一
北朝魏宣武時劉嵩請疏黃河以通船漕不成 九一
隋文帝開皇四年開渠自渭達河 九一
隋煬帝大業元年發男女百餘萬開通濟渠 九一
是年又開邗溝自山陽至揚子江 九一
隋煬帝大業三年河南大水漂没三十餘郡 九二
隋煬帝大業四年開永濟渠 九二

隋煬帝大業六年開江南河自京口至餘杭 九二
隋煬帝大業七年大水底柱山崩 九二
唐太宗貞觀十一年河溢壞中潬 九三
唐高宗永徽六年齊州河溢 九三
唐高宗永淳二年河溺河陽縣城 九三
唐武后如意元年五月洛溢七月又溢八月河溢壞河陽縣 九三
唐武后長壽二年河溢棣州 九三
唐武后聖曆元年秋河溢 九三
唐元宗開元十年河決博州棣州 九三
是年築捍海塘 九三
唐元宗開元十四年河溢 九六
唐元宗開元十五年河溢冀州 九六
唐元宗開元二十九年鑿砥柱通漕 九六
唐元宗天寶元年開三門利漕 九八
唐代宗大曆十二年秋河溢 九九

唐德宗建中元年河溢 九九
唐德宗貞元元年鑿山開車道至三門 九九
唐德宗貞元二年河溢 一〇〇
唐憲宗元和七年振武河溢毁東受降城 一〇〇
唐憲宗元和八年河溢浸滑州羊馬城 一〇〇
唐文宗太和二年河决壞棣州城 一〇〇
唐文宗開成元年開興成渠舊漕 一〇〇
唐文宗開成三年河决浸鄭滑外城 一〇一
唐僖宗乾符五年河溢 一〇一
唐昭宗大順二年河陽河溢 一〇一
唐昭宗景福二年河徙渤海至無棣入海 一〇一
唐昭宗乾寧三年河圮于滑州朱全忠决堤 一〇一
五代梁末帝朱友貞貞明四年謝彦章在揚劉决河以限晋兵 一〇一
五代梁末帝朱友貞以唐兵見逼乃自酸棗决河東注于鄆以限唐兵 一〇一

五代唐莊宗同光二年江河百川皆溢　一〇一
五代晋高祖天福二年河溢貝州衛州　一〇一
五代晋高祖天福三年河決青州　一〇一
五代晋高祖天福四年河決博平　一〇一
五代晋高祖天福六年河決中都又決滑濮鄆澶州　一〇一
五代晋出帝開運元年河決滑州環梁山入汶濟　一〇二
五代晋出帝開運三年河決魚池揚劉朝城武德又
溢歷亭決澶滑懷州　一〇二
五代漢隱帝乾祐元年河決原武滑州魚池　一〇二
五代漢隱帝乾祐三年河決原武　一〇二
五代周太祖廣順二年河決鄭滑　一〇二
五代周世宗顯德六年作汴口斗門　一〇三
卷二　一〇五
宋太祖建隆元年河決商河厭次又決公乘渡口　一〇六
宋太祖建隆二年導蔡水入潁疏五丈河導索水
入汴　一〇七

是年河決孟州　一一二
宋太祖建隆四年河決齊州　一一二
宋太祖乾德三年河決陽武壞中潬橋又決澶鄆　一一二
宋太祖乾德四年東阿等縣河溢決　一一二
宋太祖乾德五年河溢入衛州城　一一二
宋太祖開寶元年江河溢　一一二
宋太祖開寶二年河決下邑縣　一一二
宋太祖開寶四年河決原武澶淵　一一二
宋太祖開寶五年河決澶州陽武溢衛州　一一三
宋太祖開寶六年河決鄆州懷州　一一三
宋太祖開寶七年河溢安陽　一一四
宋太祖開寶八年河決濮州澶州　一一四
宋太宗太平興國二年孟州河溢又漲于澶州汴水溢　一一四
宋太宗太平興國三年懷州河決滑州靈河已塞復決　一一四

是年開襄漢漕渠不成　一一四
宋太宗太平興國四年宋州衞州河決澶州河漲　一一五
宋太宗太平興國五年河決懷州　一一五
宋太宗太平興國六年河中府河漲　一一五
宋太宗太平興國七年河決臨邑武陟　一一五
宋太宗太平興國八年河大決滑州韓村陝州漲壞浮梁　一一五
宋太宗太平興國九年河決滑州　一一五
宋太宗淳化元年孟州河漲　一一六
宋太宗淳化二年京兆陝州河漲溢浚儀決宋城又漲博州　一一六
宋太宗淳化四年澶州河決　一一六
宋太宗至道三年鄆州陝州河漲　一一六
宋真宗咸平元年齊州河溢　一一六
宋真宗咸平三年河決鄆州　一一六
宋真宗咸平五年惠民河漲　一一七

宋真宗景德元年河决澶州 一一七
宋真宗景德四年河溢澶州 一一八
宋真宗大中祥符三年河决河中府 一一八
宋真宗大中祥符四年河决通利军又溢孟州决
棣州 一一八
宋真宗大中祥符六年保安軍河溢 一一八
宋真宗大中祥符七年河决澶州溢濱州 一一八
宋真宗大中祥符八年坊州河溢 一一八
宋真宗天禧三年河决滑州 一一八
宋仁宗天聖六年河决澶州 一一九
宋仁宗天聖七年河壞澶州浮梁 一一九
宋仁宗景佑元年河决澶州 一一九
宋仁宗康定元年河溢滑州 一一九
宋仁宗慶曆元年詔權停修决河 一一九
宋仁宗慶曆八年河决商胡埽 一二〇
宋仁宗皇祐元年河北黄御二河决 一二一

宋仁宗皇祐三年河決館陶　一二一
宋仁宗嘉祐五年河入二股河　一二四
宋仁宗嘉祐七年河決北京　一二五
宋仁宗嘉祐八年水壞中潬　一二五
宋英宗治平二年河汴并溢　一二五
宋神宗熙甯元年河溢恩州又決冀州溢瀛州　一二六
宋神宗熙甯二年河決許家港　一二六
宋神宗熙甯四年河決北京新堤溢澶州衛州　一二七
宋神宗熙甯五年河溢夏津　一二七
宋神宗熙甯六年置疏浚六河司　一二七
宋神宗熙甯八年開王供埽　一二八
宋神宗熙甯十年河大決澶州曹村又決鄭州滎澤　一三〇
宋神宗元豐二年引洛入汴　一三〇
宋神宗元豐三年澶州孫村陳埽及大小吳埽決　一三三
宋神宗元豐四年澶州小吳河溢　一三三
宋神宗元豐五年河溢北京內黃埽決大吳鄭州

等埽　一三三
宋神宗元豐七年河北東西路水北京館陶水趙邢
等州河溢　一三四
宋神宗元豐八年河決大名小張口　一三四
宋哲宗元祐八年河水四溢壞東郡浮梁　一四一
宋哲宗元符二年河決内黄口溢陝西京西河北　一四二
宋哲宗元符三年河決蘇村　一四二
宋徽宗大觀元年乾寧軍河清改名爲清州　一四三
宋徽宗大觀三年冀州河溢　一四四
宋徽宗政和五年冀州棗强埽決　一四四
宋徽宗政和七年瀛滄州河決　一四四
宋徽宗宣和三年河溢冀州信都決清河壞天成聖
功橋　一四四
金設治水官　一四五
金瀕河置倉通漕　一四六
金世宗大定八年河決李固渡　一四六

金世宗大定十一年河決王村　一四六
是年開盧溝金口　一四七
金世宗大定十七年河決白溝　一四八
金世宗大定二十年河決衛州　一四八
金世宗大定二十六年河決衛州堤　一四八
金世宗大定二十七年令沿河京府州縣長二管勾
河防　一四九
金世宗大定二十九年河溢曹州　一四九
金章宗明昌三年盧溝石橋成　一五〇
金章宗明昌四年河決衛州　一五〇
金章宗明昌五年河決陽武　一五〇
金章宗貞祐元年按蔡汴舊渠以通漕運　一五一
元世祖禁引漳滏洹水灌田又引沁濟漕　一五二
元世祖至元三年丹沁河漲入衛　一五四
元世祖至元六年浚洸河　一五四
元世祖至元九年衛輝路河決　一五四

元世祖至元十三年穿濟州漕渠　一五四
元世祖至元二十年濟州新開河成　一五四
元世祖至元二十二年詔罷膠萊河工　一五五
元世祖至元二十三年河決開封十五處　一五九
元世祖至元二十五年河決襄邑又決太康通許杞等縣　一五九
元世祖至元二十六年開安山渠成　一六〇
元世祖至元二十九年開通州通慧河　一六〇
元成宗元貞二年河決杞封邱等縣　一六一
元成宗大德元年河決汴梁又決杞縣　一六一
元成宗大德二年河決蒲口　一六一
元成宗大德八年陽武衛輝等縣河溢　一六一
元成宗大德九年陽武河決甯陵等縣河益　一六一
元武宗至大二年河決歸德又決封邱　一六一
元仁宗皇慶元年歸德睢陽河溢　一六二
元仁宗皇慶二年河決陳亳睢三州　一六二

元仁宗延祐元年河決鄭州　一六三
元仁宗延祐二年河決鄭州壞汜水縣治　一六三
元仁宗延祐三年河溢潁州　一六三
元仁宗延祐七年河決原武又決滎澤開封　一六三
元英宗至治二年河溢儀封　一六三
元泰定帝泰定元年河溢朝邑楚邱濮陽　一六三
是年鹽官州海水溢壞堤　一六三
是年大河改從古汴渠至徐州東北合泗入淮　一六三
元泰定帝泰定二年河溢汴梁決睢州　一六四
元泰定帝泰定三年歸德府河決又決鄭州　一六四
是年河溢汴梁路又溢亳州　一六四
元泰定帝泰定四年河溢汴梁濟甯虞城夏邑　一六四
元泰定帝致和元年河決碭山虞城　一六四
元文宗至順元年河決大名路　一六四
元文宗至順三年河溢睢州陳州蘭陽封邱諸縣　一六五
元文宗至順四年順帝即位黃河大溢　一六五

元順帝元統元年陽武河溢 一六五
元順帝至元元年河決封邱 一六五
元順帝至元二年黄河復故道 一六五
元順帝至元三年河溢 一六五
元順帝至正三年河決白茅口 一六五
元順帝至正四年河決曹州汴梁白茅堤金堤 一六五
元順帝至正五年河決濟陰 一六六
元順帝至正六年河決 一六六
元順帝至正八年河陷濟甯路 一六六
元順帝至正九年修河堤 一六六
元順帝至正十一年河決永城 一六六
元順帝至正十二年以河復故道大赦 一六六
元順帝至正十六年河決河陰 一七四
是年命賈魯治合河京水及須索二水以通漕 一七四
是年黄河決 一七五
元順帝至正十九年任城河決 一七五

元順帝至正二十年疏汶濟北運 一七五
元順帝至正二十三年河決東平壽張 一七五
元順帝至正二十五年河決東平 一七五
元順帝至正二十六年河北徙 一七五
明太祖洪武元年河決曹州 一七六
明太祖洪武二年開淮安菊花溝 一七七
是年大疏真陽運河 一七七
明太祖洪武八年河決開封 一七八
明太祖洪武九年開寶應直渠 一七八
明太祖洪武十一年河決蘭陽溢封邱 一七九
明太祖洪武十四年原武祥符中牟諸縣河決 一七九
明太祖洪武十五年河決河南朝邑溢滎澤陽武 一七九
明太祖洪武十六年河決朝邑溢滎澤陽武 一七九
明太祖洪武十七年河決開封又決杞縣 一七九
明太祖洪武二十年河決開封 一七九
明太祖洪武二十一年河陷儀封 一七九

明太祖洪武二十三年河決歸德開封　一七九

明太祖洪武二十四年河決原武　一八〇

明太祖洪武二十五年鑿鬱林州二江　一八〇

是年河決陽武　一八〇

明太祖洪武二十六年開溧水胭脂河　一八〇

明太祖洪武二十七年遣使分行天下修水利　一八一

明太祖洪武三十年河決開封　一八一

是年蔡河南徙入陳州　一八二

明成祖永樂二年河決開封　一八二

是年浚吴淞江　一八二

明成祖永樂三年河決河南　一八七

是年修無爲州周興等鄉圩岸　一八七

明成祖永樂五年湯陰河溢　一八七

明成祖永樂七年陳州河決　一八七

明成祖永樂八年河溢開封　一八八

明成祖永樂九年浚河南黃河故道　一八八

是年河決魚臺 一八八
是年浚會通河 一八八
明成祖永樂十年陽武河決 一九三
是年築海門捍潮堤 一九四
明成祖永樂十一年修朝州衛城河決遂平 一九四
明成祖永樂十二年河溢河南土城 一九四
明成祖永樂十三年開清江浦河道 一九四
是年建淮安五壩 一九五
是年山西解州硝池溢 一九六
明成祖永樂十四年河決開封等府 一九六
明成祖永樂十六年河決魏縣 一九六
明成祖永樂二十二年河溢河南 一九六
明宣宗宣德元年黄汝河溢鄭州等九縣 一九六
明宣宗宣德三年河溢鄭州等十縣 一九六
明宣宗宣德六年河決開封 一九六
是年命官軍兑運民糧 一九六

明英宗正統元年河決開封　一九七
是年兩畿山東河南陝西湖廣廣東大水開封彰德河南衞輝懷慶所屬州縣河堤衝決　一九七
是年開金龍口舊渠引黃濟運　一九七
明英宗正統二年河決陽武原武滎澤次年又決陽武　一九八
是年築江陵等沿江決堤　一九八
明英宗正統四年沁河決　一九八
明英宗正統五年河漲開封彰德諸府　一九八
明英宗正統八年黃汴皆溢　一九九
明英宗正統九年直隸山東河南河皆溢　一九九
明英宗正統十年河決金龍口　一九九
明英宗正統十二年河決張秋　一九九
明英宗正統十三年大名河決又決河南濟南青兗東昌及寧夏　一九九
是年河溢滎陽　一九九

是年河徙孫家渡又決滎陽　二〇〇
明景帝景泰三年河決沙灣　二〇〇
明景帝景泰四年河連決沙灣　二〇〇
是年遷河南原武縣治　二〇三
是年河決延安綏德等處城圮　二〇三
是年浚雲南東西二溝　二〇三
明景帝景泰五年山東河溢　二〇四
明景帝景泰六年河決開封高門堤　二〇四
明景帝景泰七年河決開封河南彰德　二〇四

卷三　二〇六
明英宗天順元年原武滎澤河溢　二〇七
是年淮安徐州衛輝懷慶河決　二〇七
明英宗天順三年浚南昌城中三湖　二〇七
是年開直沽東北新河　二〇七
明英宗天順五年河決開封土城　二〇八
明憲宗成化十二年涇陽朝邑金縣蘭州河決　二〇九

明憲宗成化十四年南北直隸山東河南等處河溢 二〇九
是年春河決祥符杏花營七月決延津西界村 二〇九
是年河決開封 二〇九
明憲宗成化十八年河溢開封 二〇九
明憲宗成化二十一年復設總河侍郎 二〇九
是年疏平凉利民渠 二一〇
明孝宗宏治二年河決開封黃沙岡 二一〇
明孝宗宏治五年河溢汴梁之東 二一二
是年浚潮州三利溪 二一四
明孝宗宏治七年修高郵康濟河成 二一四
是年修河南水利 二一五
明孝宗宏治十三年河決河南 二一五
明武宗正德元年陝西徽州河溢 二一五
明武宗正德四年河溢皮狐營 二一五
是年南旺車水濟運 二一六
明武宗正德八年河決黃陵岡 二一七

明武宗正德十一年河没城武縣　二一七
明世宗嘉靖元年鳳陽揚州廬州淮安河漲　二一七
明世宗嘉靖二年河決沛縣　二一七
明世宗嘉靖五年徐沛河溢　二一七
明世宗嘉靖六年河決徐州及曹單城武豐沛等縣　二一七
明世宗嘉靖九年河決曹縣　二一八
明世宗嘉靖十年河決塌場口　二一八
是年議興復直隸絶堤興濟二閘置德州閘　二一九
明世宗嘉靖十一年河溢孟津　二二〇
明世宗嘉靖十三年河決趙皮寨　二二〇
明世宗嘉靖十七年河決開封　二二四
明世宗嘉靖十九年河決野雞岡　二二四
明世宗嘉靖二十年河決大清口　二二六
明世宗嘉靖二十四年河決野雞岡　二二七
明世宗嘉靖二十五年河決曹縣溢城武金鄉魚臺
單縣　二二七

明世宗嘉靖二十六年河没曹縣　二二七
明世宗嘉靖三十年河衝草灣　二二八
明世宗嘉靖三十一年河決徐州　二二八
明世宗嘉靖三十七年河決新集分十一支　二二九
明世宗嘉靖四十四年河決沛縣　二二九
明穆宗隆慶三年河決沛縣　二三一
是年河溢自清河抵淮安城西　二三一
是年黄河及南直隸山東河南俱大漲　二三二
是年開湖廣竹筒河泄漢江　二三二
明穆宗隆慶四年河決邳州　二三三
明穆宗隆慶五年河決邳州　二三三
明穆宗隆慶六年均派直隸山東河南河夫于各州縣　二三六
是年定河官升階　二三六
是年始築黄河南堤　二三七
明神宗萬曆元年河決萬家口決房村　二三八

明神宗萬曆二年淮揚徐河溢 二五一
明神宗萬曆三年河決高郵碭山 二五一
明神宗萬曆四年高郵清水堤決豐沛曹單河決淮
河交溢 二五一
明神宗萬曆五年徐州河淤淮南徙決高郵寶應諸
湖堤 二五一
是年河復決崔鎮 二五一
是年河決曹縣碭山 二五一
明神宗萬曆十年金州河溢 二六一
是年永濟河成 二六一
是年河溢清河縣 二六二
是年徐蕭河溢 二六二
是年開梁境新河 二六二
明神宗萬曆十三年開寶應越河 二六二
是年廣東肇慶大水決堤 二六四
明神宗萬曆十四年河決范家口又決天妃壩 二六五

明神宗萬曆十五年河決開封靈寶　二六五
是年河決祥符劉獸醫口決蘭陽銅瓦廂封邱原武
長垣　二六五
是年沁決入衛　二六六
明神宗萬曆十六年停訾家營支河工程　二六六
明神宗萬曆十七年河決雙溝　二六八
明神宗萬曆二十年河決淮安　二六八
明神宗萬曆二十一年河決黃堌口　二七二
明神宗萬曆二十二年韓莊新河成　二七三
明神宗萬曆二十五年河復決黃堌口　二七三
明神宗萬曆二十九年河決蕭家口　二七三
明神宗萬曆三十年河決蘇莊　二七四
是年河州河涸　二七四
明神宗萬曆三十二年挑泇河　二七六
是年河決朱旺口　二七八
明神宗萬曆三十四年河決蕭縣郭暖樓　二七九

明神宗萬曆三十五年河決單縣 二八〇
明神宗萬曆三十九年河決徐州狼矢溝 二八〇
明神宗萬曆四十年河決徐州三山 二八〇
明神宗萬曆四十一年河決祁店口 二八一
明神宗萬曆四十三年河決狼矢溝 二八一
是年浚秦淮河道 二八一
明神宗萬曆四十四年河復決狼矢溝 二八二
明神宗萬曆四十七年河決脾沙堽 二八二
明熹宗天啓元年河決靈璧 二八二
明熹宗天啓二年河決徐州郭家嘴 二八二
明熹宗天啓三年睢甯河決 二八二
是年河決徐州青田 二八二
明熹宗天啓四年河決徐州魁山堤 二八二
是年河決豐縣 二八三
明熹宗天啓六年河決匙頭灣 二八三
是年開通濟新河 二八三

明莊烈帝崇禎二年河决曹縣睢甯徐州　二八四
明莊烈帝崇禎四年河决原武湖村鋪等處　二八五
是年河决荆隆口　二八五
是年河决淮安山陽　二八五
是年河决西洋廟口及十七鋪口　二八五
明莊烈帝崇禎五年河决孟津　二八六
明莊烈帝崇禎七年河决沛縣　二八九
明莊烈帝崇禎九年河决長山堤溢豐蕭　二八九
是年重浚泇河成　二八九
明莊烈帝崇禎十一年浚諸水通漕　二九〇
明莊烈帝崇禎十三年浚慶都龍泉河　二九〇
明莊烈帝崇禎十四年浚南河　二九〇
明莊烈帝崇禎十五年河决朱家寨　二九一
明莊烈帝崇禎十六年塞朱家寨决口馬家口工未就復潰　二九三

卷四　二九四
順治元年黄河自復故道　二九五
順治二年河決流通口　二九五
順治三年河決北徙隨塞之　二九五
順治四年河溢　二九五
順治五年河決蘭陽　二九五
順治七年河決封邱　二九五
順治十四年河決祥符　二九六
順治十五年河決山陽　二九六
是年河復決陽武　二九九
順治十七年河決陳州又決虞城　二九九
是年分漳濟運　二九九
是年導衞注河　三〇〇
康熙元年河決曹縣開封　三〇〇
是年河又決武陟孟家灣武官營等口　三〇〇
是年歸仁堤再決　三〇〇

是年重築四川眉州堤　三〇〇
是年修四川龍興堰　三〇一
是年開芒稻河　三〇一
康熙二年修安徽和州銅城堰　三〇二
是年堤山西交城磁瓦河　三〇二
是年河決武官營口朱官營口　三〇二
康熙三年河決杞縣復決閻家寨　三〇二
是年修長安龍首通濟二渠　三〇二
是年修四川嘉定楠木堰　三〇三
康熙四年河決安東　三〇四
康熙六年河決石將軍廟復決桃源　三〇五
康熙七年河決桃源　三〇五
康熙八年河決三汊口　三〇五
康熙九年河決曹縣又決單縣　三〇五
是年修陝西金渠甯曲　三〇五
康熙十年河決桃源　三〇六

是年河決清河　三〇六
康熙十一年河大溢虞城決邳州　三〇六
康熙十二年河決桃源　三〇六
是年豫撫請免派河夫　三〇六
是年修陝西城固縣堰　三〇七
康熙十四年河決徐州宿遷睢寧　三〇七
康熙十五年河決宿遷又決清河安東山陽　三〇七
是年黄流倒灌洪澤決高堰　三〇八
康熙十六年河決楊家莊　三〇八
是年河決宿遷　三六二
是年建王營張莊二壩　三六二
是年河決楊家莊　三六二
康熙十八年山陽運河決　三六二
是年建毛城鋪大谷山等減壩　三六二
是年建周橋等六壩增置子嬰溝等六壩改建五里
鋪車邏壩二鳳陽廠減水壩一　三六二

是年清水潭決口塞　三六三

是年建宿遷桃源清河安東等縣減壩六　三六三

是年徐州花山決　三六三

是年移南運口于三汊河　三六三

康熙十九年水壞泗州城高郵水潰入城　三六三

康熙二十年開皁河接泇　三六三

康熙二十一年河決宿遷　三六四

康熙二十三年修安徽五河縣南湖壩　三六六

是年河缺靈璧　三六六

是年河缺碭山　三六七

康熙二十四年鑿龍虎山天然四減閘　三六九

康熙二十五年挑中河　三七〇

康熙二十六年大挑海口　三七一

康熙二十七年修徽州漁梁壩　三七七

康熙二十九年引小丹入衛　三七八

康熙三十五年河潰安東　三七八

是年築攔黃壩　三七九
是年議開禹王河　三八〇
康熙三十六年漳分入衛　三八四
是年河决時家馬頭　三八四
後記　三八七

治水述要

一册

治河記

與十卷

民國十一年孟春

秋浦周氏校刻

治水述要序

建德周玉山尚書自同治光緒閒卽在天津佐李文忠公籌辦海防洋務中西各要政無不兼綜而尤著績於治河津門爲五大河匯歸河務最爲重要尚書自郡守歷道司前後二十餘年與河事相終始故於水學獨爲精詳文忠既罷鎮尚書亦引疾歸戊戌己亥閒文忠行河山東奏起同往旋授四川布政使庚子義和團亂作蜀土號殷富而民情最浮動尚書力言於督府以身任其事蜀賴以安方事之殷親貴要人實陰爲主持動矯
詔旨號令天下直晉首爲厲階各省風靡雲擾時劉忠誠督兩江張文襄督湖廣項城袁尚書撫山東而文忠在粤提衡南北力抗內議羣情恃以安定卒收匡復之功論者謂天下之不亡實維數公之力齊吳皆瀕制方面得自發舒文忠文襄聲望冠代巡撫卽不同意亦不

能持異端而浙撫且劫持於藩司縱亂召釁卒與各疆吏同受中外咨責而尚書在蜀乃能行其意於督府尤爲人所難能蜀人至今思之而直人則深惜文忠與尚書之先去也
乘輿西巡誅罰首禍文忠既還督直與各國議和復移尚書直藩佐訂條約收還天津肅清畿甸旋擢山東巡撫署兩江總督授兩廣總督並著聲績歸田後精力尚健絕口不談時事與親舊布衣草笠徜徉山水閒商量舊學爲樂見者不知嘗秉節鉞也尚書自少至老未嘗一日廢書文忠嘗爲余言曩在兵閒偶行諸將吏營帳至尚書所几上皆宋儒書心獨異之以爲異日可任大事尚書舊有課孫恆言一書皆手輯儒先粹語爲修身致用之本曾刊行於時其治水述要十卷附以雜著四種則昔年在工次檢閱各省河工成案先正治河各書及文集說部參以詢訪證以見聞手錄成帙未嘗出以

示人者也嘗謂富强之本在農商則水利其先務茲所輯但述舊聞期裨實用或問尚書殫心如此奏效如何則愀然曰格於勢拘於法力不逮心見諸施行者十不得一從前永定河十年九決自尚書建蘆溝橋大減水石壩後迄今十有八年僅一決乃因埽料不足之故山東黃河無歲不決或一歲數決自尚書改下口辦甎工後十年未見一決效已如此然如永定河改下口及增石隄之議利津築隄遷民之議終以限於財力格於部議迄不得行尚書所云力不從心者也尚書起孤生無黨援獨以文忠薦達至大用文忠行河歸嘗舉爲河督爲要人所尼而止終以時望晉陟兼圻仍不能久安於位不惟治河未盡十一卽治民亦未盡十一誠可惜矣近代治河諸書明則潘司空 國朝則靳文襄張清恪傅副使及潘文慎之書爲最著紀文達序錄張靳之書以爲皆由親驗

非紙上空談至謂清恪生平箸述惟此爲切實用文達不喜宋學而清恪之書多講學也尚書又言河爲專門之學其書流傳日少卽如前明南昌萬總河及近日德清徐總河並以河臣箸書語多切要萬書自明藝文志已不箸錄徐書從前河工中猶有傳本近亦罕見慮其久而就湮傳潘之書最浩博爲官刊行而讀者又苦其繁此編薈萃各書擇其可爲法戒者錄之期便考索其有今昔異宜南北異勢及事理之未詳盡者各加案語疏通證明之而間訂其疏誤可謂舊籍之功臣後學之導師矣歷代河防勞費惟宋與明 本朝則尤過之設官之專兵役之衆隄岸之密決塞之頻皆從來所未有當其積重之極常年費用至耗盛時豐歲入款三分之一塞決之費有至三千萬以上乃與平定準回兩部用款相等前代耗帑以兵革土木宗祿賞賚各事大抵皆爲一人一家之

私而我　朝則悉用之於民書中恭錄　詔旨最詳備　列聖天下爲公視民如傷之意亦可昭示於萬世矣　一人勤政愛民於上萬衆營私舞弊於下窟穴其中爲利之巨藪爲害之大蠹尚書謂非以人治河乃以人擾河實則以河養人旣依爲養則不得不擾之矣窮變則通尊而北徙耗費省十之八而禍患乃大減於前宋之勞於河也以防邊明以治漕而兼護陵　國朝則專爲治漕今河流改道漕運改章舉前之兼顧牽制者一掃空之尚書謂以後不得猶云河之難治尤爲平實之論同治十二年東撫猶請復河故道河督爭之力事下文忠以詢尚書周歷南北勘視條列利害以聞文忠據以復奏中外翕然無異詞文忠謂此行也決大疑定大計省鉅萬之帑免百年之害以視汴宋回河之議文呂歐蘇諸公集名賢數十輩費觚策千萬言爭持不決費時愒日

勞民傷財迄無成功而尚書以百日之勞一牘之力不動聲色造福無窮　朝廷倚信元臣之專幕府知人善任之效迥越前代可爲歎羨者也今年夏公子緝之京卿出此稿於舊篋將校刊以傳以余與尚書交最久相知最深屬爲序言是書自禹貢訖光緒二十四年皆尚書手編以下至三十三年則鄧樸君吳詠湘兩觀察所補輯緝之少承家學早負時譽洊躋通顯比於文襄之有治豫清恪之有師載吳鄧兩君蒐採精密得成完書於尚書撫東時治河事績有爲官文書所未備者足資徵信是亦河防述言之張靄生行水金鑑之鄭芷畦也子弟賓客一時才賢均足稱已宣統三年八月初十日

賜進士出身

誥授光祿大夫總理禮學館事修訂法律大臣　國史館副總裁

前出使德國考察憲政大臣提督廣東學政吏部右侍郎加三級
通家治愚弟山南于式枚拜譔

治水述要自序

天一生水惟水生木非僅生木也蓋萬物所以資生者此也今世望治者莫不期圖富強而富之源首在農商則灌溉之利轉輸之圖尤不可不亟講也溝洫之政古有專官後世惟以漕道爲重故田間水利旋興旋廢甚至連年昏墊民不聊生彌望赤野徒憂荒旱偶有舉治之者其術亦疏旋作旋輟莫收實效有心者慨然傷之馥往年于役永定黃運諸河日視工作夜閱編籍時詢精此事者躬督而親試之乃知成法具在人多略而不講今人得失皆昔人所經驗惜遇時艱財絀人情難調未得施展一二以救災黎抱憾何極今退老家居偶檢舊所記述不忍棄置復加去取俾閱者執簡馭繁舉一反三可以絜其要領案雖不備法已具足世苟有志於斯者不待博覽遠搜卽此已可循究原委增其任事智力矣

原輯自禹貢至光緒二十四年止尤望有心者他日陸續增輯之

宣統元年五月　日皖南周馥

治水述要凡例

一是編專錄治水各法使人知所取效略仿行水金鑑體例特較金鑑簡要耳考歷代治水惟治河法最多　國朝治河尤精故編中所錄黃河案牘十之七八

二治水原爲溉民田保運道而其法不外疏築二事要以行所無事爲主鄭白渠不及離堆永利者地勢不同人事亦缺也茲集於溉田各工略舉其要至漕運工程元明以後歲費不貲法亦綦詳故選錄較多

三是編有遺大案而錄小案者非遺也如黃河培隄合龍高家堰等工書不勝書祇擇要登其一二若濬廣西靈渠修徽州漁梁壩疏山東小清河等類必書者取以資考證也至諭旨誡飭臣工及名臣請奏部定章程有關法守必選錄之

曲成範圍不能越也今雖時遷河徙而治水爲國家大政學者舉一反三斯道過半矣

四災祥無關修防有治世而河溢亂世而河清者且有一年之內先見河清旋即大決者天道難知治水者專盡人事可也茲集凡龍馬榮光河清河赤等事皆剔除不錄惟決溢有關修防要務併錄之

五是書皆選古人成書不敢增飾一字閒有選錄短幅語意不備或其理由非註不明者則僭加案語不過申明前說非臆斷也閒於原篇切要處加以圈點用代批評期閱者醒目易於觸悟

六是書以年爲綱先標事由取其簡明醒目其詳細情形則低一格附錄於後惟民田水利之案有一事而散見於各朝者

則擬其要總附於首條之後以免讀者翻閱之勞如周定王時孫叔敖作芍陂嗣後歷代修之即摘要附於周定王之後金修金口河不成元復修之則以元事附於金後此類是也至黃河運河等工鉅而繁歷代治法亦漸精密不得不分年排列未便總附一條之下目錄載明閱者自知

七　是編是薇同治末年光緒初年跋涉直東豫各河渠時隨手鈔錄嗣後復增編加註自禹貢至光緒二十四年止初以備遺忘也治水之籍坊市漸少因編校以存家塾非敢問世是編較黃運諸書所收加多惟專擇要語凡重見者多不錄故卷篇較少特是藏書無多遺漏不免深望有心者補編為幸

八　治水本係專門之學歐美各洲考究最精曾向友人處借其圖籍譯示之大約治濁流亦不外束水攻砂治大水不外留寬河面二法至其測算地形高下水流緩急使隄內足以容納隄外足以宣洩法亦略同而其堅築石坦深鑱底樁尤見精覈得竅蓋專治此學身為水官終身不易其職故也他時當覓其治水善本譯之以附於後

右凡例八條為周玉山尚書手撰此書原編至光緒二十四年止稿成之後際昌等復踵尚書本意搜集各案至光緒三十三年止並呈尚書閱訂惟近年黃運兩河及各省水利無甚要案據又苦訪求不廣聊就所聞見補編於後願他日有志者擇要續之不勝企仰鄧際昌吳篔孫附誌

治水述要目錄

卷一

禹貢導水各節集解
夏王桀鑿山穿陵
湯居亳
殷五遷都
周定王五年河徙
周定王二十一年梁山崩壅河
楚令尹孫叔敖作芍陂
管子置水官
周靈王二十二年穀洛鬬
吳王闔廬伐楚開堰瀆運糧東通太湖西入長江附明增修五堰案

周敬王三十四年吳城邗溝通江淮
魏文侯時西門豹引漳溉鄴
周敬王二十五年伍員鑿河自長瀨
周威烈王十三年晉河岸崩壅龍門
周顯王八年入河水於圃田
周顯王十年楚師決河
周赧王六年河水溢酸棗
秦蜀守李冰開成都兩江
秦作鄭國渠
魏襄王時史起引漳溉鄴
秦始皇帝二十三年王賁攻魏引河灌大梁城
漢文帝十二年河決東郡

漢武帝建元三年河溢平原
漢武帝元光三年河徙從頓邱東南流入渤海
漢武帝元光六年穿漕渠通渭
漢武帝時穿漆沮水溉臨晉重泉
漢武帝時朔方西河河西酒泉引河溉田關中靈軹成國湋渠引諸川汝南九江引淮東海引鉅定泰山下引汶水各溉田他小渠及陂山通道者不可勝言
漢武帝元鼎六年兒寬鑿六輔渠
漢武帝太始二年引涇水入櫟陽注渭溉田名曰白公渠（附明及國朝案）
漢武帝時通褒斜道不可漕
漢武帝時齊人延年請引黄河出胡中

漢武帝時河北決於館陶分爲屯氏河
漢元帝永光五年河決清河鳴犢口
漢元帝建昭中召信臣建鉗盧陂於穰南又開渠於唐州（附國朝雍正八年案）
漢成帝建始四年河決館陶及東郡金隄
漢成帝河平三年河決平原
漢成帝鴻嘉四年河溢渤海清河信都（附平當奏議賈讓治河三策明劉天和潘季馴國朝靳輔說）
王莽始建國三年河決魏郡
後漢光武帝建武十八年復鴻郤大陂（附後漢許楊議國朝雍正年案）
後漢明帝永平十年作滹沱蒲吾渠
後漢明帝永平十二年詔王景王吴修汴渠

後漢安帝永初七年建八激隄於石門東
後漢桓帝永興元年河水溢
後漢靈帝光和六年秋金城河溢
後漢獻帝建安五年陳登築高家堰（附顧亭林說潛邱劄記說）
後漢獻帝建安九年遏淇水入白溝
後漢獻帝建安十一年鑿渠自滹沱入泒水又從泃河口鑿入潞河
後漢獻帝建安十八年引漳水入白溝
後漢獻帝建安二十四年引洛水爲漕
魏文帝黃初四年伊洛溢
魏黃初中龍舟從潁至淮入廣陵江口
魏青龍初穿成國渠築臨晉陂

魏劉馥開吳塘陂七門堰
吳赤烏八年鑿句容中道築赤山湖
晉武帝泰始六年河洛伊沁同時並溢
晉武帝泰始七年河洛伊沁皆溢
晉武帝泰始十年立河橋於富平津
是年決河注洛以通運漕
晉懷帝永嘉三年大旱河洛江漢皆可涉
南朝宋文帝元嘉十八年河溢
北朝魏宣武時劉芳請疏黃河以通船漕不成
隋文帝開皇四年開渠自渭達河
隋煬帝大業元年發男女百餘萬開通濟渠
是年又開邗溝自山陽至揚子江

隋煬帝大業三年河南大水漂沒三十餘郡
隋煬帝大業四年開永濟渠
隋煬帝大業六年開江南河自京口至餘杭
隋煬帝大業七年大水底柱山崩
唐太宗貞觀十一年河溢壞中潬
唐高宗永徽六年齊州河溢
唐高宗永淳二年河溺河陽縣城
唐武后如意元年五月洛溢七月又溢八月河溢壞河陽縣
唐武后長壽二年河溢棣州
唐武后聖歷元年秋河溢
唐元宗開元十年河決博州棣州
是年築捍海塘附宋明修海塘事略國朝修海塘三案

唐元宗開元十四年河溢
唐元宗開元十五年河溢冀州
唐元宗開元二十九年鑿砥柱通漕附唐裴耀卿李齊物劉晏事略
唐元宗天寶元年開三門利漕附國朝康熙年案
唐代宗大歷十二年秋河溢
唐德宗建中元年河溢
唐德宗貞元元年鑿山開車道至三門附行水金鑑辨說一則明陝撫王堯封奏
唐德宗貞元二年河溢
唐憲宗元和七年振武河溢毀東受降城
唐憲宗元和八年河溢浸滑州羊馬城
唐文宗太和二年河決壞棣州城
唐文宗開成元年開興成渠舊漕

唐文宗開成三年河決浸鄭滑外城

唐僖宗乾符五年河溢

唐昭宗大順二年河陽河溢

唐昭宗景福二年河徙從勃海至無棣入海

唐昭宗乾甯三年河圮於滑州朱全忠決隄

五代梁末帝朱友貞貞明四年謝彥章在揚劉決河以限晉兵

五代梁末帝朱友貞以唐兵見逼乃自酸棗決河東注於鄆以限唐兵

五代唐莊宗同光二年江河百川皆溢

五代晉高祖天福二年河溢貝州衛州

五代晉高祖天福三年河決博州

五代晉高祖天福四年河決博平

五代晉高祖天福六年河決中都又決滑濮鄆澶州

五代晉出帝開運元年河決滑州環梁山入汶濟

五代晉出帝開運三年河決魚池揚劉朝城武德又溢歷亭決澶滑懷州

五代漢隱帝乾祐元年河決原武滑州魚池

五代漢隱帝乾祐三年河決原武

五代周太祖廣順二年河決鄭滑附唐河行之道

五代周世宗顯德六年作汴口斗門

卷二

宋太祖建隆元年河決商河厭次又決公乘渡口附宋作埽法汛水名

宋太祖建隆二年導蔡水入潁疏五丈河導索水入汴附宋運道

諸說
是年河決孟州
宋太祖建隆四年河決齊州
宋太祖乾德三年河決陽武壞中潬橋又決澶鄆
宋太祖乾德四年東阿等縣河溢決
宋太祖乾德五年河溢入衞州城
宋太祖開寶元年江河溢
宋太祖開寶二年河決下邑縣
宋太祖開寶四年河決原武澶淵
宋太祖開寶五年河決澶州陽武溢衞州附樹榆柳置河官召人獻策
宋太祖開寶六年河決鄆州懷州
宋太祖開寶七年河溢安陽

宋太祖開寶八年河決濮州澶州
宋太宗太平興國二年孟州河溢又漲於澶州汴水溢附汴利害說
宋太宗太平興國三年懷州河決滑州靈河已塞復決
是年開襄漢漕渠不成
宋太宗太平興國四年宋州衞州河決澶州河漲
宋太宗太平興國五年河決懷州
宋太宗太平興國六年河中府河漲
宋太宗太平興國七年河決臨邑武陟
宋太宗太平興國八年河大決滑州韓村陝州漲壞浮梁附分水說
宋太宗太平興國九年河決滑州

宋太宗淳化元年孟州河漲
宋太宗淳化二年京兆陝州河漲溢浚儀決宋城又漲博州
宋太宗淳化四年澶州河決
宋太宗至道三年鄆州陝州河漲
宋真宗咸平元年齊州河溢
宋真宗咸平三年河決鄆州
宋真宗咸平五年惠民河漲
宋真宗景德元年河決澶州附橫隴六塔二股說
宋真宗景德四年河溢澶州
宋真宗大中祥符三年河決河中府
宋真宗大中祥符四年河決通利軍又溢孟州決棣州
宋真宗大中祥符六年保安軍河溢

宋真宗大中祥符七年河決澶州溢濱州
宋真宗大中祥符八年坊州河溢
宋真宗天禧三年河決滑州附木龍說寇瑊免料積朽說
宋仁宗天聖六年河決澶州
宋仁宗天聖七年河壞澶州浮梁附徙朝城縣城
宋仁宗景佑元年河決澶州
宋仁宗康定元年河溢滑州
宋仁宗慶歷元年詔權停修決河
宋仁宗慶歷八年河決商胡埽附南北分流說合龍埽說
宋仁宗皇佑元年河北黄御二河決
宋仁宗皇佑三年河決館陶附歐陽修請免回河塞商胡疊橫隴奏
宋仁宗嘉祐五年河入二股河附二股河始末說

宋仁宗嘉祐七年河決北京
宋仁宗嘉祐八年水壞中潬附中潬註
宋英宗治平二年河沁並溢
宋神宗熙甯元年河溢恩州又決冀州溢瀛州
宋神宗熙甯二年河決許家澇附王亞司馬光王安石諸議
宋神宗熙甯四年河決北京新隄溢澶州衛州
宋神宗熙甯五年河溢夏津
宋神宗熙甯六年置疏濬六河司附龍爪揚泥車濬川杷議范子淵奏有效文彥博奏無效各說
宋神宗熙甯八年開王供埽附文彥博不應引黃北行駁議
宋神宗熙甯十年河大決澶州曹村又決鄭州滎澤
宋神宗元豐二年引洛入汴附引洛案梁燾駁議

宋神宗元豐三年澶州孫村陳埽及大小吳埽決
宋神宗元豐四年澶州小吳河溢附李立之立隄議
宋神宗元豐五年河溢北京內黃埽決大吳鄭州等埽
宋神宗元豐七年河北東西路水北京館陶水趙邢等州河溢附王拱臣事權不一疏
宋神宗元豐八年河決大名小張口附回河議減水河議安燾王回河東流議王巖叟議范純仁王存胡宗愈蘇轍范百祿趙君錫謝卿材各駁議禹貢錐指駁論
宋哲宗元祐八年河水四溢壞東郡浮梁附蘇轍駁輭堰議趙偁三大利害議
宋哲宗元符二年河決內黃口溢陝西京西河北
宋哲宗元符三年河決蘇村附任伯雨請禁東流因水所向立隄奏
宋徽宗大觀元年乾甯軍河清改名爲清州附金楊珪請勿受賀議　國朝雍正四年不允受賀詔

宋徽宗大觀三年冀州河溢
宋徽宗政和五年冀州棗强埽決
宋徽宗政和七年瀛滄州河決
宋徽宗宣和三年河溢冀州信都決清河壞天成聖功橋（附建浮橋始末）
金設治水官
金瀕河置倉通漕
金世宗大定八年河決李固渡
金世宗大定十一年河決王村
是年開盧溝金口（附元人復開不成案）
金世宗大定十七年河決白溝
金世宗大定二十年河決衛州
金世宗大定二十六年河決衛州隄
金世宗大定二十七年令沿河京府州縣長貳管勾河防
金世宗大定二十九年河溢曹州
金章宗明昌三年盧溝石橋成
金章宗明昌四年河決衛州
金章宗明昌五年河決陽武（附南北分流識略）
金宣宗貞祐元年按蔡汴舊渠以通漕運
元世祖禁引漳滏洹水灌田又引沁濟漕（附元海運河運事略）
元世祖至元三年丹沁河漲入衛
元世祖至元六年濬洸河
元世祖至元九年衛輝路河決
元世祖至元十三年穿濟州漕渠

元世祖至元二十年濟州新開河成附導汶西北行至東阿陸運事略
元世祖至元二十二年詔罷膠萊河工附海運事膠萊河元明開鑿未成案
元世祖至元二十三年河決開封十五處
元世祖至元二十五年河決襄邑又決太康通許杞等縣附元
河道
元世祖至元二十六年開安山渠成附會通河自安山至臨清事略
元世祖至元二十九年開通州通惠河附郭守敬議
元成宗元貞二年河決杞封邱等縣
元成宗大德元年河決汴梁又決杞縣
元成宗大德二年河決蒲口
元成宗大德八年陽武衛輝等縣河溢
元成宗大德九年陽武河決甯陵等縣河溢

元武宗至大二年河決歸德又決封邱附廉訪司治河議
元仁宗皇慶元年歸德睢陽河溢
元仁宗皇慶二年河決陳亳睢三州
元仁宗延祐元年河決鄭州
元仁宗延祐二年河決鄭州壞汜水縣治
元仁宗延祐三年河溢潁州
元仁宗延祐七年河決原武又決滎澤開封
元英宗至治二年河溢儀封
元泰定帝泰定元年河溢朝邑楚邱濮陽
是年鹽官州海水溢壞隄
是年大河改從古汴渠至徐州東北台泗入淮附河道紀略
元泰定帝泰定二年河溢汴梁決睢州

元泰定帝泰定三年歸德府河決又決鄭州
是年河溢汴梁路又溢亳州
元泰定帝泰定四年河溢汴梁濟甯虞城夏邑
元泰定帝致和元年河決碭山虞城
元文宗至順元年河決大名路附都承務修護水月隄事略
元文宗至順三年河溢睢州陳州蘭陽封邱諸縣
元文宗至順四年順帝即位黄河大溢
元順帝元統元年陽武河溢
元順帝至元元年河決封邱
元順帝至元二年黄河復故道
元順帝至元三年河溢
元順帝至正三年河決白茅口

元順帝至正四年河決曹州汴梁白茅隄金隄
元順帝至正五年河決濟陰
元順帝至正六年河決
元順帝至正八年河陷濟甯路
元順帝至正九年修河隄
元順帝至正十一年河決永城
元順帝至正十二年以河復故道大赦附賈魯治河事略靳輔議
元順帝至正十六年河決河陰
是年命賈魯治合河京水及須索二水以通漕
是年黄河決
元順帝至正十九年任城河決
元順帝至正二十年疏汶濟北運

元順帝至正二十三年河決東平壽張

元順帝至正二十五年河決東平

元順帝至正二十六年河北徙附顧一柔治河議

明太祖洪武元年河決曹州

明太祖洪武二年開淮安菊花溝

是年大疏貫揚運河

明太祖洪武八年河決開封

明太祖洪武九年開寶應直渠

明太祖洪武十一年河決蘭陽溢封邱

明太祖洪武十四年原武祥符中牟諸縣河決

明太祖洪武十五年河決河南朝邑溢滎澤陽武

明太祖洪武十六年河決朝邑溢滎澤陽武

明太祖洪武十七年河決開封又決杞縣

明太祖洪武二十年河決開封

明太祖洪武二十一年河陷儀封

明太祖洪武二十三年河決歸德開封

明太祖洪武二十四年河決原武

明太祖洪武二十五年鑿鬱林州二江

是年河決陽武

明太祖洪武二十六年開溧水胭脂河

明太祖洪武二十七年遣使分行天下修水利

明太祖洪武三十年河決開封

是年蔡河南徙入陳州

明成祖永樂二年河決開封

是年浚吳淞江附明洪武嘉靖正統弘治年開三吳水利案

明成祖永樂三年河決河南

是年修無爲州周興等鄉圩岸

明成祖永樂五年湯陰河溢

明成祖永樂七年陳州河決

明成祖永樂八年河溢開封

明成祖永樂九年浚河南黃河故道

是年河決魚臺

是年濬會通河附會通河始末

明成祖永樂十年陽武河決附木圖禦水法

是年築海門捍潮隄

明成祖永樂十一年修朝州衞城河決遂平

明成祖永樂十二年河溢河南土城

明成祖永樂十三年開清江浦河道附開管家湖說

是年建淮安五壩附建壩事略陳瑄事略

是年山西解州硝池溢

明成祖永樂十四年河決開封等府

明成祖永樂十六年河決魏縣

明成祖永樂二十二年河溢河南

明宣宗宣德元年黃汝河溢鄭州等九縣

明宣宗宣德三年河溢鄭州等十縣

明宣宗宣德六年河決開封

是年命官軍兌運民糧附官民漕運

明英宗正統元年河決開封

是年兩畿山東河南陝西湖廣廣東大水開封彰德河南衛
輝懷慶所屬州縣河隄衝決
是年開金龍口舊渠引黃濟運
明英宗正統二年河決陽武原武滎澤次年又決陽武
是年築江陵等沿江決隄
明英宗正統四年沁河決
明英宗正統五年河漲開封彰德諸府
明英宗正統八年黃汴皆溢
明英宗正統九年直隸山東河南河皆溢
明英宗正統十年河決金龍口
明英宗正統十二年河決張秋
明英宗正統十三年大名河決又決河南濟南青兖東昌及

甯夏
是年河溢滎陽
是年河徙孫家渡又決滎陽
明景帝景泰三年河決沙灣
明景帝景泰四年河連決沙灣附徐有貞塞決事略
是年遷河南原武縣治
是年河決延安綏德等處城圮
是年濬雲南東西二溝附國朝雍正年開平定哨南子河案
明景帝景泰五年山東河溢
明景帝景泰六年河決開封高門隄
明景帝景泰七年河決開封河南彰德

明英宗天順元年原武滎澤河溢
是年淮安徐州衛輝懷慶河決
明英宗天順三年濬南昌城中三湖附事略
是年開直沽東北新河附事略
明英宗天順五年河決開封土城附事略
明憲宗成化十二年涇陽朝邑金縣蘭州河決
明憲宗成化十四年南北直隸山東河南等處河溢
是年春河決祥符杏花營七月決延津西冀村
是年河決開封
明憲宗成化十八年河溢開封
明憲宗成化二十一年復設總河侍郎
是年疏平涼利民渠附事略

明孝宗宏治二年河決開封黃沙岡附白昂事略
是年濬潮州三利溪
明孝宗宏治五年河溢汴梁之東附劉大夏塞決事
明孝宗宏治七年修高郵康濟河成
是年修河南水利
明孝宗宏治十三年河決河南
明武宗正德元年陝西徽州河溢
明武宗正德四年河溢皮狐營
是年南旺車水濟運
明武宗正德八年河決黃陵岡
明武宗正德十一年河沒城武縣
明世宗嘉靖元年鳳陽揚州廬州淮安河漲

明世宗嘉靖二年河決沛縣
明世宗嘉靖五年徐沛河溢
明世宗嘉靖六年河決徐州及曹單城武豐沛等縣附胡世甯議
明世宗嘉靖九年河決曹縣
明世宗嘉靖十年河決塌場口
是年議興復直隸絕隄興濟二閘置德州閘附說略
明世宗嘉靖十一年河溢孟津
明世宗嘉靖十三年河決趙皮寨附摘錄劉天和問水集治河法
明世宗嘉靖十七年河決開封
明世宗嘉靖十九年河決野雞岡附萬表論
明世宗嘉靖二十年河決大清口附溝洫車引開井諸說
明世宗嘉靖二十四年河決野雞岡

明世宗嘉靖二十五年河決曹縣溢城武金鄉魚臺單縣
明世宗嘉靖二十六年河沒曹縣附趙漢議河臣屢易事
明世宗嘉靖三十年河衝草灣附潘季馴論
明世宗嘉靖三十一年河決徐州
明世宗嘉靖三十七年河決新集分十一支
明世宗嘉靖四十四年河決沛縣附朱衡潘季馴議
明穆宗隆慶三年河決沛縣
是年河溢自清河抵淮安城西
是年黃河及南直隸山東河南俱大漲附翁大立進呈圖說
是年開湖廣竹筒河洩漢江附說略
明穆宗隆慶四年河決邳州
明穆宗隆慶五年河決邳州附潘季馴事略

明穆宗隆慶六年均派直隸山東河南河夫於各州縣
是年定河官陞階附朱衡萬恭治河論
是年始築黃河南隄附說略
明神宗萬歷元年河決萬家口決房村附摘錄萬恭治水筌蹄
明神宗萬歷二年淮揚徐河溢
明神宗萬歷三年河決高郵碭山
明神宗萬歷四年高郵清水隄決豐沛曹單河決淮河交溢
明神宗萬歷五年徐州河淤淮南徙決高郵寶應諸湖隄
是年河復決崔鎮
是年河決曹縣碭山附潘季馴經略疏
明神宗萬歷十年金州河溢
是年永濟河成附凌雲翼李廷機吳倌說

是年河溢清河縣
是年徐蕭河溢
是年開梁境新河
明神宗萬歷十三年開寶應越河附陳應芳派夫夫累請抽稅課論
是年廣東肇慶大水決隄
明神宗萬歷十四年河決范家口又決天妃壩
明神宗萬歷十五年河決開封靈寶
是年河決祥符劉獸醫口決蘭陽銅瓦廂封邱原武長垣附喬璧星請專設河臣奏
是年沁決入衛附常居敬免沁濟運疏
明神宗萬歷十六年停嘗家營支河工程附說略
明神宗萬歷十七年河決雙溝附張養蒙請久任河臣疏

明神宗萬歷二十年河決淮安附潘季馴隄成疏
明神宗萬歷二十一年河決黃堌口附分黃導淮議
明神宗萬歷二十二年韓莊新河成附舒應龍開泇說
明神宗萬歷二十五年河復決黃堌口
明神宗萬歷二十九年河決蕭家口附曾如春放水河淤事
明神宗萬歷三十年河決蘇莊
是年河州河涸附東撫以宋爲河議知州俞汝爲議
明神宗萬歷三十二年挑泇河附李化龍開泇議
是年河決朱旺口附挑朱旺開河旁洩事
明神宗萬歷三十四年河決蕭縣郭暖樓附言官等奏不應敘功
明神宗萬歷三十五年河決單縣
明神宗萬歷三十九年河決徐州狼矢溝

治水述要目錄 九

明神宗萬歷四十年河決徐州三山附御史劾河臣不報淹斃人命
明神宗萬歷四十一年河決祁店口附總河久缺事
明神宗萬歷四十三年河決狼矢溝
是年濬泰淮河道附說略
明神宗萬歷四十四年河復決狼矢溝
明神宗萬歷四十七年河決脾沙堤
明熹宗天啟元年河決靈璧
明熹宗天啟二年河決徐州郭家嘴
明熹宗天啟三年睢甯河決
是年河決徐州青田
明熹宗天啟四年河決徐州魁山隄
是年河決豐縣

明熹宗天啟六年河決匙頭灣
是年開通濬新河 附太監崔文昇總河漕
明莊烈帝崇禎二年河決曹縣睢甯徐州 附御史范良彥請和買免累民疏
明莊烈帝崇禎四年河決原武湖村鋪等處
是年河決荊隆口
是年河決淮安山陽
是年河決西洋廟口及十七鋪口 附常自裕言災民免徵
明莊烈帝崇禎五年河決孟津 附劉榮嗣開河沙淤被劾死事吳麟徵言民困宜速塞決
河徐瑞疏淮陽水災情形吳振纓劾李若星捐河費
明莊烈帝崇禎七年河決沛縣
明莊烈帝崇禎九年河決長山隄溢豐蕭
是年重濬泇河成

明莊烈帝崇禎十一年濬諸水通漕
明莊烈帝崇禎十三年濬慶都龍泉河
明莊烈帝崇禎十四年濬南河 附史可法事
明莊烈帝崇禎十五年河決朱家寨 附汴城被水事
明莊烈帝崇禎十六年塞朱家寨決口馬家口工未就復潰

卷四

順治元年黃河自復故道 附自蘭儀曹單徐沛淮安雲梯關入海說
順治二年河決流通口
順治三年河決北徙隨塞之
順治四年河溢
順治五年河決蘭陽
順治七年河決封邱

順治十四年河決祥符
順治十五年河決山陽附朱之錫治河論
是年河復決陽武
順治十七年河決陳州又決虞城
是年分漳濟運
是年導衛注河
康熙元年河決曹縣開封
是年河又決武陟孟家灣武官營等口
是年歸仁隄再決
是年重築四川眉州隄附說略
是年修四川龍興堰附說略
是年開芒稻河附說略

康熙二年修安徽和州銅城堰
是年隄山西交城磁瓦河
是年河決武官營口朱官營口
康熙三年河決杞縣復決閻家寨
是年修長安龍首通濟二渠附事略
是年修四川嘉定楠木堰附事略
康熙四年河決安東附朱之錫事略
康熙六年河決石將軍廟復決桃源
康熙七年河決桃源
康熙八年河決三汊口
康熙九年河決曹縣又決單縣
是年修陝西金渠甯曲附說略

康熙十年河決桃源
是年河決清河
康熙十一年河大溢虞城決邳州
康熙十二年河決桃源
是年豫撫請免派河夫附說略
是年修陝西城固縣堰附事略
康熙十四年河決徐州宿遷睢甯
康熙十五年河決宿遷又決清河安東山陽
是年黃流倒灌洪澤決高堰
康熙十六年河決楊家莊附靳輔治河疏摘錄治河方略
是年河決宿遷
是年建王營張莊二壩

是年河決楊家莊
康熙十八年山陽運河決
是年建毛城鋪大谷山等減壩
是年建周橋等六壩增置子嬰溝等六壩改建五里鋪車邏壩二鳳陽廠減水壩一
是年清水潭決口塞
是年建宿遷桃源清河安東等縣減壩六
是年徐州花山決
是年移南運口於三汊河附說略
康熙十九年水壞泗州城高郵水潰入城
康熙二十年開皁河接泇附說略
康熙二十一年河決宿遷附靳輔回奏事

康熙二十三年修安徽五河縣南湖壩附說略
是年河缺靈璧溢徐州
是年河缺碭山附聖駕南巡事略靳輔奏疏
康熙二十四年鑿龍虎山天然四減閘附說略
康熙二十五年挑中河
康熙二十六年大挑海口附治下河積水事略
康熙二十七年修徽州滍梁壩
康熙二十九年引小丹入衛
康熙三十五年河潰安東
是年築攔黃壩
是年議開禹王河附說略
康熙三十六年漳分入衛
是年河決時家馬頭

卷五

康熙三十七年設永定河官附永定河事略
是年淮從六壩旁洩入下河
康熙三十八年大培高家堰附駁分黃議
康熙三十九年開張福口引河附再挑引河說
是年改定中河附說略
康熙四十年定河湖節宣之法附張鵬翮議
是年復建三滚壩於唐埂下
康熙四十一年河漫桃源
康熙四十二年移運口於楊家莊附淮能敵黃之諭旨賜河臣箴保縷隄減水勿通溜各諭旨

康熙四十四年挑高堰下減河 附諭旨
康熙四十六年停溜淮套工 附諭旨
是年豐汛河決隨塞
康熙四十八年河漫蘭陽又漫儀封
康熙五十一年建下家汪下挑壩 附諭旨
康熙六十年河決詹家店 附說略
是年請開彭口新河 附諭旨
康熙六十一年河決馬營口 附說略
雍正元年河溢中牟
是年沁黃溢姚其營
是年河決鄭州
是年建清口東水壩 附說略

雍正二年設副總河
是年河決儀封蘭陽
是年建六里石牐
雍正三年培豫省河隄 附說略
是年河決朱家海 附說略
是年減低洪湖壩門檻 附說略稽曾筠奏開引河宜相勢
是年設葦蕩營
是年定河北道管理河工及河工地方官彼此陞遷之例 附案略
是年議歲料建堡房駐兵
是年築蘭陽四水口隄壩 附說略
是年　命怡親王等查勘直隸水利 附節錄雍乾年間畿輔水利案

雍正四年開惠農渠於查漢托護以益屯守附寗夏引河灌田事略
是年議開彭口月河附說略光緒三十三年改河夏鎮案
雍正五年築桃源清河隄
雍正六年浚山西文水縣河渠
是年開雲南嵩明州楊林海
是年大挑儀封雷家寺引河附說略
雍正七年分設東南兩河總督附案略
是年議歲加河隄五寸附民房佑堤議
雍正八年蒙沂水決宿虹等處
是年汶決石梁口
是年開十字河濬六塘附說略
是年河溢宿遷孟城菴

雍正九年議定土方價
是年設黃運兩河堡夫定積土章程附說略
是年修復戴村壩附說略
是年修廣西靈渠附說略
是年濬陳許二州溝洫附說略
是年修高堰石工附說略
雍正十年修禹王臺竹絡壩石
雍正十二年河漫決陳留七堡九堡
是年定葦蕩營額柴之數附說略
是年塡曹縣順隄河形附說略
是年建德州哨馬營減壩
乾隆元年築毛城鋪出水口減壩

乾隆二年奏移運口於舊運口之上
是年奏定開河毋庸另立水則附奏議
是年濬衛河減水支河
乾隆四年禁開放天然壩附奏議
是年　諭禁河工胥役侵漁土棍包攬等弊
乾隆五年設運河道兼管河庫兖沂曹道專管黃河議定兩河效力人數
乾隆七年河大漲衝坍石林口壩決沛縣隄
是年完顏偉調東河白鍾山調南河附不因條奏河務之人加畀河臣之諭旨
乾隆八年議於天然壩旁添二滚壩
乾隆九年會勘議定下河水利辦法
是年豐碭天開引河

乾隆十年阜甯陳家浦漫口附誡飭白鍾山綜覈太甚之諭旨
乾隆十一年始設木龍於安東
乾隆十三年修山東沂河隄埝附收埽削隄弊言
是年高斌奏加南河隄工附高斌奏呈圖說

卷六

乾隆十四年以直隸總督兼理河道
乾隆十五年清河豆班集河溢
乾隆十六年禁開天然壩添建智信二壩附諭旨
是年秋河溢陽武五堡
乾隆十八年河溢陽武十三堡
是年河決銅山張家馬路附同知李焞等正法高斌等視行刑事說略禁進治河浮言之諭旨

是年加築高堰石工灰土工附案由試用混江龍之諭旨
乾隆二十一年河溢銅山縣孫家集
是年石林大隄開溝放淤附放淤法
乾隆二十二年堵毛城鋪之蔣家營支河三堵始畢附說略
是年修治皖北河南山東水利附諭旨
乾隆二十三年定河員公費章程
乾隆二十五年移清河縣於對岸之清江浦
乾隆二十六年河南黑堈口蘭陽曹縣城武中牟等縣河溢
附大展清口之諭旨
乾隆二十七年開寬德州之四女寺減壩
乾隆三十年江督高晉奏葫蘆灣孫家集放淤告竣附說略
是年改淮揚淮徐二道仍兼理地方分巡事務附諭旨

是年奏定總督總河會辦章程
乾隆三十一年銅沛廳屬韓家堂隄漫口
乾隆三十三年衛漲濯汶
乾隆三十六年宿遷河隄坐蟄附說略
是年桃源河溢
乾隆三十八年山安十堡河溢
乾隆三十九年議引洹入衛附高平閘啟閉章程
是年清河老壩口河溢附賠款之諭旨賠款部章
乾隆四十一年薩載查勘黃河海口情形附諭旨暨薩載高晉會勘黃運河
湖及海口淤河情形
乾隆四十二年開陶莊引河匯清東注歸海附諭旨奏疏
乾隆四十三年祥符時和驛河溢附說略

是年儀封十六堡等處漫口附說略儀工堵築五次至四十五年二月合龍情形
乾隆四十五年睢甯郭家渡河溢附事略
是年考城五堡曹縣六七堡河溢
是年考城張家油房新刷溝槽二道全河俱奪附本年十一月合龍情形
是年高堰甎工一律改石
乾隆四十六年邳睢廳南岸魏家莊河溢
是年祥符南岸八堡北岸曲家樓等處俱溢全河入青龍岡餘皆斷流附案略
乾隆四十九年睢州下汛二堡河溢附本年十一月合龍情形
是年議開豫省減水壩未成附高家寨裁灣取直
乾隆五十年借黃濟運附原奏
是年分設東清禦黃兩壩附說略

乾隆五十一年河溢桃源南岸附諭旨
乾隆五十二年河溢睢州南岸十三堡附合龍情形
乾隆五十三年定荆州民修隄工保固十年附諭旨又答金洲蕭姓案
乾隆五十四年睢甯南岸周家樓河溢附睢甯魏家莊搶險事
是年定名黃河身內爲隄內隄外田廬爲隄外附諭旨
乾隆五十六年申明河工舊例八條
乾隆五十八年定明報水長尺寸
乾隆五十九年拆豐北廳攔河壩堰附諭旨

卷七

嘉慶元年豐汛六堡坐蟄三次合龍未成次年始堵合附案由
嘉慶二年曹縣二十五堡漫缺附案由
嘉慶三年睢州上汛五堡漫缺次年合龍附案由

嘉慶四年吳璥議黃河治法
是年奏定兩江總督南河總督分管事宜附清單
是年毛城鋪東壩尾土隄刷缺附案略
嘉慶五年開吳城七堡引渠使洪澤湖水入黃河附原奏
嘉慶六年蕭南廳唐家灣民堰漫塌過水
嘉慶七年外河廳南北岸凌汛漫溢俱堵塞
嘉慶八年工部奏定河工搶護工程確指應修處所附費淳吳璥奏
是年封邱汛衡家樓工蟄陷
是年議濬海口未辦將黃泥嘴河裁灣取直附吳璥奏
是年吳璥奏黃河倒灌清口並非海口阻遏附原奏
嘉慶九年刑部改盜決河防罪名附案由
是年黃水倒灌清口漕船停滯數月附案由
嘉慶十年加培桃源以下隄工
是年　命於高堰拋碎石坦坡切海口俞家灘灣河附案由
是年宿南廳三堡周家樓漫口附此下二條一作十一年事
是年宿南廳三堡迤上之郭家房隄刷開附諭旨又戴均元徐端清查河工積存未銷各款奉旨催合龍禁工員浮冒
是年修河南嵩縣河渠附案由
是年禁開峯山閘減黃助清
嘉慶十一年修直隸千里長隄附禁加鹽價之諭旨
嘉慶十二年重定河工料價附諭禁河員營私舞弊
嘉慶十三年修十八里屯舊減水閘移王營減壩培南河兩岸大隄接築雲梯關外長隄附原奏
是年山安六套地方漫水由灌河口入海

是年海防廳陳家浦漫缺

嘉慶十四年運河荷花塘漫工堵合復經蟄塌 附鐵保等奏議

卷八

嘉慶十五年徐端奏海口停淤非裁灣取直貽害 附案由節錄安瀾紀要

是年風暴掣通仁智義三壩共塌高堰山盱二廳磚石工四千餘丈 附吳璥奏議徐端革職蔣攸銛補授南河總督諭旨

是年命蓄清敵黃 附諭旨

是年海口增築長隄添設淮海道員缺

嘉慶十六年王營減壩坐蟄過水 附陳鳳翔等奏

是年邳北縣拐山隄李家樓隄均溢 附百齡陳鳳翔奏兩次合龍並挑王營減壩以下河身事

是年改義壩為石隄

是年議加高堰二隄復改議加培大隄 附陳鳳翔免辦碎石坦坡請培二隄及松筠初彭齡改議加培大隄奏

嘉慶十七年議定黃河治法挑水壩切灘抽溝多備料土嚴查鼠穴獾洞修復減壩各條 附原奏百齡參奏陳鳳翔遲堵禮壩奏

是年命濬山東小清河 附諭旨

是年奉旨令黃河外工友人姓名册報河督

嘉慶十八年加培徐州城外石隄清江浦外越隄

是年睢州二堡隄坐蟄 附因匪滋事遲堵奏二十年合龍奏

是年議改於蔣家壩以南重建仁義禮三壩 附百齡黎世序奏

嘉慶十九年修濬浙江西湖

是年禁開山免淤河道

嘉慶二十年建虎山腰減水壩附原奏請免攤徵還款

嘉慶二十一年濬吳淞江

是年建王營減壩附原奏

是年議南李家樓壩工放淤附原奏

嘉慶二十三年濬山東小清河

是年建沔陽州龍王廟洩水閘

嘉慶二十四年議建峯山滚水石壩

是年蘭陽儀封陳留中牟河溢

是年黃沁廳武陟沁水匯塌隄一百餘丈附諭旨

卷九

道光三年加培南河兩岸大隄

道光四年邳北廳屬黃河裁灣避險

是年高堰被風浪潰坍十餘處合一萬一千餘丈附魏元煜等啟減壩孫玉庭減壩不啟石工爭卸情形欽使查參江督孫玉庭河督張文浩案琦善請定工員疏防處分文孚等請修堰工孫玉庭等引黃濟運定盤壩章程經費琦善啟放王營減壩英和等奏河督分賠工款洪湖石工加限保固嚴烺奏碎石坦坡張井請改河安東琦善不從各案琦善等奏試辟水通船法又奏新河水高難啟禦壩自請處分欽使查辦切灘阻過河流等案

卷十

道光七年開歸江瓦窰鋪新河附原奏

是年籌蓄丹陽下練湖水附原奏

是年南河臚陳湖河情形接築海口長隄多做下游埽壩添建洪湖滚壩各工附張井等原奏英和等復奏

道光八年南河奏啟禦黃壩祇能通漕不能刷黃附原奏

道光十二年奸民陳端強挖桃南龍窩汛隄附讞案朱士彥等堵壩奏

是年祥符下汛灘水漫隄
道光十五年東河試用拋甎之法附栗毓美原奏
道光十八年修福建莆田木蘭陂
道光十九年修額魯特愛曼所屬渠工
道光二十一年祥符上汛三十一堡漫口附者工銀數
道光二十二年蕭工漫口附冬令水淬眾興一帶被難者萬餘人
道光二十三年中牟下汛漫口
咸豐元年豐下汛隄坐蟄附魏源籌河篇
咸豐五年蘭陽三堡銅瓦廂漫口附緩堵案由裁減南河各官以漕督兼南河總督管

運河事

咸豐十年高郵馬棚灣漫口
同治七年滎澤汛十堡漫口水入淮未奪溜

同治十年山東堵侯家林分溜
同治十二年山東鄆城侯家林民埝漫水
是年李鴻章奏黃河不能復歸徐海故道附奏議
是年直隸東明石莊戶河溢附丁寶楨在賈莊堵口築南隄二百五十里議設廳汛
光緒五年河決歷城濼溝
光緒六年河復決濼溝
光緒八年河決歷城桃園
光緒九年議於張秋以下兩岸建大隄
是年決利津北岸十四戶
光緒十年山東河決河套圈及齊河附說帖
是年河決齊東縣南岸蕭家莊
是年河決歷城霍家溜利津張家莊張家灘十四戶均旋堵

合
光緒十一年河決齊東蕭家莊
是年河決歷城溞溝齊河趙莊
光緒十二年河決濟陽王家圏惠民姚家口
是年河決歷城河套圏章邱河王莊壽張之徐家沙窩
光緒十三年上南廳鄭州上汛河溢附案略
是年山東河決王家圏
光緒十五年河決山東章邱大寨又決長清張村歷城西紙
坊
光緒十六年河決山東齊河高家套
光緒十八年河溢山東利津張家屋決章邱胡家岸濟陽南
關灰壩溢桑家渡惠民白茅墳

光緒二十一年河溢山東壽張高家大廟
是年河溢齊東縣趙家濟陽縣高家紙坊利津縣呂家窪趙
家菜園十六戶均即堵合
光緒二十二年河決利津西韓家陳家
光緒二十三年河決歷城小沙灘章邱胡家岸利津馬莊扈
家灘均合龍
光緒二十四年鄆城八孔橋民埝決口水東南流復決楊莊
淤運河過東阿仍歸正河
是年東阿香山隄決
是年惠民桑家渡又歷城楊史道口河溢附說略
是年命大學士李鴻章往山東勘河附懿旨暨復奏
光緒二十六年濱州張肖堂家淩汛漫口

光緒二十七年章邱南岸陳家窯決口
是年惠民縣北岸五楊家決口
光緒二十八年裁撤東河總督及文武官缺附案略
是年利津南岸馮家莊漫口
光緒二十九年利津南岸甯海莊漫口
光緒三十年利津北岸王莊扈家灘姜莊馬莊均因凌汛漫溢隨即堵合薄莊漫口水東北行入徒駭河歸海遂不堵
光緒三十三年開夏鎮新運河

治水述要卷一（禹貢至唐五代）　　全集七之一

秋浦周馥玉山甫纂　　男學淵 學熙 學煇 孫明焯校字

禹貢導岍及岐至于荊山逾于河壺口雷首至于太岳底柱析城至于王屋太行恆山至于碣石入于海

岍岐荊皆雍州山寰宇記隴州岍源有岍山岍水所出地志謂即吳嶽山晁氏以爲今之隴山天井金門秦嶺山者皆古之岍也壺口雷首太岳底柱析城王屋太行恆山皆冀州山底柱在大河中流其形如柱今陝州三門山也析城今澤州陽城縣晁氏曰山峯四面如城王屋在絳州垣曲縣晁氏曰山狀如屋太行在懷州河內恆山在常山郡上曲陽縣西北今定州曲陽縣也此北條大河北境之山（蔡沈註以下只書蔡註）岍音牽一名吳岳行戶

剛反（孔安國傳以下只書孔傳）逾於河謂山逾之也言龍門西河山不絕從此而渡河也碣石入海山不入海言山傍之水入海如漳潞汾涑濟淇恆衛滹沱滱易諸水也（孔穎達疏以下只書孔疏）

西傾朱圉鳥鼠至于太華熊耳外方桐柏至于陪尾

西傾朱圉鳥鼠太華雍州山也熊耳外方桐柏陪尾豫州山也此北條大河南境之山（蔡註）西傾至南山（孔傳）西傾在臨洮縣西南朱圉在天水冀縣南言在積石以東大河所經也嵩高山古文以爲外方山（孔疏）

導嶓冢至于荊山內方至于大別

嶓即梁州之嶓山形如冢荊山今襄陽府南漳縣也內方地志章山古文以爲內方山今荊門軍長林縣也左傳吳與楚戰楚濟漢而陳自小別至於大別蓋近漢之山今漢陽縣北大別山

是也此南條江漢北境之山（蔡註）內方大別二山名在荆州漢所經（孔傳）

岷山之陽至于衡山過九江至于敷淺原

岷山見梁州衡山南嶽也九江在荆州敷淺原地志云豫章郡歴陵縣南有傅易山今江州德安縣博陽山也然所謂敷淺原者其山甚小而卑亦未見其爲在所表見者惟廬阜在大江彭蠡之交最高且大宜所當紀志者而皆無考據然山川之名古今或異而傳者未必得其眞也此南條江漢南境之山（蔡註）

導弱水至于合黎餘波入于流沙

弱水見雍州合黎山名隋地志在張掖西北亦在羌谷流沙杜佑云在沙州西八十里其沙隨風流行（蔡註）漾江先山後水淮渭洛先水後山皆是史文詳略無義例也（孔疏）

導黑水至于三危（三危即舜竄三苗之地）**入于南海**

唐樊綽云西夷之水南流入於南海者凡四曰區江曰西洱河曰麗水曰瀰諾江其曰麗水者即古之黑水也三危山臨峙其上按梁雍二州西邊皆以黑水爲界是黑水自雍之西北而直出梁之西南也中國山勢岡脊大抵皆自西北而來積石西傾岷山岡脊以東之水既入於河漢岷江其岡脊以西之水即爲黑水而入於南海地志水經樊氏之說便是其地也程氏曰樊綽以麗水爲黑水者恐其狹小二足爲界其所稱西洱河者卻與漢志葉榆澤相貫廣處可二十里既足以界別二州其流又正趨南海又漢滇池即葉榆之地武帝初開滇嶲時其地古有黑水舊祠夷人不知載籍必不能附會而綽及道元皆謂此澤以榆葉所積得名則其水之黑似榆葉積漬所成且其地乃在

蜀之正西又東北距宕昌不遠宕昌即三苗種裔與三苗之敘於三危者又爲相應其證驗莫此之明也蔡註

導河積石至于龍門南至于華陰東至于底柱又東至于孟津

積石龍門見雍州華陰華山之北也孟津杜預云在河內郡河陽縣南今亦名富平津蔡註施功發於積石或鑿山或穿地以通流孟津在洛北都道所湊古今以爲津孔傳孟津一帶不入歲修肇至滎澤山脈綿亙不斷地高土堅河不能決而南無假疏築故紀修防自孟津以下洛汭入河始河渠紀聞

東過洛汭至于大伾北過洚水至于大陸又北播爲九河同爲逆河入于海

洛汭洛水交流之內今河南府鞏縣之東大伾孔氏曰山再成曰伾張揖以爲在成皋鄭元以爲在修武武德臣瓚以爲修武

武德無此山成皋山又不再成今通利軍黎陽縣臨河有山蓋大邳也在大河垂欲趨北之地故禹記之洚水今信都縣枯洚渠也程氏曰周時河徙砱礫至漢時又改向頓邱東南流與禹河迹大相背戾地志魏郡鄴縣有古大河在東北直達於海疑即禹之故河逆河意以海水逆潮而得名九河既淪於海則逆河在其下流固不復有矣河上播而爲九下同而爲一其分播合同皆水勢之自然禹特順而導之耳蔡註北分爲九河以殺其溢在兗州界孔傳

馥案孔傳意似指人力分之爲九應從蔡註順而導之語爲是

嶓冢導漾東流爲漢又東爲滄浪之水過三澨至于大別南入于江東匯澤爲彭蠡東爲北江入于海

漾水名水經云漾水出隴西郡氐道縣嶓冢山滄浪之水酈道

元曰武當縣北四十里漢水中有洲曰滄浪洲三澨水名今郢州長壽縣磨石山發源東南流者名澨水至復州景陵縣界又名汊水疑即三澨之一入江在今漢陽縣　今按彭蠡古今記載皆謂今之鄱陽然其澤在江之南去漢水入江之處已七百餘里所合之水則合饒信徽撫吉贛南安建昌臨江袁筠隆興南康數州之流非自漢入而爲匯者又其入江之處西則廬阜東則湖口皆石山峙立水道狹甚不應漢水入江之後七百餘里乃横截而入於鄱陽又横截而北流爲北江且鄱陽合數州之流豬而爲澤泛溢壅遏初無仰於江漢之匯而成也又以經文考之則今之彭蠡旣在大江之南於經則宜曰南匯彭蠡不應曰東匯於導江則宜曰南會于匯不應曰北會于匯匯旣在南於經則宜曰北爲北江不應曰東爲北江以今地理參校絶

爲反戾今廬江之北有所謂巢湖者湖大而源淺每歲四五月間蜀嶺雪消大江泛溢之時水淤入湖至七八月大江水落湖水方洩隨江以東爲合東匯北匯之交然鄱陽之湖方五六百里不應舍此而錄彼記其小而遺其大也蓋嘗以事理情勢考之洪水之患惟河爲甚意當時龍門九河等處事急民困勞重役煩禹親莅而身督之若江淮則地偏水急不待疏鑿固已通行或分遣官屬往視亦可况洞庭彭蠡之間乃三苗所居水澤山林深昧不測彼方負其險阻頑不卽工則官屬之往來者亦未必遽敢深入是以但知彭蠡之爲澤而不知其非漢水所匯但意如巢湖江水之淤而不知彭蠡之源爲甚衆也以此致悞謂之爲匯謂之北江無足怪者然則鄱陽之爲彭蠡信矣（節錄蔡註）

泉始出山爲漾水東南流爲沔水至漢中東流爲漢水（孔傳）地理

志漾水至武都爲漢水不言中爲沔水孔疏應劭云沔水自江別
至南郡華容縣爲夏水過江夏入江旣與江別明與此沔別也
地理志漢水之尾變爲夏水同上

岷山導江東別爲沱又東至于澧過九江至于東陵東迤北會于
匯東爲中江入于海

沱江之別流於梁者也澧水名水經出武陵充縣西至長沙下
雋縣西北入江鄭氏云經言過言會者水也言至者或山或澤
也蔡註

導沇水東流爲濟入于河溢爲滎東出于陶邱北又東至于菏又
東北會于汶又北東入于海

沇水濟水也地志云濟水出河東郡垣曲縣王屋山東南始發
源王屋山頂崖下曰沇水旣見而伏東出於今孟州濟源縣合

流至温縣是爲濟水歷虢公臺西南入于河溢滿也復出河之
南溢而爲滎滎卽滎波之滎見豫州又東出于陶邱北陶邱地
名再成曰陶又東至于菏菏卽菏澤汶北汶也見青州又東北
至于東平府壽張縣安民亭合汶水至今青州博興縣入海酈
道元謂濟水當王莽之世川瀆枯竭其後水流逕通津梁勢改
尋梁脈水不與昔同然則滎澤濟河雖枯而濟水未嘗絕流也
程氏曰滎水之爲濟本無他義濟之入河適會河滿溢出南岸
溢出者非濟水因濟而溢故禹還以元名命之按程氏言溢之
一字固爲有理然出於河南者指滎而言非指河也且河濁而
滎清則滎之水非河之溢明矣況經所書單立導沇條例若斷
若續而實有源流或見或伏而脈絡可考先儒皆以濟水性下
勁疾故能入河穴地流注顯伏南豐曾氏曰其注而北則謂之

灤水達於濤河以入於海齊多甘泉其顯名者十數而色味皆同以余驗之蓋皆灤水之旁出者也然則水之伏流地中固多有之奚獨於滎澤疑哉吳興沈氏亦言古說濟水伏流地中今歷下凡發地皆是流水世謂濟水經過其下東阿亦濟所經取其井水煮膠謂之阿膠用攪濁水則淸人服之下膈疏痰蓋其水性趨下淸而重故也濟水伏流絕河乃其物性之常事理之未必皆源於濟其水皆淸勁能醫滯疾不便辨其源自何來也行之水濟水伏流至濼理或有之然泰山之陰亦自出泉不少馥案中國水皆東流入海除江河溪澗外凡掘地見泉無非東著者程氏非之顧弗深考耳蔡註

導淮自桐柏東會于泗沂東入于海

水經云淮水出南陽平氏縣胎簪山禹只自桐柏導之耳沂入泗泗入淮此言會者以二水相敵故也蔡註

導渭自鳥鼠同穴鳥爲鵌鼠爲鼵郭璞云鼠如人家鼠而短尾鵌似鵽而小黃黑色穴入地三四尺鼠在內鳥在外山在隴西首陽西南孔傳共爲雌雄地理志不爲牝牡未知誰是孔疏鵌音琴集韻句喙鳥鵽音丁括切似鵌鼵字典音未詳禹貢台註鳥鼠同穴山鼠名鼵鼵**東會于灃又東會于涇又東過漆沮入于河**

同穴山名地志鳥鼠山者同穴之枝山也酈道元曰渭水出南谷山在鳥鼠山西北禹只自鳥鼠同穴導之耳蔡註漆沮二水名亦曰洛水出馮翊北孔傳地理志云漆水出扶風漆縣依十三州記漆水在岐山東入渭則與漆沮不同矣此云會於涇又東過漆沮是漆沮在涇水之東故孔以爲洛水一名漆沮水經沮水出北地直路縣東入洛水又云鄭渠在太上皇陵東南濯水入焉俗謂之漆水又謂之漆沮其水東流注於洛水志云出馮翊懷德縣入渭以水土驗之與毛詩古公自土沮漆者別也彼漆

郎扶風漆水也彼沮則未聞（孔疏）

導洛自熊耳東北會于澗瀍又東會于伊又東北入于河

熊耳盧氏之熊耳也洛水出冢嶺山禹只自熊耳導之耳（蔡註）胡渭禹河自積石至海解以今輿地言之河自大積石山東北流逕陝西西甯衛西南塞外至河州西七十里入塞又東北逕州北合灕水又東北合洮水又東北逕蘭州西南湟水合浩亹水自西來注之又東北逕州北又東北逕金縣北又東北逕靖遠衛北又東北逕甯夏中衛南又東北逕靈州所北折而北逕甯夏衛東南又北逕平羅所東又北逕榆林衛西出塞逕廢豐州西折而東逕三受降城南折而南逕廢勝州東入塞其東岸則平鹵衛又南逕府谷縣東其東岸則河曲縣保德州迤南逕神木縣南又南逕葭州東其東岸則興縣又南逕吳堡縣東又南

逕綏德縣東其東岸則臨縣永甯州甯鄉縣又南逕清澗縣東又南逕延州縣東又南逕延長縣東其東岸則石樓縣永和縣大甯縣又南逕宜川縣東其東岸則吉州鄉甯縣（孟門山在縣東南二十里）（壺口山在州西南七十里）又南至韓城縣東北龍門山在焉其東岸則河津縣此導河積石至於龍門之所經也（禹貢雖指）又自龍門山南流與汾水合（龍門南河濡多客土遇潦輒潰）又南逕郃陽縣東其東岸則滎河縣臨晉縣又南逕朝邑縣東又南至華陰縣東北與渭水合其東岸則蒲州又南逕雷首山西至潼關衛北折而東是爲河曲此河水南至華陰之所經雍州又所稱龍門西河者也又自潼關衛北折而東逕閿鄉縣北又東逕靈寶縣北其北岸則芮城縣又東逕陝州北其北岸則平陸縣又東過底柱又東逕澠池縣北其北岸則垣曲縣又東逕新安縣北又東逕洛陽縣北又東逕

孟津縣北其北岸則濟源縣此河水又東至孟津之所經也（同上）

東過洛汭（今河南鞏縣洛入河處）至于大伾（今衛輝府濬縣東臨河之山）北過洚水（即濁漳今直隸冀州北有祐降渠）至于大陸（今順德府屬及趙州深州地）

河水自孟津縣北又東逕鞏縣北洛水入焉其北岸則溫縣濟水入焉又東逕汜水縣北又東逕滎陽縣北其北岸則武陟縣沁水入焉又東逕河陰縣北又東逕滎澤縣北其北岸則獲嘉縣又東逕陽武縣北又東逕延津縣北又東逕胙城縣北其北岸則新鄉汲縣又東北至濬縣西南古宿胥大伾山在其東北其南岸則滑縣此河東過洛汭至於大伾之所經也（禹貢錐指）又自濬縣西南折而北歷內黃湯陰安陽臨漳魏縣成安肥鄉曲周平鄉廣宗至鉅鹿縣大陸澤在焉此即禹河北過洚水至於大陸之故道也（同上）大河北過之水歷廣宗至鉅鹿之大陸澤經清

河阜城交河至青縣合衛河北流至天津合桑乾諸水入海蓋自河閒獻縣以南平原德州以北皆九河所經其西北岸則新河東鹿深州獻縣青縣大城文安寶坻其東南岸則南宮冀州衡水武邑武強阜城交河滄州靜海天津故道合漳同行千有六百七十餘年而後變者也（河渠紀聞）太史公班孟堅謂禹釃二渠以引其河一貝邱一漯川李垂導河書曰東為漯川者乃今泉源赤河北出貝邱者乃今王莽故瀆而漢塞宣房所行二渠蓋獨漯川其一則漢決之起觀城入蒲臺所謂武河者也鼂補之曰二渠於禹貢無見（王應麟困學紀聞）考禹迹自龍門至於大陸皆為一流至秦河決魏都始有二流子長蓋悞指秦時所決之渠以為禹迹也（張燧千百年眼）按洚水即漳水大陸以下河漳共行一道胡渭云以今輿地言之漳水自鉅鹿又北歷南宮新河冀州束鹿

深州衡水武邑武強阜城獻縣交河靑縣靜海大城寶坻至天津鎮注於勃海卽古徒駭之故道也（禹貢錐指）齊乘言河自大陸趨海建瓴下注勢大土平自播爲九禹因而疏之以殺橫流當機扼要莫著於此諸家不察原本沾沾於九河故地往復聚訟古九河自昔有徒駭太史馬頰覆鬴胡蘇簡潔鉤盤鬲津之名（徒駭河在滄州西唐書清池縣西五十里有徒駭河地胡蘇河自東光甯津南皮滄州慶雲海豐入海鬲津河在南皮慶雲鹽山界覆釜河卽鉤盤河北派與馬頰簡二河俱在慶雲南太史河潔河在南皮縣境）然必求實指其地則穿鑿附會支離悠謬之說厭人聽聞黃河挾沙而行汛時石水六泥溜趨南淤在北趨北淤在南至改流後漫爲平陸不辨陵谷高下雖熟於河防者猶迷故迹況以數千百年行水之地此塡彼刷數經更易或以漲水衝出之土溝指名古河如樂陵之鉤盤德平商河界內之馬頰荒野無稽卽漢以來所傳許商三河

亦不必深信（河渠紀聞）蘇轍曰黃水之性急則通流緩則淤澱既無東西皆急之勢焉有兩河並行之理此知者言也河不並行矧可以九禹必疏之爲九歷千有餘年而不敝者何也閻若璩釋地云河流入海之地泄愈速河愈通九河下卽逆河海潮逆入名雖爲河實卽海也海水內呑九河外灌藉水力刷沙敵海若未及於海而流分力弱無以刷沙此以河之及海未及海爲定猶未深得其理九河之地雖不能明指其所而德州以北河間以南皆九河經行之處今雖藝爲平土而地勢河形高下曲折故迹隱然可尋每見大水之年德州至靑滄一帶汪洋瀰漫直達天津匯流就下卽九河故道明徵于欽謂靑滄二州閒有古河隄岸數重與夫大連澱大河沙河無棣土傷河之屬未必非禹河遺迹下流溏澱連絡不絕開通一綫淸水隨流而下禹第。

疏之以導其流非特闢爲九荒度土功也大陸以下地平土疏愈趨愈下盡入沮洳鴻荒初起河槽未深潮汐一日兩至非淸水助黃刷沙不足以敵海而九河皆沮洳之區淸水所匯禹導使同入大河以刷沙而敵海此以水治水不特濟變之善策百世後淸黃交濟之法已具於此聖不可知之謂神也同上自禹告成之年下逮東周齊桓公之世九河亡其八枝後數十年爲定王五年已未當魯宣公之七年而河遂東徙凡一千六百六十餘歲雖指禹貢

夏王桀五十有一歲冬十月鑿山穿陵以通於河通鑑

夏都安邑甸服之地跨河南北太康爲羿所距不得濟河反舊都城於甸服東南之陽夏以傳仲康居河之南少康復禹舊績沿河通貢如故不聞有鑿山穿陵以濟河者夏自孔甲後王政日衰諸侯朝貢不以時至桀暴益甚舉事戾於天發令逆其時禹濬川距海桀鑿山通河戾於先王西夏東商之應固其宜哉商書湯伐桀升自陑與桀戰於鳴條之野孔傳謂桀都安邑鳴條在安邑西陑在河曲之南從陑向北渡河東向安邑史記吳起云夏桀之居左河濟右太華安邑西多山阜鑿山穿陵通於河違常道矣河渠紀聞

自契至湯八遷湯始居亳從先王居遷西亳帝嚳所都古亳邑也湯都爲盤庚自耿徙此改號曰殷今河南偃師縣**避河患也**史記

按商書盤庚古我先王將多于前功適于山卽西亳也契始居此湯往而從之東成皋南轘轅山在鞏縣西南七十里西降谷以亳依山故曰適於山也山高水下而無河圮之患湯所以不就鳴條而歸亳復自亳遷於此也湯始爲諸侯居亳與葛爲鄰在商邱南

卽位定都商邱曰南亳後從先王居復遷西亳書稱三亳蒙城之亳曰北亳湯所盟也穀熟之亳曰南亳（穀熟城在歸德府東南四十里）湯所都也偃師之亳曰西亳湯所遷也漢志偃師有尸鄉湯所都商邱近河地平土疏遷居以避河患西亳依山下臨大河利轉輸故復都此太甲自桐歸亳嗣有河決之變後王不能安其居仍復議遷轉移於河之南北而依河爲用也（河渠紀聞）

商仲丁六祀遷都於囂（在河北）**河亶甲元祀徙都於相**（去聲今彰德府安陽縣治亦在河北）**祖乙元祀圮於相徙都於耿**（河南耿鄉）**九祀圮於耿徙都於邢**（今邢臺縣地按蔡沈書序注囂相在河北耿在河東耿鄉惟河東距河北過遠不知何據綱鑑）

按世言大河自隨刊後千七百年無水患者此大概言之也商自湯至武乙數遷其國都大抵瀕河作都河圮而後遷也太甲歸亳後有河決之變仲丁復遷囂囂亦患河河亶甲徙都相元

和志相州內黃縣東南有故殷城河亶甲居相築相州治安陽其時禹河出內黃安陽之閒臨黃築城至祖乙圮焉徙都於耿在河北逼近山川亦患河復遷於邢商自沃丁以後河患薦覆轉徙不常曰囂曰相曰耿曰邢皆際河之境濱河土豐物饒人所共趨知利而不知患往往輕徙仲丁河亶甲祖乙遷都各有作以君名篇雖皆佚亡而紀遷國之由述創制之艱蓋莫不以遷都爲重而其時之震蕩離析不得已而圖存可知也（河渠紀聞）殷時河數圮至五遷都不聞有所隄塞猶近循禹迹之故當時河患止於濱河漫溢非如後世之漂潰田廬千里一壑也（治平略）

周定王五年河徙（魯宣公七年已未）

按周譜（周譜見漢書溝洫志）周定王五年河徙酈道元水經注程大昌禹貢論皆云徙而不言所在或以滎陽漕渠水經所云礫谿者當

之然相去遠矣張燧云河徙自宿胥口在濬縣西南東行漯川在長壽津東津在今滑縣東北六十餘里河渠紀聞大河自宿胥口徙流至成平合漳水直隸交河縣東有成平故城復歸禹河故道又東北歷浮陽參戶平舒浮陽滄州東南有浮水故瀆參戶今青縣自章武入海也章武今靜海天津屬以今輿地考之濬縣滑縣開州內黃清豐南樂大名元城冠縣館陶堂邑清平清河博平高唐平原德州景州吳橋東光交河滄州青縣靜海天津諸州縣界中皆周定王五年至西漢末大河之所行也定王五年歲己未下逮王莽始建國三年辛未而北瀆遂空凡六百七十二歲禹貢錐指

周定王二十一年夏梁山崩山在陝西同州府韓城縣西詩奕奕梁山爾雅梁山晉望**壅河三日不流**穀梁傳

晉侯以傳召伯宗遇絳人問之曰國主山川故山崩川竭君爲之不舉降服損盛服乘縵車無文徹樂息八音出次舍於郊祝幣陳玉帛史辭自罪責以禮焉伯宗以告晉侯從之通鑑輯覽

周定王時楚令尹孫叔敖作芍陂溉田萬頃通頃河渠紀聞

按淮南子孫叔敖決期思之水灌雩婁之田期思作而荊之土田贍期思陂即芍陂也陂在壽州安豐城南亦曰安豐塘以水逕芍渟積而爲湖故謂之芍陂周迴二百二十里與陽泉陂大業陂並作首受淠水西自六安龍穴山東至濠州濠州元河南安豐路今安徽鳳陽府東少北二十里積石東南自龍池山皆注於陂引淠水爲子午溝開六門吐納川流後更開三十六門作減水牐四水漲則開門以疏之水消則閉門以蓄之蓄洩以時支流分注可溉田萬頃史記循吏傳稱敖爲楚相施教道民上下相和各得其所便民皆樂其生芍陂即善政宜民之一端然以利貽安豐之民而民

得以利其利者惟牐堰爲樞機昔人謂陂塘溝渠天所生之利也隄堰牐壩人所治之利也田地高低不齊用水緩急各異愚民盜決河防或宜啟而閉宜閉而啟牐壩不嚴而利亡矣漢唐以後屢勤修治時有廢缺如前時新倉口決引水之河即淤民不獲利者三十餘年前人制作美意後人不能遵守非法不良所以行法者無人而利固有不盡也（河渠紀聞）漢章帝建初八年除王景廬江太守郡有孫叔敖芍陂稻田徑百里開五門灌田萬頃伏滔謂龍泉之陂良疇萬頃謂芍陂也景驅率吏民修起蕪廢教用犁耕由是墾闢倍多境內豐給安豐界南北之交魏晉時有事於江南必出此建安十四年曹操至譙引水軍自渦入淮出肥水軍合肥開芍陂屯田後鄧艾重修此陂堰山谷之水旁爲小陂五十餘所因劉馥之舊而廣之沿淮諸鎮並仰給於此隋開皇中趙軌爲壽州長史治芍陂更開三十六門唐上元中亦於壽春置芍陂屯田元至元中於此立萬戶府屯戶一萬四千有奇故芍陂爲淮南田賦之本（同上）元世祖至元二十三年復置芍陂屯田史稱時當兩淮兵革之後荊榛蔽野宣慰使昂吉爾議立屯田以給軍餉先令千人往試其地果大穫遂以兵二萬屯之又有在壽州下蔡城西北六十里曰黃陂八十里曰鷄陂百二十里曰大漴陂下蔡東北八十里曰渭陂皆蓄以溉田者（同上）

管子度地篇言備害以水爲始請置水官令習水者爲吏大夫治川溝瀆隄防（河渠紀聞）

按尙書中候云春秋不書河決禹故道猶存齊桓公豈塞河之八流以自廣哉觀度地治水一則可知矣（河渠紀聞）度地篇云桓公

曰願聞水害管仲對曰水一害也旱一害也風霧雹霜一害也厲一害也蟲一害也此謂五害五害之屬水最爲大五害已除人乃可治桓公曰願聞水害管仲對曰水有大小又有遠近水之出於山而流入於海者命曰經水水別於他水入於大水及海者命曰枝水山之溝一有水一毋水者命曰谷水水之出於他水溝流於大水及海者命曰川水出地而不流者命曰淵水此五水者因其利而往之可也因而扼之可也而不治常有危殆矣桓公曰水可扼而使東西南北及高乎管仲對曰可夫水之性以高走下則疾至於漂石而下向高即留而不行故高其上領瓴之尺有十分之三里滿四十九者水可走也唐房元齡註瓴謂瓴甋也言欲令水上高必大爲瓴甋私空其中前後相受以尺爲分毋領而有十尺即長一丈也分之於三里間之毋里滿此九如此則水可走上矣乃迂其道而遠之以勢行之水之性行至曲必留退

滿則後推前地下則平行地高則控控謂頓也言水頓挫而卻也杜曲則擣毀杜衝也擣觸也言水行至曲則衝而擣有所毀傷杜曲激則躍躍則倚倚排也謂前後相排倚則環前後相排則圓流生環則中若環之中所謂齊中則涵中則涵者圓流無所通則相涵激涵則塞塞亦控也塞則移移則控控則水妄行水妄行則傷人傷人則困困則輕法輕法則難治難治則不孝不孝則不臣矣故五害之屬傷殺之類禍福同矣知備此五者人君天地矣人君天地所謂與天地合其德桓公曰請問備五害之道管子對曰請除五害之說以水爲始請爲置水官令習水者爲吏大夫大夫佐各一人率部校長官佐各財足各財足謂具祿廩乃取水左右各一人使爲都匠水工都匠水工謂爲水工之都將也令之行水道城郭隄川溝池官府寺舍及州中當繕治者給卒財足給卒財足卒謂所當治水者財則糧用也令曰常以秋歲末之時閱其民案家人比地定什伍口數別男女大小其不爲用者

謂幼小不在役者輒免之有錮病不可作者疾之謂著其名於疾之數有以瞯䘏之也可
省作者半事之并行以定甲士當被兵之數上其都併力役之際行視之
強壯者預定之以爲甲士而被兵之數旣而上其名籍於國都也都以臨下視有餘不足之處
輒下水官水官亦以甲士當被兵之數與三老里有司伍長行
里因父母案行閱具備水之器以冬無事之時籠臿板築各什
六臿應作臿說文舂去麥皮也各什六謂十人共貯六具土車什一雨輂什二雨輂車輂所以禦雨
故曰雨輂食器兩具人有之錮藏里中以給喪器食器兩具每人有貯器當錮
藏甲中兼給喪事之用後常令水官吏與都匠因三老里有司伍長案行
之常以朔日始出具閱之取完堅補弊久去苦惡常以冬少事
之時令甲士以更次益薪積之水旁州大夫將之唯毋後時其
積薪也以事之已其作土也以事未起積薪以事之已以農事畢時也作土以事未起
以農事未起時也天地和調日有長久以此觀之其利百倍故常以毋

事具器有事用之水常可制而使毋敗此謂素有備而豫具者
也桓公曰當何時作之管子曰春三月天地乾燥水糾列之時
也山川涸落天氣下地氣上萬物交通故事已新事未起草木
荑生可食寒暑調日夜分分之後夜日益短晝日益長利以作
土功之事土乃益剛令甲士作隄大水之旁大其下小其上隨
水而行地有不生草者必爲之囊大者爲之隄小者爲之防夾
水四道禾稼不傷歲埤增之樹以荆棘以固其地雜之以柏楊
以備決水民得其饒是謂流膏令下貧守之往往而爲界可以
毋敗　桓公曰凡一年之中十二月作土功有時則爲之非其
時而敗將何以待之管仲對曰常令水官之吏冬時行隄防可
治者章而上之都都以春少事作之已作之後常案行隄有毀
作大雨各葆其所可治者趣治以徒隸給大雨隄防可衣者衣

之衛水可據者據之終歲以毋敗為固此謂備之常時禍從何來　方靈臯云嘗見吳越山溪間行水者以巨竹承泉斜而下注數節之後自相推激盤山越嶺逆而上行卽此法也高其上者盤曲通水或用竹木而傾項多水處則用瓦器斜置通水之器每尺有十分之三減於斜勢也里滿四十九可走者過此亦難扼而行之也（同上）

周靈王二十有二年冬十月穀洛鬬（國語）

按顧祖禹方輿紀要云周靈王時穀洛鬬毀王宮在王城西自此澗水更名穀水周時澗水在王城西入洛故洛誥云澗水東瀍水西瀍水亦會於洛漢明帝時作千金堨於故河南城東堰穀洛之水會於瀍經洛陽城北穀洛之鬬蓋洛合瀍澗之暴流以衛王宮也國語曰靈王二十二年穀洛鬬將毀王宮王欲壅之太子晉曰晉聞古之長民者不墮山不崇藪不防川不竇澤夫山土之聚也藪物之歸也川氣之導也澤水之鍾也天地成而聚於高歸物於下疏為川谷以導其氣陂塘污庳以鍾其美故聚不阤崩而物有所歸氣不沈滯而亦不散越是以民生有財用無夭昏札瘥之憂無飢寒匱乏之患故能上下相固以待不虞今吾執政無乃實有所避而滑夫二川之神使至於爭明以妨王宮王將防鬬川以飾宮是飾亂而佐鬬也惟儆懼其何德之修而少光王室以逆天休焉用飾宮以徼亂此卽古人遇變修省敬明其德之意固不必壅水以衛也詩曰敬天之怒無敢戲渝水固不可壅壅之而鬬益甚晉其知言哉（河渠紀聞）

吳王闔廬伐楚開堰瀆運糧東通太湖西入長江（史記）

左傳楚子西子朝伐吳及桐汭杜注宣城廣德西南有桐水出

白石山入丹陽湖由五堰入太湖五堰者林堰分水苦李河堰合余堰爲五皆通於太湖周應合建康志考證余堰即吴所開以運糧者南唐楊行密據宣州孫儒圍之五月不解行密將臺濛作魯陽五堰拖輕舸饋糧故軍得不困卒破孫儒魯陽即余家等堰也自東壩成而中江不復自陽羨入海蓋蘇常承此下流常病漂沒築壩窒堰液鐵以固石故曰銀淋處後人復開此道蘇常患水而固其防也由是宣歙諸水悉由蕪湖出達於大江濱湖之地皆隄爲圩田中江亦漸狹隘東坡奏議云溧陽縣之西有五堰者古所以節宣歙金陵九陽江之衆水直趨太平州蕪湖後之商人販賣簰木東入二浙以五堰爲阻因紿官中廢去五堰既廢則宣歙金陵九陽江之水或遇暴漲皆入宜興之荆谿山由荆溪而入震澤語在元祐六年是時中江尚通其

後東壩既成中江遂不復東太湖所受惟荆溪天目諸山水水患大減於宋元時觀吴江長橋迤南水洞頻塞沿隄彌望皆成膏腴其在宋元稍塞蘆葦水即四溢今無此患西南諸水不入故也河渠紀聞

按明武宗正德七年增修五堰築壩三丈自是宣歙諸水不入震澤湖五堰居太湖上流在高淳溧陽之間曰銀林曰分水曰苦李曰何家曰余家所謂魯陽五堰也方輿紀要云魯陽堰旁地名五堰始於楊行密本作拖輕舸饋糧之計宋人因之以節水入江今東壩其故址也春秋時闔閭伐楚用伍員計開渠運糧曰胥溪湖流相通東南連兩浙西入大江唐景福二年楊行密將臺濛作五堰拖輕舸饋糧宋元祐中宜興人單鍔著吳中水利以爲三江水患由五堰之廢五堰節宣歙金陵九陽江之衆水由分水銀林二堰直趨太平蕪湖後因宣歙商販

運篠木入浙阻於五堰妄給廢去宣歙金陵九陽江之水皆入荆溪下太湖乃於震澤口開瀆百條曰百瀆又開橫塘貫百瀆通頻湖諸鄉阡陌之水橫塘直南北爲經百瀆直東西爲緯分荆溪之流下震澤由震澤入太湖抵淞江入海是以吳中歷無水患震澤亦不爲吳中患今百瀆橫塘大半堙塞初慶歷中以淞江風濤漕運多敗官舟遂接築淞江長隄界江湖之間橫截江流震澤受吳中數郡之水乃遏以長隄雖有橋梁流勢不快又淞江至海諸港復多泥沙漲塞蘇湖常秀皆憂瀰漫議治五堰便由分水銀林二堰直歸蕪湖三州可無水患此通論也洪武初都金陵以蘇浙糧道自東壩入避長江之險浚胥溪治石牐司啟閉至永樂改築土壩壩低薄漏水舟行猶能越之至是增築三丈水勢相懸不能復越嘉靖中復自壩十里許更築一壩曰東壩（東壩即今高淳縣之東壩明曰廣通鎮）兩壩相隔湖水絕不復東傅同叔云東壩陸行十八里至銀林中有三土高阜若不甚高遇漲則宣歙金陵之水皆由荆溪入太湖此高阜不足以遏之五堰所由作也（河渠紀聞）

馥案此條應與明洪武二十六年開溧水臙脂河參看

周敬王三十四年秋吳城邗溝（今江南揚州府江都縣治）**通江淮**（左傳哀公九年乙卯）

吳王夫差既殺申胥不稔於歲乃起師北征闕爲深溝於商魯之間北屬之沂西屬之濟以會晉公午於黃池（今封邱荆隆工之東曰古黃池）（在古徐兖之間故曰出於商魯 國語）此自江入淮之始也吳越春秋吳將北伐齊霸中國掘江通淮自廣陵城東南築邗城城下穿溝東北通射陽湖西北至末口卽山陽縣北之北神堰夫差所築今自眞揚至淮安入淮之道也（河渠紀聞）

魏文侯時西門豹引漳水溉鄴以富魏之河內史記

地理志濁漳水出長子鹿谷山東至鄴入清漳史記正義

馥案魏襄王時史起謂豹未用漳水詳見後

周敬王二十五年吳行人伍員鑿河自長泖接界涇而東盡納惠高彭巷處士瀝瀆諸水後人名其河曰胥浦河渠紀聞

按胥浦源自長泖而東會諸涇港之水北流會於橫潦涇入黃浦歸海吳時子胥鑿以通東江者也今東江久湮水歸黃浦吳地志泖湖上中下有三西北抵山涇水形圓者曰圓泖爲上泖南近泖橋水勢闊者曰大泖自泖橋而上縈繞百餘里卽長泖也一名谷泖爲下泖上承澱湖凡嘉湖以東太湖以南諸水多匯入焉下流合黃浦入海河渠紀聞

周威烈王十三年晉河岸崩壅龍門至於底柱通鑑

此西河東圮也龍門底柱之間皆高山崇阜河雖壅不徙流通鑑輯覽

周顯王八年入河水於圃田本鄭地而後入魏又爲大溝在尉氏縣西南十五里東北合東溝入於黃河而引圃水竹書紀年

水經注渠水自河與濟亂流東逕滎澤北歷中牟縣之圃田與陽武分水西限長城東極官渡北背渠水東西四十里許南北二百里許中有沙岡上下二十四浦水盛則北注渠溢則南播竹書紀年統箋世傳禹塞滎澤通渠於圃田其後河絕旃然入爲滎水又謂禹鑿鴻溝通河於汴皆臆說也水經謂河至滎陽蒗蕩渠出焉渠至陽武其下爲沙蔡水是也其出爲陰溝至浚儀其下爲渦別爲汳汳至濛別爲獲水經註獲水出汳水于梁郡蒙縣北獲水首受甾獲渠卽考城境下通碭水卽琴高乘赤鯉處餘波迤於淮陽東歷彭城入於泗引河之說皆起

於後世禹未嘗鑿而塞之也河渠書云自禹後滎陽引河爲鴻溝通宋鄭陳蔡曹衞與濟汝淮泗會於楚是引河在禹後非禹通之也明矣梁惠成王入河於圃田又引而東卽由是道河渠紀聞

周顯王十年楚師決河水水出長垣之外長垣陳留風俗傳縣有長垣故縣氏之竹書紀年

水經注河水舊於白馬縣決通濮濟黃溝戰國策蘇代說燕曰決白馬之口魏無黃濟陽決宿胥之口魏無虛頓邱漢王橫謂秦攻魏決河灌其都決處遂大不可復補宜徙完平處開空使緣西山足乘高地而東北入海是明言決水之地近西山在白馬宿胥閘也楚師決河當在此

周赧王六年十月大霖雨疾風河水溢酸棗今河南衞輝府延津縣治竹書紀年

酸棗卽鄭廩延之地郡國志故城在滑州酸棗縣北十五里史記秦本紀

秦昭王使李冰爲蜀守開成都縣兩江溉田萬頃風俗通

醴棨河渠紀聞載秦孝文王元年李冰開成都兩江不言秦昭王時事按秦昭王在位五十六年秦孝文王在位一年李冰當是受命於昭王開河於孝文王時也

按成都兩江郫江流江也史記蜀守冰鑿離堆辟沫水之害穿二江中都之中渠皆可行舟有餘則用溉浸百姓享其利至於所過往往引其水益用溉田疇之渠以萬億計川志云冰行部至湔山見水爲民患作石人三石犀五鎭江流後作離堆以障沫水穿石犀於江南命之曰犀牛里穊江水作堰由湔堋入郫江檢其左其正流遂東郫江之右也因山頹水坐致材木以溉諸郡功省用饒又自湔堰上分穿羊摩江灌江西至於玉女房

下作三尺人於白沙郵立水中水渴不至足盛不沒肩蜀人旱則藉以爲溉雨則下遏其流故記曰水旱從人不知饑饉謂湔堰爲都安堰分流溉灌三郡廣開稻田堰旁設護岸籠石附岸水不齧土而渠可堅久於是蜀沃野千里世號陸海謂之天府又通笮通汶並江臨卭與蒙溪分水白木江會武陽天社山下爲合江時青衣有沫水出蒙山下伏行地中會江南安觸山脇溷崖水脈漂疾破害舟船冰使發卒鑿平溷崖通正水道又導洛通山洛水或出瀑口經什邡郫別江會新都大渡又有緜水出紫巖山經緜竹入洛東流過資中會江陽皆溉灌稻田膏潤稼穡故蜀人稱郫繁曰膏腴緜洛爲浸沃也又識齊水脈穿廣都鹽井諸陂於是蜀有養生之饒焉後數十年文翁於文帝時守蜀教化大行士風埒齊魯又以民生惟食爲重乃由湔洩口

分疏水二道灌田二千餘頃民受其賜如李冰時河渠紀聞

顧案蜀地平衍西高於東水出灌口分流而東順水之勢乃天地自然之大利也秦時無測量之法大約順水勢而爲之今沿邊沿海各行省荒地頗多而民食糧貴官吏竟無力爲興水利若得精於測量者驗其高下量立隄防招民墾種較之西北開荒其利十倍惟諳水利者實乏其人而部吏於籌費升科等事又多梗阻遂難告成可惜也宋陸放翁有離堆詩曰徙木餘風雖峭刻取材尙足當世用寥寥後世豈乏人尺寸未施讒已衆蓋有慨乎其言之矣任事之難古今所同慨也

秦作鄭國渠史記

按自魏史起引漳水灌鄴其後通渠溝言水利者後先相望韓人憚秦之出關也思以事罷役無令東伐迺使水工鄭國閒說

秦令鑿涇水自中山以西抵瓠口爲渠並北山東注洛三百餘里欲以漑田瓠口卽池陽谷口洛水卽漆沮水也中作而覺其謀惡鄭國欲殺之鄭國曰始臣爲閒然渠成亦秦之利也臣爲韓延數世之命而爲秦建萬世之功秦以爲然卒使就渠渠成而用漑注塡淤之水漑舃鹵之地四萬餘頃收皆畝一鍾於是關中爲沃野無凶年秦以富强卒并諸侯名其渠曰鄭國渠在雲陽縣地水經注沮水東注鄭渠並東南入渭涇渭合流入渠杜預謂自秦迄漢鄭渠尙漑田四萬民用饒足河渠紀聞

魏襄王時史起引漳水漑鄴前漢書溝洫志

魏文侯時西門豹爲鄴令有令名至文侯曾孫襄王時與羣臣飲酒王爲羣臣祝曰令吾臣皆如西門豹之爲人臣也史起進曰魏氏之行田也以百畝鄴獨二百畝是田惡也漳水在其旁西門豹不知用是不智也知而不興是不仁也仁智而未之盡何足法也於是以史起爲鄴令遂引漳水漑鄴以富魏之河內民謌之曰鄴有賢令兮爲史公決漳水兮灌鄴旁終古舃鹵兮生稻粱前漢書溝洫志

秦始皇帝二十三年王賁攻魏引河溝灌大梁河溝卽陰溝曾子固集稱陰溝分河於滎澤下至浚儀西北復分爲二其後或曰鴻溝或曰蒗蕩或曰浚儀渠或曰石門渠東合濟水與河渠東注至敖山北兼汴水又東至滎陽縣北旃然水東流入汴滎陽西有廣武二城汴水自二城間流出濟水至此乃絕溝水合汴東行河溝自周時已有之而賁斷故渠引水出縣南不遷其北遂目陰溝爲蒗蕩渠亦曰鴻溝其後用以通運入淮分流太甚大河乃屢徙而南大梁今河南歸德府商邱縣南**大梁城壞**史記秦本紀

此卽智伯決水灌晉陽作俑之禍始也水之害不一莫大於決水決水之禍烈莫酷於決黃河之隄以灌城戰國策蘇代云秦告魏曰決滎口魏無大梁水經注濟水自陽武縣故城南又南

逕封邱縣南又東逕大梁城北古職方之滎川本濟水所出後世引河爲鴻溝由城北出者爲梁溝秦使王賁攻魏竟用代説決南涯引河溝灌大梁壞其城太史公曰吾適故大梁之墟墟中人曰秦之破梁引河溝而灌大梁三月城壞遂滅魏秦方平海內而橫開河隙綱目書秦引河溝重河隙開於秦也昔智伯引汾水灌晉陽水不浸者三版城完如故及軍退水洩而城圮水盛城倚水㝉托水洩則城無所倚而圮矣物理本如是水固足以亡人國也而秦用以滅魏開後世寸金淀朱家寨之禍始引鴻溝入淮泗使河爲漏卮啟後世南清河北清河之前導（河渠紀聞）

漢文帝十二年冬十二月河決東郡（今山東濮州前漢書文帝本紀）

時河決酸棗東潰金隄於是東郡大興卒塞之（史記河渠書）

漢武帝建元三年春河溢平原（今山東濟南府平原縣南二十里前漢書武帝本紀）

本紀時大饑人相食顏師古曰河溢之處損害田畝故大饑（前漢書註）

漢武帝元光三年春河水徙從頓邱東南流入渤海（頓邱今直隸大名府清豐縣南二十里渤海今直隸天津府滄州東南四十里前漢書武帝本紀）

元光之中河決於瓠子東南注鉅野通於淮泗天子使汲黯鄭當時興人徒塞之輒復壞是時武安侯田蚡爲丞相其奉邑食鄃（今清河縣）居河北河決而南則鄃無水災邑收多蚡言於上曰江河之決皆天事未易以人力爲强塞之未必應天而望氣用數者亦以爲然於是久之不事復塞（史記）時河水徙頓邱歷畔觀（今曹州府觀城縣界）至東武陽（今朝城縣東南有古東武陽城）奪漯川之道（漯川由今山東大清河利津入海道）東北至千乘入海（千乘即利津縣）其夏復自長壽津（在滑縣東北）溢而

東決濮陽瓠子（在濮州東南七十里瓠子即濮也）注鉅野（今曹州府屬縣）通於淮泗汜郡十六泛濫二十四年至元封二年瓠子塞仍行成平故道餘波仍入漯川（河渠紀聞）此大河南徙入淮之始河之一大變也河初徙從頓邱改流復溢而東南注鉅野通淮泗是時河已南去北瀆流微漯亦涸頓邱決口挂淤葦土塡實不以塞決計故史第載瓠子塞決始末而不及頓邱也（同上）

漢武帝元光六年春穿漕渠通渭（河渠紀聞）

時鄭當時為大司農言異時關東漕粟從渭上度六月罷（顏師古曰計度其功六月而後可罷也）而渭水道九百餘里時有難處引渭穿渠起長安旁南山下至河三百餘里徑易漕度可令三月罷罷而渠下民田萬餘頃又可得以溉此便漕省卒而益肥關中之地得穀上以為然令齊人水工徐伯表（顏師古曰巡行穿渠之處而表計之）發卒數萬人穿漕渠三歲而通以漕大便利其後漕稍多而渠下之民頗得以溉矣後河東守番系言漕從山東西（顏師古曰謂從山東運漕而西入關也）歲百餘萬石更底柱之艱敗亡甚多而煩費穿渠引汾溉皮氏汾陰下引河溉汾陰蒲坂下度可得五千頃故盡河壖棄地民茭牧其中耳今溉田之度可得穀二百萬石以上穀從渭上與關中無異而底柱之東可毋復漕上以為然發卒數萬人作渠田數歲河移徙渠不利田者不能償種久之河東渠田廢予越人令少府以為稍入（前漢書溝洫志顏師古曰越人習於水田又新至未有業故與之也稍漸也其入未多故謂之稍也）（前漢書溝洫志注）劉奉世曰按今渭汭至長安僅三百里固無九百餘里而云穿渠起長安旁南山至河中間隔灞滻數大川固又無緣山成渠之理此說可疑今亦無其迹（同上）

漢武帝時穿漆沮水溉臨晉重泉顏師古曰臨晉重泉皆馮翊之縣也洛即漆沮水　前漢書溝洫志

時嚴熊言臨晉民願穿洛以溉重泉以東萬餘頃故惡地誠即得水可令畝十石於是為發卒萬人穿渠自徵引洛水徵在馮翊顏師古曰徵音懲即今澄城也至商顏下商顏者商山之顏也譬人之顏額也岸善崩乃鑿井深者四十餘丈往往為井井下相通行水水隤以絕商顏東至山嶺十餘里閒井渠之生自此始穿得龍骨故名曰龍首渠此龍首渠與康熙三年引灌水入長安龍首渠係屬兩事作之十餘歲渠頗通猶未得其饒前漢書溝洫志

漢武帝時朔方西河河西酒泉皆引河及川谷以溉田關中靈軹成國湋渠引諸川靈軹成國如淳曰皆鑿渠名湋渠水出韋谷汝南九江引淮東海引鉅定澤名泰山下引汶水皆穿渠各溉田萬餘頃佗小渠及陂山通道者不可勝言前漢書溝洫志

漢武帝元鼎六年兒寬為左內史奏請穿鑿六輔渠六輔師古曰在鄭國渠之裏今尚謂輔渠亦謂六渠在今雲陽三原兩縣界中以益溉鄭國傍高卬之田前漢書

漢武帝太始二年趙中大夫白公奏穿渠引涇水首起谷口尾入櫟陽注渭中袤二百里溉田四千五百餘頃因名曰白公渠前漢書溝洫志

時民得其饒歌之曰田於何所池陽谷口鄭國在前白渠起後舉臿成雲決渠為雨涇水一石其泥數斗且溉且糞長我禾黍衣食京師億萬之口前漢書溝洫志雖指云穿渠引水非古也自溝洫之志廢灌溉之事興渠分大河之水行遲貯淤河身日高水暴至不能容漢人知此者鮮是時涇水經河淘刷日久河底低深水不能入渠白公於上流較高之處別開渠口自上而下接引灌注功成人樂其利後有作者皆運用其法惟有移高渠口以

濟一時者矣（河渠紀聞）

謹案引涇灌田之案歷代有之今撮要錄左

白公渠即涇陽洪渠堰至隋唐宋漸廢明洪武永樂宣德成化年間嘗集涇陽醴泉三原高陵臨潼五縣之民鑿石濬渠元御史王琚於上流接開新渠曰新溝明撫軍項忠濬十七載始成曰廣惠惟渠口漸改漸高水利日微又涇水洶湧砂石滾滾渠口易塞流不百步砂石並沈祇灌田八千餘畝得不償失嗣後遂廢不修此又當權利害而爲之者

按雍正五年陜督岳鍾琪濬鄭白龍洞等渠龍洞渠在涇陽西北六十里即鄭國渠也（河渠紀聞）又按雍正六年修涇陽廣惠渠志稱廣惠渠即洪武時所修之洪堰也上承涇水中受諸泉由高趨下勢若建瓴秦民衣食之源關中膏腴之最也渠穿大小龍山役者鑿鐙以入石剛頑火焚水淬功初就灌田無多順治九年重修就谷口上流分涇入渠涇水奔瀉石堰遏之水怒激土石承委不得不behind渠高水低勢不能引鑿渠深入數丈泉始湧出康熙八年王際有復修後以水急壅潰渠日就淤塞至是大加修濬渠始流通灌涇陽醴泉三原高陵田七萬四千餘畝設通判專董歲修王際有修渠記云予經營渠務塞其壅潰最要者則如腰堰非設約截水不能下流也石隔子龍洞非身入其內搜淘積石水將中阻也小退水槽爲上流咽喉必防其泄王御史口尤扼險石隄一圮水將立竭天澇池多磽确須煅煉以鑿之臥牛石以上隄岸滲漏渠水入河者大半米汁油灰灌其石縫方能久固大退水之補滲亦如之其退水槽宜重截鐵練以資啟閉火燒橋沙石填積中流巨石盡起水斯能行至旁岡

治水述要卷一　三十六

渠趙家橋土與橋平故道不遺下此則爲土渠條析中多淺溢躬率興作石堅者舉火煅開洞幽者引繩深入漏者補淤者疏以迄於成沈青崖引際有之記又爲之説云鄭國開渠之始渠與河平涇水順流而下又東合谷陵清濁三峪及簿臺石川諸河北注洛故能溉田四萬餘頃自鄭渠廢而白渠興循涇而流東南注渭其所灌者才及鄭渠十一耳厥後河流日下渠身益高宋之豐利元之王御史明之廣惠通濟等渠大抵皆刊山鑿石力爭上流其始未嘗不灌溉優渥而後率不繼者總由涇水在山勢甚洶湧木石囤堰旋設旋衝兼之石渠狹隘涇水泥多一入之後遂至中滿我　皇上軫念民依興復古制　特發庫帑以疏通又設專官以董理其爲秦民謀樂利者至矣司其事者須酌古準今相時度地勤修渠堰盡收兩岸泉漸次鑿山再引上流之水則浸灌之利必有超軼宋元方駕秦漢者茲故備載歷代修濬之方並前賢利弊之議俾留心溝洫有所考證焉

觀此則涇渠之源流本末奏功之艱難勞費具列於篇蓋由涇源勢高水急挾泥沙入渠下流壅與地平難成易壞惟有移口就高隨時補救之一法然非大有力者始終其事未易行之久而不敝也同上

漢武帝時通褒斜道水多湍石不可漕前漢書溝洫志

時有人上書欲通褒斜道及漕事下御史大夫張湯問之言抵蜀從故道故道多坂回遠今穿褒斜道少坂近四百里而褒水通沔斜水通渭皆可行船漕漕從南陽上沔入褒褒絶水至斜閒百餘里以車轉從斜下渭如此漢中穀可致而山東從沔無限便於底柱之漕且褒斜材木竹箭之饒儗於巴蜀上以爲然

拜湯子卭爲漢中守發數萬人作褒斜道五百餘里道果便近而水多湍石不可漕前漢書溝洫志

馥詢射洪明經楊昌邠言斜水出斜谷一南流合褒入漢一北流過郿入渭中隔尖叉坂大嶺須陸行一百四十里嶺高而路坦可用車輓但南北斜地峻流急皆淺澀不便漕耳

漢武帝時齊人延年請引黃河出胡中武帝未行前漢書溝洫志

時延年上書言河出昆侖經中國注渤海是其地勢西北高而東南下也可案圖書觀地形令水工準高下開大河上領出之胡中東注之海如此關東長無水災北邊不憂匈奴可以省隄防備塞士卒轉輸胡寇侵盜覆軍殺將暴骨原野之患天下常備匈奴而不憂百越者以其水絕壤斷也此功一成萬世大利書奏上壯之報曰延年計議甚深然河迺大禹之所道也聖人作事爲萬世功通於神明恐難改更前漢書溝洫志

馥案黃河迺北地高山多非人力所能開濬延年逞私見妄語也

漢武帝自塞瓠子後河復北決於館陶今山東東昌府館陶縣**分爲屯氏河**在今大名府東元城界漢書言屯氏河又自信城縣分支爲張甲河信城在直隸清河界張甲河在直隸廣宗縣界東北流至蓨縣入漳大河又自靈縣分支爲鳴犢河東北流自蓨縣入屯氏河四河並行凡七十二年蓨讀曰條周亞夫封條侯即此**東北經魏郡清河信都渤海入海**魏郡今直隸大名府元城縣西少南四十里清河今直隸廣平府清河縣東信都今直隸冀州治**廣深與大河等因其自然不隄塞**前漢書溝洫志

漢元帝永光五年河決清河靈縣之鳴犢口靈縣今山東東昌府高唐州西南鳴犢口在清河縣東南亦說即今高唐州**屯氏河絕決河東北出爲屯氏別河至平原南分爲二一北由陽信故城東注於海南自平原城北首受大河故瀆東出亦謂篤馬河至陽信故城東北入海**河渠紀聞

漢元帝建昭中南陽太守召信臣創建鉗盧陂於穰南築堰開六門又開渠於唐州歲增民田數萬頃河渠紀聞

按南陽唐鄧之間漢置陂堰東西散布惟鉗盧陂召堰爲最大渠堰障水溉田引用淯河之水其源自嵩縣雙鷄嶺東南流經南陽新野會梅溪灑灌湍水留山黃渠栗鴉泗潦刁等河與泌水合南至襄陽入漢江其水有四堰曰上石谷馬陵港蜣蝦沙堰引溉民田又築昆水三堰上堰在葉縣西南中堰在縣東下堰在縣東北其在唐縣者曰召堰鉗盧陂曰玉池澤皆障水泉廣灌溉得水田三萬頃又開六門陂於鄧斷湍水立穰西石碣引灌穰與新野涅陽五千餘頃歲增良田四萬餘頃以利農民史稱信臣爲人勤力有方略好爲民興利務在富之躬耕勸農出入阡陌止舍離鄉亭稀有安居時行視郡中水泉開通溝洫起水門提閼凡數十處以廣灌溉歲歲增加多至三萬頃民得其利蓄積有餘又爲民作均水約束刻石立於田畔以防分爭居民利之名其渠堰皆曰召越六十餘歲杜詩遷南陽太守建武七年詩至官仿召信臣遺跡修復其業治陂池廣拓田土分疆刊石使有定分激用湍淯諸水以浸原田召渠乘高瀉水類關中鄭渠撥用夫役深濬東西中三渠增廣良田廣種稻禾民深得其利時以詩方召信臣爲之語曰前有召父後有杜母亦可謂入人之深矣熙甯中陳世修請於唐州石橋南北岸累石爲虹橋駕淮水入東西召渠灌注九子等十五陂使二百里間水利均浹然其後日漸堙沒原溉田數萬頃者或溉不及萬漸及數千或在近地溝引河濱水涓灌田千百畝而已築堰疏渠引灌民田之大局至今日已爲迂論其故何哉地有遺利民無

餘力沙石衝蕩日久遺跡止存一二費鉅利微有積重難返之勢人各治己業此疆彼界隔礙難行惟有隨時隨地設法調劑因民所利與民宜之則實惠在民矣（河渠紀聞）

馥按南陽古稱沃壤水利久廢查卷惟本朝雍正八年濬工極大附錄於後

時勸民疏浚在南陽則浚林水安家樹窪石橋許房新店夏晌博望等渠或引入白河或引入栗河或引入潦河分流灌田在鎮平則開縣東柳泉三家温程等營之二十五渠縣南沙河柳莊王黄等營之二十二渠縣西蘇莊曹劉等營十八渠縣北郭岡土寨趙魏等營十五渠在內鄉則其東路溝引水入界河西路南路溝引水入刁河小江河北路溝引水入螺螄長城山溝等河在新野則孟渠余林馬槽水字小侶紅沙石羊東渠桐柏黄趙諸渠疏其東趙莊黄渠方楊各渠疏其北龍潭堰子大小黄官溝吳溝何渠徐馬孟渠疏其南在淅川則引全灣五龍岵山柳林泰廟白亭高祠孫鋪石門大溝小渠八丹江福前南路長村李官石渠龍廟許灣劉梅大小溝渠引入淅水馬蹬紫旗盪堰下淤三大溝闢峪三渠引入小河在裕州則浚州東之惠港朱莊馮莊吳莊陳直五渠州南之孟莊譚莊石莊下河口四渠州西之維摩金店袁店三渠州西南趙河花莊吳灣賈樓程店官道六渠在舞陽則疏夏橋雁張沙女乾柴胡岡馮岡雁李之水入唐河疏連寺潘岡馬村姚莊澧北之水入泥河疏路莊卸店泥溝楝樹呂店之水引入八里河疏梁潭東關楊莊賈灣之水引入三里河疏劉秀廟水入茨河北舞渡之水疏入郾城渠東官道羅寺溝之水疏入西平渠南官道北官道溝之水疏

入乾江河西南官道溝水引入滾河及搭連河尙店界溝水疏入赤河縣東北百尺溝北通潁水南通汝河潁盛則南播汝溢則北注修沙灰灃三河兩岸之隄以禦水患在葉縣則有昆水上中下三堰東西二陂蓄黃城山之水以溉田分流各出之支所在導引縣東南萬家渡紅雁五龍祁寨等十一渠縣東孫莊台劉雁頭等十四渠縣南柳莊官路焦廟吳莊等二十一渠縣西任店閭村大林王莊等七渠縣東北焦莊龍窩董湖等十四渠縣西南輔君花莊等七渠皆隨地疏導以盡其力可謂無遺利矣河渠紀聞以上分引溝洫而於漢晉遺蹟不及者何也明鄧州牧張僊勘議云鉗盧陂日就低下陂地積土高隆不能引三郎堰無硬石立腳難立隄惟擇地之高而築隄隨水之及而爲用庶可有濟舍是欲平地築隄防無源之水以土截河興必不可成之功不如聽其種旱田之爲愈也云云斯語可以得其大要矣節錄河上

漢成帝建始四年秋河決於館陶及東郡金隄金隄今自陽武延津開州下至張秋南山有存者**泛溢兗豫入平原千乘濟南**濟南今山東濟南府歷城縣東七十五里**凡灌四郡三十二縣水居地十五萬餘頃深者三丈壞敗官亭室廬且四萬所**前漢書溝洫志

時以王延世爲河隄使者塞河缺以竹落長四丈大九圍竹落即竹籠絡也盛以小石兩船夾載而下之三十六日隄成改元河平詔曰延世長於計策功費約省用力日寡朕甚嘉之其以延世爲光祿大夫秩中二千石賜爵關內侯黃金百斤前漢書溝洫志

馥案此工必挑引河始能成功若無引河或係分溜之口亦易堵塞倘全溜決隄而無引河徒以竹落盛石塞之萬無成理

漢成帝河平三年河決平原流入濟南千乘敗壞半建始時前漢書溝洫志

是年復命王延世與丞相史楊焉將作大匠許商諫大夫乘馬延年乘馬姓也共塞之前漢書溝洫志

漢成帝鴻嘉四年渤海清河信都河水湓溢灌縣邑三十一敗官民廬舍四萬餘所前漢書溝洫志

時徵能治河者言人人殊竟不塞自元光以來迄永平之世東都橫流不息爲患八十餘年河渠紀聞按天下有同事而異用者緩則論其常急則論其變拯溺天下之至急者也溺至東郡平原清河等郡之數決急之尤者也知其急而治之患崇虛語無實行崇虛無實之弊有二圖慮本不深遠而好爲高論襲古人已往陳跡遺當前至計其失則欺或有亟應施行之事明知當然衆其屬之而遷延坐廢其失則慢慢而濟之以欺河所以卒不能平也渤海信都之溢丞相御史白遣許商行視孫禁議決平原金隄開通大河令入篤馬河行五百里卽至海地近溝深水道峻利涸出美田償所開傷民戶田廬省吏卒治隄救水歲三萬人因利乘便權濟一時而商援引九河故說謂徒駭胡蘇鬲津在成平東光迤北篤馬出九河南失禹跡且謂地勢平夷旱則淤絕水則敗沒以飾其辭非眞欲索九河故跡而穿之惟思緩其疏築徐觀水勢於所急者緩之此以欺而濟其慢也於是公卿皆承商意旨陳事谷永言橫溢天災姑修政以應之李尋解光亦言陰氣方盛水不潤下天道有因俟稍成川順天心圖之遂止不塞節錄同上

綏和二年鉅鹿太守平當以經明禹貢使行河爲騎都尉領河

隄奏當言經義有決河深川無隄防壅塞之文宜求能浚川疏河者久之莫有應刑政修河伯效順者上也簡賢任能而用得其當者次也禹之治水曰導曰濬原無隄防壅塞之文朱子嘉平當之奏故大書以美之河志按平當言經義無隄防壅遏之文與宋開寶年詔語相同詔曰朕每閱前書詳究經瀆至若夏后所載但言導河至海隨山浚川未聞力制湍流廣營高岸今之言治水者計無出於隄塞二事箕子答武王之訪首云鯀陻洪水汨陳其五行帝乃震恐後世之臣皆鯀也非其人之願爲鯀乃教之使爲鯀也是以水不治而彝倫斁也日知錄

漢哀帝建平元年待詔賈讓上治河上中下三策略曰古者立國居民疆理土地必遺川澤之分度水勢所不及大川無防水小得入陂障卑下以爲汙澤使秋水多得有所休息左右游波寬緩而不迫夫土之有川猶人之有口也治土而防其川猶止兒啼而塞其口豈不遽止然其死可立而待也故曰善爲川者決之使道善爲民者宣之使言蓋隄防之作近起戰國壅防百川各以自利齊與趙魏以河爲境趙魏瀕山齊地卑下作隄去河二十五里河水東抵齊隄則西泛趙魏趙魏亦爲隄去河二十五里雖非其正水尙有所游盪時至而去則填淤肥美民耕田之或久無害稍築室宅遂成聚落大水時至漂沒則更起隄防以自救稍去其城郭排水澤而居之湛溺自其宜也湛溺湛讀曰沈今隄防狹者去水數百步遠者數里河從河內北至黎陽爲石隄激使東抵東郡平剛又爲石隄使西北抵黎陽觀下又爲石隄使東北抵東郡津北又爲石隄使西北抵魏郡昭陽又爲石隄激使東北百餘里閒河再西三東迫阸如此不得安息今行

上策徙冀州之民當水衝者決黎陽遮害亭（亭在濬縣西南五十里）放河使北入海河西薄大山東薄金隄勢不能遠泛濫期月自定昔大禹治水山陵當路者毀之故鑿龍門辟伊闕析底柱破碣石墮斷天地之性此乃人功所造何足言也今瀕河十郡治隄歲費且萬萬及其大決所殘無數如出數年治河之費以業所徙之民遵古聖之法定山川之位使神人各處其所而不相奸且以大漢方制萬里豈其與水爭咫尺之地哉此功一立河定民安千載無患故謂之上策若乃多穿漕渠於冀州地使民得以溉田分殺水怒雖非聖人法然亦救敗術也議者疑河大川難禁制滎陽漕渠足以卜之其水門但用木與土耳今據堅地作石隄勢必完安冀州渠首盡當卬此水門（卬讀仰）治渠非穿地也但爲東方一隄北行三百餘里入漳水中其西因山足高地諸

渠皆往往股引取之（股支別也）旱則開東方下水門溉冀州水則開西方高門分河流通渠有三利不通有三害民常罷於救水（罷讀疲）半失作業水行地上湊潤上徹民則病溼氣木皆立枯鹵不生穀決溢有敗爲魚鼈食此三害也若有渠溉則鹽鹵下隰填淤加肥故種禾麥更爲秔稻高田五倍下田十倍轉漕舟船之便此三利也故謂之中策若乃繕完故隄增卑培薄勞費無已數逢其害此最下策也（前漢書溝洫志）

明劉天和曰賈讓云隄防之制起自戰國然勢不能廢蓋雖不能禦異常之水而尋丈之水非此即泛濫矣但不宜近河而宜遠爾歷觀宋元迄今隄防形址斷續橫斜曲直殊可駭矣蓋皆臨河爲隄河即改而隄即壞爾已擇屬吏之良者上自河南原武下迄曹單沛上於河北岸七八百里間擇諸隄去河最遠且

大者（去河四五十里及二三十里者）及去河稍遠者（及一二十里及數里者）各一道內缺者補完薄者幇厚低者增高斷絕者連接創築務俾七八百里間均有堅厚大隄二重雖費不恤苟非異常之水北岸因可保無虞矣（劉天和問水集）

明潘季馴曰人言治水以障無乃止兒啼而塞其口乎應曰河水盛漲無隄則必旁溢旁溢則必泛濫而不循軌豈能以海爲壑耶故隄之者欲其不溢而循軌以入於海也譬之嬰兒之口旁潰一癰久之成漏湯液旁出不能下咽聲氣旁泄不能成音久之不治身且槁矣何有於口故河以海爲口障旁決而使之歸於海者正所以宣其口也再考之禹貢云九澤既陂四海會同傳曰九州之澤已有陂障而無決潰四海之水無不會同而各有所歸則禹之導水何嘗不以隄哉問者曰隄以防水似矣

水高隄高不將隆隄於天乎馴曰若謂隄之外卽水耶隄外爲岸岸下爲河平時水不及岸隄若贅疣伏秋異常之水始出岸而及隄然或三日或五日或七日或旬日卽復落歸於槽馴隄成之後逾十年矣未嘗有分寸之加何須隆之於天也且河流不常與水門每不相值或倂水門而漫之且所溉之地亦一再歲而高矣難於分溉潦固可泄而西方地高水安可往（河防一覽）

靳輔曰賈讓言徙冀州之民當水衝者謂黎陽白馬二邑曲防遏水百里之閒河再西三東之隄民貪肥饒沿隄築室非謂盡徙冀州之民也在上世土滿人稀故殷避河患至五遷其都而不難後世人民稠庶沿河皆通都大邑其可徙乎季馴稱治河能臣而其終身所守唯是築隄以束水束水以刷沙二語耳而今之空談局外者輒曰此賈讓所謂下策也夫讓誠以築隄爲

下策則前不當云據堅地作石隄矣且必用疏用浚又不當云爲築非穿地也但爲東方一隄北行三百餘里入漳水矣詳讓所言則其築隄以束水之旨實與季馴同也蓋隄防之言乃大槩之言施之得其當則爲束水以導河施之失其當則爲壅土以遏河齊作隄以遏河之入海而自利此曲防之隄也趙魏作隄以遏河此防患之隄也皆非以束水導河也若但以隄防爲非則是太原岳陽可無修而九澤可無陂也今黃河自滎澤而東水常高於地開封河面且高於內地者丈餘掘地既不能築隄又以爲下策汎漫無束之河何從而入海哉（治河方略）

王莽始建國三年河決魏郡泛清河以東數郡（前漢書王莽傳）

時河決魏郡泛清河以東及平原濟南千乘而北瀆遂空距周定王五年六百七十二歲河之又一變也河初決時莽恐爲元

城冢墓害及聞決水東去元城無水患遂不塞（河渠紀聞）莽時徵能治河者以百數其大略異者長水校尉平陵關並言河決常於平原東郡左右其地形下而土疏惡禹治河時本空此地以爲水猥盛則放溢少稍自索雖時易處猶不能離此上古難識近察秦漢以來河決曹衛之域其南北不過百八十里者可空此地勿以爲官亭民室而已大司馬史長安張戎言水性就下行疾則自刮除成空稍深河水重濁號爲一石水而六斗泥今西方諸郡以至京師東行民皆引河渭山川水溉田春夏乾燥少水時也故使河流遲貯淤而少淺雨多水暴至則溢決而國家數隄塞之稍益高於平地猶築垣而居水也可各順從其性毋復灌溉則百川流行水道自利無溢決之害矣（前漢書溝洫志）東漢以後大河入海之道以今輿地考之滑縣開州觀城濮州范縣朝

城陽穀荏平禹城平原陵縣德平樂陵商河武定青城蒲臺高苑博興利津諸州縣界中（禹貢錐指）

後漢世祖光武帝建武十八年復汝南鴻郤大陂（河渠紀聞）

按鴻郤陂在汝寧府東十里淮北諸水溢爲大陂疏引陂水漑田民用富饒史稱成帝時關東數水陂溢爲害翟方進爲相議決去陂水其地肥美省隄防費而無水憂奏罷之後歲旱民失其利漢書翟方進傳汝南舊有鴻隙大陂郡以爲饒成帝時水溢爲害方進與御史大夫孔光遣掾行視以爲決去陂水其地肥美省費而無水患遂奏罷之及翟氏滅鄉里歸惡言方進請陂下良田不得而奏罷陂云王莽時常旱郡中追怨方進童謡曰壞陂誰翟子威飯我豆食羹芋魁反乎覆陂當復誰云者兩黄鵠至鄧晨爲汝南太守思復其功聞許楊曉水脈召與議卒成其事漢書許楊傳鄧晨召楊議復鴻陂楊曰昔成帝用方進之言毀堰民失其利多致飢困昔大禹決江疏河以利天下今興立廢業富國安民童謡之言將驗於此願以力效於是以楊爲都水掾使典其事楊因高下形勢起塘四百餘里數年乃立灌田數千頃汝土以殷魚稻之饒流衍他郡陂亦曰鴻池又爲洪池安帝永初三年詔以鴻池陂假與貧民自是陂復廢蓋仍踵省隄防費無水憂之前説棄而不治也宋秦觀論其興廢得失云鴻池陂非特灌漑之利菱芡蒲魚之饒實一郡瀦水處也陂既廢汝水無所瀦散漫爲害利去而害隨之誠哉是言然陂塘至數百里之大利鉅而費亦重非有大力者不能舉非出不貲之費爲之亦不能成易廢而難興者勢也防護不周即至淹浸爲患至議修復而功以浩大中沮日久漸將澄淤之處墾爲

腴田執據爲已業孰肯舍現有之利而爲不易成之功且渠爲河水衝擊日就而下陂池浮土所積日就而高河既不可引之於田惟築隄潴水彌望皆丈量有糧之地開退水渠於上則水爲㵎壅普害於有糧之地開退水渠於下則蓄水不多無補於大田之稼民見害而不見利勢難持之久遠此鴻郤陂之所以至今不復也河渠紀聞

雍正五年大濬汝南溝洫汝南百川灤洄上達汴洛下航吳越綰轂九州四方輻湊豫南一大都會也郡國書云汝水源出舞陽黑龍泉西平棠溪雲莊山澗諸水合流入滍即俗名洪河者也南受仙女池五花澗留堰瞿灘之水黃酉河水注焉汝合黃酉上下如玦如環如蛾眉由城西遶北轉東而南形若垂瓠東南受練泥方泉之水英水溱水自西注之逕安城入正陽縣境

東南受湞水入息縣境澗頭曲呂西港諸水入焉經新蔡縣官津店北爲三岔口南逕固始縣朱皋鎮北入淮水屈曲周流於汝南諸屬之境所在溝引灌溉農田大沾利益自漢以來皆治之至是大加疏濬照業食佃力之例勸民各依田頭開挑初濬汝陽縣北之攔馬常溝十里十二里等溝縣西南之魚陂馬常老官新興除水洪河青龍上官王莊麥北伍屯及古堰界汝黃宋焦秦等溝次及縣東南大小柳魚林六乾及桂魏楊周鳳泥官古各溝並商尹郭楊四大溝又次及縣東北之螞蝗六里五龍羊蹄上下柳小紫積谷黑漆陶台及姜田焦張馬楊黃陳于張劉伊熊任葉倪等溝自五年迄六七兩年分年浚治俱一律深通加修汝河東岸蒼陵荆河黃邱各隄堰增培高厚以防汝漲並及上蔡之朱馬石洋柳堰皇莊仙女茅界包葦直龍草樹

禁沚白水淇枯等河及洋子河源官橋白馬青龍桃花南北淇各溝以次疏導又加修六堰以節水勢確山南北關郭店駐龍吳寨桂橋普濟髙黄龐樓索莊等溝正陽南北東西各路大溝同時施工新蔡之青陂葛陂鯛陽皆瀦水之地自漢爲富水分流蘇港古港小岔柳林紅花馬常龍江化莊七岔櫟亭及張趙李馬伍谷各港深濬修防皆如之至西平二十四陂即鄧艾築以溉民田者兹復按保徧治坊郭留册重渠永豐仙侶安撫王寨范二郎雲台里仁十保之上下三十六渠義亭新豐興賢大堰崇教儀封樂業撫治常濟師靈淇村十一保之上下五十五渠皆按畝計夫均役齊力並城南城北數十里之官道溝一體浚治而又疏漲盛之水使有去路遂平之菱角湖周五十里豬水以備旱潦境內沙河黄濟猛虎黑龍黄莊冷溝石洋萬全龍

泉秦家老戴龍潭君章岔溝陽夅劉昌三岔泥河上梟等溝渠分別疏濬寛深以洩兩崖之水信陽之五里溝土門基屯長臺馬廠等溝皆濬寛深引水入淮凡此河溝隄堰疏修以利農通水尺寸皆有法度各工並舉逾年悉治（河渠紀聞）

後漢明帝永平十年作滹沱蒲吾渠通漕（蒲吾渠亦名曰石臼水在直隸正定府平山縣西　古今注）

時從都慮（都慮即都盧即蒲吾隨地易名）至羊腸倉轉漕太原連年無成吏人苦役轉運所經三百八十九隘没溺不可勝計至後漢章帝建初三年使鄧訓監領其事訓考量隱括知功難成奏罷之（河渠紀聞）

後漢明帝永平十二年詔王景王吳修汴渠自滎陽至千乘海口（滎陽今河南開封府滎澤縣　後漢書明帝本紀）

初平帝時河汴決壞建武十年有上言修隄防者光武以新被

兵革民不堪命遂止後汴渠東侵（汴渠起滎澤同時導滎爲川澤分爲二南爲菏由魚臺入泗北爲濟東流經巨澤絕鉅野而北合濮會汶入濼注琅槐東北入海與陶邱復出之濟相會於菏）日月彌廣而水門故處皆在河中兗豫百姓怨歎永平十二年乃引見景應對敏捷乃遣景與王吳（水經作王昊）修渠築隄自滎陽抵千乘千餘里十里立一水門令更相洄注無復潰漏之患雖簡省役費猶以百億計明年夏渠成詔濱河郡國置河隄員吏如西京舊制（節錄後漢書王景傳）漢明帝詔曰自汴渠決敗六十餘歲加頻年以來雨水不時汴流東侵日月益甚水門故處皆在河中漭瀁廣溢莫測圻岸蕩蕩極望不知綱紀今兗豫之人多被水患乃云縣官不先人急好興他役又或以爲河流入汴幽冀蒙利故曰左隄彊則右隄傷左右俱彊則下方傷宜任水勢所之使人隨高而處公家息壅塞之費百姓無陷溺之患議者不同南北異論朕

不知所從久而不決今既築隄理渠絕水立門河汴分流復其舊迹陶邱之北漸就壤墳故薦嘉玉絜牲以禮祀神東過洛汭懷禹之績令五土之宜反其正色渠下田賦無令豪右得固其利庶幾世宗瓠子之作（後漢書明帝本紀）其時大河自汲縣南胙城縣北經濬縣清豐觀城聊城平原陵縣商河齊東惠民蒲臺利津入海後徙逕濱州海豐入海自漢沿晉及唐河行此道最爲長久至宋仁宗時決商胡景河始堙河汴分流復其舊迹　胡寅曰世言隋煬帝開汴渠以幸揚州據此則漢時已有汴渠矣按河即黃河汴乃汴渠蓋昔河汴隄壞則汴水東與河合爲兗豫民害今隄既成則河東北入海而汴東南入泗是分流復其故迹也（邱濬大學衍義補）景所治者即東漢大河之經流也而史稱修汴渠曰汴渠成始終皆不言河蓋建都洛陽東方之漕全資汴渠

故惟此爲急河汴分流則運道無患治河所以治汴也禹貢錐指

漢安帝永初七年建八激隄於石門東激隄即亂石壩石門在河陰西二十里即蒗蕩受河之處河渠紀聞

按蒗蕩出河河洩而汴亦壞平帝時河口決敗侵濟奪汴滎陽以下南岸山根已盡地平土疏隨處可以決入王景治後河汴分流河不能奪汴而仍留石門通津石門一渠當衝之處沿隄囘流湍急衝刷堪虞設八激隄以多爲之防石門之流順軌考碑記河隄謁者王誨始以竹籠石葺葦土而爲遏壞隤無已功消億萬乃以瀕河郡徒鑿山採石疊以爲障功業既就徭役用息河渠紀聞是年令謁者太山于岑於石門東積石八所皆如小山以捍衝波注酈

漢桓帝永興元年河水溢漂害人物後漢書五行志

漢靈帝光和六年秋金城河溢水出二十餘里後漢書五行志

漢獻帝建安五年廣陵太守陳登築高家堰淮安府志

登爲塘自壽而東隨地高下立堰層層收蓄以時宣洩咸沾其利塘縈紆九十餘里岡勢峻昂東南面水西北倚山環汊三十有六畢匯於此渟漫涵蓄爲利甚溥漢魏閒已設陂障唐轉運江南粟嘗修築置斗門石磋水溢則引之濟運宋開禧丙寅金將入境唐瑔決塘水被僨之東北境莽爲巨浸敵登焦山望之知不可越而退後漸占廢嘉靖閒請復陂障然久爲軍民占萬餘畝石磋皆爲砧礎砌甃之具凡諸建白悉罷議又小新上下雷塘及句陳塘長史李襲譽所築合陳塘爲五亦經占廢李春芳爲復塘議云高堰築矣諸塘不復猶之無堰蓋西來諸水由天長六合而下有諸塘以蓄之旱則瀉入漕渠以濟運潦則南

注之江一經隳壞西水徑迫三湖漲漫潰隄爲運道憂是隄堰牐塘皆相成以爲運河之利成法具在行之在人顧甯人亦云顧甯人卽顧炎武亭林也議者謂陳塘不可復果爾則恭愛之名不著於建安水櫃之制無聞於宋代前哲已試具有成規西來諸水可引灌者甚多豈今昔迥殊抑事掣肘不易爲耶前時揚守郭光復力復小新上下二塘建牐未幾奸民復盜決防穉蒔其中細民雖難與圖始然亦伺上意所向倘成畫已定法令維新設塘長如舊制或令附塘田高亢者卽予佃種防守安在不可復也江都志載濱塘父老皆云浚塘有五利而潘宮保以爲可緩謂五塘皆由响水牐出江與諸湖了不干涉且諸塘水俱無源惟藉雨積局面窄小蓄水無多然此自已占廢後爲言當時百十餘里之塘固不窄矣前人言天長六合閒有徑入高郵之水道水

盛時亦不能盡洩於江也惟言民朋已佃爲田輸價不貲歲納之課亦不貲必須盡行償貸築隄建牐費尤不貲修復後田高之民欲積田窪之民欲洩盜決者多必須官爲防守當此勞費災傷難於措辦故以爲可緩宮保此言亦當時時勢使然是非謂事之必不可行也唐食貨志初揚州疏太子港陳登塘凡三十四陂以益漕河輒復堙塞貞元中淮南節度使杜佑乃自江都西濬渠蜀岡之右疏句城塘爰敬陂引水通大舟夾隄高印亦得灌溉淯興八年錢冲之言眞州陳公塘周回百里東西北三面倚山爲岸其南帶東前人壘築成隄以受啟閉旱潦得藉以灌溉通濟漕舟仍修築塘岸建置斗門石礎各一所爲久遠計益踵陳公遺意何承天言江淮之閒不居者各數百里不知自古迄今經國理民之大計皆出於此魏攻吳不克還至精湖

即山陽湖也水稍退留船付蔣濟濟鑿地爲四五道蹴船令聚豫作土豚以草褭土築城遏斷湖水引船還入於淮堰湖以通運舟亦猶登之築塘以蓄水通運也三國兵爭空湖地弗居曹孫之謀才均利敵江淮之閒屯戍相望毁經營揚州之田魏攫而取之鄧艾築白水屯田儲粟登治農田水利於兵荒旱飢之時以裕民食又築高堰以禦患軍國之計也晉及六朝大農匱乏祖逖謝元圖取中原俱屯守淮陰以備儲稍謝安收揚州與召伯埭以屯以漕隋平陳開山陽瀆李吉甫築平津堰以通運宋大中祥符閒江淮制置發運司治眞州歲藉陳公塘灌注長河疏通漕運高堰障其後保運安民明時漕艘鹽筴軍屯民田咸有資於水利隄堰塘壩牐洞涵之置悉委之平江平江悉循陳登以來遺法。疏築並用。蓄洩以時。數百萬漕糧。歲運無虧。

顧甯人謂平江治法集古人之大成。登爲先導矣。（河渠紀聞）

潛邱劄記云高家堰不見於史而僅見郡志爲漢建安五年廣陵太守陳登所築余因考三國志注登曾仕典農校尉乃巡土田之宜盡鑿溉之利蓋精於水利者當時廣陵太守江表傳以爲治射陽則此堰尤其密邇爲登築復奚疑獨怪自建安五年至明永樂平江伯陳瑄修治時凡一千二百十五六年中閒竟無人云及高堰者豈湮廢無迹與抑堰止洪澤諸湖黄淮尚未合而不聞其有潰決之患與及讀宋史楚州司戶參軍李孟傳加葺境內徐積墓修復陳公塘有灌溉之利陳公塘即今高堰也堰固不乏修治第史文不備耳同時眞州東有陳公塘一名愛敬陂漕臣錢沖之修復門下李道傳爲作記何一時而並舉與子於此別自有感矣史稱陳元龍才兼文武志在濟民其時

哭寇壓境蓋岌岌矣乃能興屯蜼兵保障江淮一南一北水利永賴今平江旣有專祠矣吾以上當冠以元龍下當祠以潘季馴爲三公合祠蓋皆勤於高堰者或亦此地食安瀾之福者所宜動心也輿行水金鑑

漢獻帝建安九年春正月遏淇水入白溝以通糧道三國志魏武帝紀

衞河入大名府濬縣境謂之白溝淇水入焉亦謂之宿胥瀆志云衞水小水也後漢建安九年曹操於淇水口下大材木遏淇水入白溝是時淇水入大河故操遏使東北流以便漕運衞河乃附淇水而東隋大業四年又引白溝爲永濟渠亦曰御河自是衞河專有御河之名而淇水之名遂掩方輿紀要

漢獻帝建安十一年鑿渠自滹沱入泒水滹音呼泒音孤**名平虜渠**在今薊州唐滄州刺史姜師度於薊州之北漲水爲溝以備契丹之寇又約舊渠傍海穿漕號爲平虜渠以避海難運糧**又從泃河**

口鑿入潞河泃音句泃河自平谷縣流入三台縣又東南流入寶坻縣合鮑邱水**名泉州渠以通海**三國志魏武帝紀

三國時遼西烏桓以袁尚兄弟入塞曹操將討之乃鑿二渠以通運一自滹沱入泒水謂之平虜渠一自泃口入潞河謂之泉州渠以通海運說文泒水出鴈門葰人戍夫山東北入海水經泃水出無終西山西北流至平谷又南流入於潞河又東合泉水渠口曹操所築也渠東至樂安亭南與瀘水合入海按二水通漕以制遼左所謂平虜渠者在今都城之南疑卽滹沱入運處也唯泉州渠乃在京北而東入遼海不知定在何處因其遺迹通之以饋平盧遼西亦一便也泉州故城在幽州雍奴泉州城在順天武清縣東南四十里雍奴城在武清縣東敲按雍奴胡語大澤也今薊河泃七里海其遺跡也筆麈

漢獻帝建安十八年九月鑿渠引漳水入白溝以通河三國志魏武帝紀

漢獻帝建安二十四年穿陽渠引洛水爲漕陽渠在洛陽城南**百姓得其利**後漢書張純傳

魏文帝黃初四年六月大雨伊洛溢至津陽城門河渠紀聞

按晉書五行志魏文帝自鄴遷洛終黃初不復還鄴祖廟未有定位以爲簡廟廢祀致伊洛之溢晉泰始改元都洛河沁伊洛皆溢時三后廟號未加史引傳義亦以爲水不潤下之徵而義不止此水者陰氣臣象也魏之竊漢晉之亡魏下賊乎上政令逆施水失潤下之性而百川盈溢水又兵象也民象也稱兵搆難人民愁怨志稱陰氣盛故大水而皆應於所都之地川澤異變此其倫也河渠紀聞

馥按災祥事此編多不載茲駮魏晉史語近是故錄之

魏黃初中造龍舟從潁至淮入廣陵江口河渠紀聞

按郡國書載郭相奎別記云世傳古運河從六合入天長出盱眙入淮引淮由六合瓜埠入江事無確據此條須與康熙三十五年總河董安國請開盱眙禹王河駁案參看可避揚子口黃天蕩高郵邵伯諸湖之險除瓜儀牐壩之阻吳桂芳復政府書云朱漕河自眞揚導江北趨盱眙入淮訪其迹淮自盱眙天長達六合縣瓜埠與江水合今其遺址尚有存者黃初時從潁至淮入廣陵江口卽由六合出江之瓜埠口也古運河由瓜埠進口其道通行始於魏廢帝時司馬宣王伐吳使鄧艾通天長漕唐魏景倩引淮水至天長通揚州皆出瓜埠踵黃初之跡明萬歷時有導淮入江與淮分流之議吳桂芳力言不可以黃須得淮滌蕩始免壅塞旁決而魏自淮入江不入洪澤而由六合入江蔣之奇謂洪湖風濤之險以百里是也魏時北神堰阻隔江淮北神堰在淮安城北五里射陽湖屈曲多風不若由天長六

合出瓜埠抵淮揚爲安便矣唐元和十一年置淮潁水運使運揚子院米自淮陰泝流至壽州入潁口（方輿紀要唐元和十一年置淮潁水運使揚子院米自淮陰泝淮入潁至項城入激輸於郾城以餽討淮西諸軍）又泝流至潁州沈邱界卽從潁至淮之道也（河渠紀聞）

魏青龍初司馬懿穿成國渠築臨晉陂（河渠紀聞）

按是時懿都督雍梁二州軍事與諸葛武侯相距漢中武侯分兵屯田耕者雜於渭濱之間懿穿成國渠自陳倉至槐里築臨晉陂引汧溉舄鹵之地三千餘頃渠在郿之東北九里受渭水溉田充餉（河渠紀聞）

魏揚州刺史劉馥開吳塘陂七門堰以溉稻田（河渠紀聞）

按灊山吳塘陂灊水所注也亦曰吳陂堰吳邑紫鑿石通水灌田卽此陂也舒城七門堰源出七門山下三堰烏羊千功潰瀆同資灌溉漢頡羹侯信所築也史稱馥守揚州數年恩化大行百姓樂其政流民越江山而歸者以萬數於是廣屯田治吳塘七門諸堨因潛水匯而渠之爲陂以溉田土疏善崩渠壅水行弗利則怒而齧其隄因勢利導無閼修築七門源出西山峻嶺下勢若建瓴奔騰涌潰下有石洞如門者七頡羹侯分封是邑分爲三堰別爲九陂豬爲十塘而堨而溝而神引灌稻田三國時水泛濫不可治有洶湧湍激而淪沒故址者馥大加修築集流民合力治之水不爲患歲有蓄積（河渠紀聞）

吳赤烏八年鑿句容中道至雲陽通會市築赤山湖以灌田（河渠紀聞）

按中道至雲陽西城卽六朝時運道吳所鑿也其名爲破岡瀆瀆西南赤山湖卽吳所築以灌稻田者赤烏中權遣校尉陳勳將屯田及作士三萬人鑿句容中道自小其至雲陽西城通會

市作邸閣至陳高帝更修復之又築赤山湖引水爲湖立盤石爲疏閉之節湖源出縣西南三十里之絳巖山卽赤山也漢名丹陽郡本此山極險峻其下臨湖縣南境諸山之水悉流入焉下通秦淮及上元之西境賴以灌溉眞美利也南北朝宋明帝使沈瑀加修唐麟德中令楊延嘉因梁故隄修復大歷十二年王昕復加修周百二十里立斗門二以節旱潦溉田萬餘頃至宋湖禁尤嚴立石柱刻水則於其上歷久不廢周應合建康志云上元句容之丹陽臨泉福祚甘棠四鄉共貯水絳巖灌田外有百堤堰捺水上接九源下通秦淮東至數堤西至雨壇南至赤岸北至青城春夏貯水深七尺秋冬貯水深四尺尤禁侵耕以防九鄉災旱若過令深廣又慮浸毀遂曠旱之年須稍更增取五尺水則水不及處任聽耕墾蘆葭亭北有一盤石東西闊四尺七寸南北闊三尺五寸石面中心去水面一尺六寸五分卽五尺之則並有察柱爲誌絳巖湖貯水百堤堰捺水建斗門三通湖水出入常令湖中積水五尺或遇山水擁下高於湖內水面卽須全開二斗門放水入湖俟外溪水退放水出溪下秦淮入江酌量湖水不逾原則樊珣記云句容西南三十三里曰赤山天寶中改爲絳巖湖以文變質也山外周流厥有湖塘舊址昊人創之梁人通之洎金火變作積爲瀦坎灌莽之所大歷中太原王昕始謀作則蓄爲湖塘置兩斗門旱則決而全注潦則瀦而不流灌田萬頃贍戶九鄉湖自赤烏開其利源待人而治也（河渠紀聞）

馥案秦漢以來引水通漕溉田之事具載於右其利害大略可見矣大凡順水之性事半功倍逆水之性多勞無成水性雖順

而不防其決疏其滯亦難持久也如孫叔敖作芍陂史起引漳李冰鑿離堆之類則事半功倍也吳闔閭開㵎瀆通邗溝子胥開胥浦曹操引淇水入白溝引滹沱入泒陳登築高堰則順水性而以人力持久者也若漢武穿漕通渭召信臣建鉗盧陂穿漆沮溉臨晉則用力多而難持久者也隋唐以後引水之舉多逆水性如金元開盧溝金口鑿膠萊河雖竭人力而不能成功惟開會通分汶水諸工雖不大逆水性然必以人力調劑於盈縮之間綜而論之水性就下而亦喜直惡曲引水之舉用清易用濁難南行易北行難渠口就山易就土隄難引河口有吸川之勢則易無則難尾閭建瓴直下與正河同低則吸引較易高則吸引不暢久必淤澱也司河務者能諳水性精測算專以順水性為主而不強水以就人意則庶幾其有成矣

晉武帝泰始六年六月大霖雨河洛伊沁同時並溢流四千九百餘家 晉書五行志

晉武帝泰始七年六月大霖雨河洛伊沁皆溢殺二百餘人 晉書五行志

是年沒民舍一千九百餘家 河南通志

晉武帝泰始十年立河橋於富平津 在孟津縣北小平津之東即中渾地 晉書武帝本紀

時度支尚書杜預以孟津渡險常有覆沒之患請建河橋於富平津議者以為殷周所都歷聖賢而不作者必不可立故也預曰造舟為梁則河橋之謂也及橋成帝從百僚臨會舉觴屬預曰非君此橋不立也對曰非陛下之明臣亦不得施其微巧 晉書杜預傳

覈案以舟為橋自是浮橋河中有三渚後建河陽三城以扼南

北之衡後石季龍建橋於靈昌津蔡京建橋於大伾山皆不成殆地勢不同歟又按宋徽宗政和六年都水使者言舊河陽南北兩河分流立中潬繫浮梁頃緣北河淤澱水不通行止於南河修繫一橋河狹水激每致損壞欲開北河如舊修繫兩橋云云意晉時當於中潬南北用兩浮橋也

晉武帝泰始十年鑿陝南山決河東注洛以通運漕晉書五帝本紀

晉懷帝永嘉三年大旱河洛江漢皆可涉晉書五行志

南朝宋文帝元嘉十八年夏五月河水汎溢害居人南史本紀

北朝魏宣武時劉嵩請疏黃河以通船漕授龍門都將歷年功不就坐流北史劉庫仁傳

隋文帝開皇四年六月開渠自渭達河以通運漕隋書本紀時以京師倉廩空虛議爲水旱之備詔於蒲陝虢熊伊洛鄭懷邵衛汴許汝等水次十三州置募運米丁又於衛州置黎陽倉洛州置河陽倉陝州置常平倉華州置廣通倉轉相灌注漕關東及汾晉之粟以給京師又遣倉部侍郎韋瓚向蒲陝以東募人能於洛陽運米四千石經底柱之險達於常平者免其征戍其後以渭水多沙流有深淺漕者苦之命宇文愷率水工鑿渠引渭自大興城東至潼關三百餘里名曰廣通渠轉運通利關內賴之隋書食貨志

隋煬帝大業元年發河南諸郡男女百餘萬開通濟渠自西苑引穀洛水達於河穀水即澗水自板渚引河達於淮板渚在今汜水縣東北二十里自板渚歷榮陽入汴隋書本紀

隋煬帝大業元年發淮南民十餘萬開邗溝自山陽至揚子江渠廣四十步旁築御道樹以柳大業雜記

史載開皇七年開山陽瀆自文帝時已啟其端至是益廣其制先命尚書黃甫誼發丁百萬開通濟渠又發民十萬開邗溝入江自山陽至揚子江三百餘里官吏督役嚴急丁男不供始役婦人勞民亦已甚矣（河渠紀聞）

隋煬帝大業三年河南大水漂沒三十餘郡（隋書五行志）

隋煬帝大業四年發河北諸郡男女百餘萬開永濟渠（在今東昌府館陶西二里即漢屯氏河）引沁水南達於河北通涿郡（今直隸順天府大興縣西南）（隋書本紀）

隋煬帝大業六年十二月敕開江南河自京口至餘杭郡（京口今江南鎮江府餘杭今浙江杭州府錢塘縣西）八百餘里水面闊十餘丈（大業雜紀）

隋煬帝開通濟渠自東都西苑引穀洛之水達於河又自板渚引河達於汴又自大梁東引汴入泗達於淮又自山陽至揚子達於江（山陽今江蘇淮安府山陽縣治）於是江淮河汴之水相屬而為一矣煬帝又開永濟渠因沁水南達於河北通涿郡又穿江南河自京口至杭州八百里（杭州今浙江杭州府錢塘縣治）蓋今所用者皆其舊迹也夫會通河自濟汶以下江河淮泗通流為一則通濟之遺也滹沱豫章則永濟之遺也（豫章地跨大江南北以及淮南盖鳳陽以西書霍光固之境皆近淮壖為吳越日交兵之處今日但以江西為豫章乃漢豫章郡非春秋豫章也見五禮通考）煬帝此舉為其國促數年之祚而為後世開萬年之利可謂不仁而有功者矣秦皇亦然今東起遼陽北至上郡延袤萬里有邊城之利皆非長城之墟耶此未易與一二淺見者道也（筆塵）

隋煬帝大業七年秋大水山東河南漂沒三十餘郡民相賣為奴婢冬十月底柱山崩偃河逆流數十里（隋書本紀）

劉向洪範五行傳曰山者君之象水者陰之表人之類也天戒若曰君人擁威重將崩壞百姓不得其所時帝興遼東之師百

姓不堪其役入海怨叛卒以滅亡隋書五行志

唐太宗貞觀十一年九月河溢壞陝州之河北縣及太原倉陝州今河南陝州治河北今山西解州平陸縣東北毀河陽中潬新唐書五行志

中潬城在孟津縣河灘上城下有橋晉杜預建歷三百年至是始毀河渠紀聞

馥案唐書高宗永淳二年河溢壞河陽橋或是毀後復葺而又壞耳

唐高宗永徽六年十月齊州河溢齊州今山東濟南府歷城縣治新唐書五行志

唐高宗永淳二年洛州黃河水溺河陽縣城洛州今洛陽縣河陽今河南懷慶府孟縣西三十五里〇舊唐書五行志

太宗貞觀十一年七月大雨穀洛溢入洛陽宮壞官寺民居溺斃六千餘人武氏於是年十月入為才人高宗五年四月帝在萬年宮夜大水入寢殿漂溺三千餘人六月恆州又大水漂溺五千餘家武氏以是年三月拜為昭儀陰氣盛而水為沴也河渠紀聞

唐武后如意元年五月洛溢七月又溢八月河溢壞河陽縣新唐書武后本紀

唐武后長壽二年五月河溢棣州壞居民二千餘家棣州今山東武定府惠民縣南七十里〇新唐書五行志

唐武后聖歷元年秋河溢新唐書五行志

唐元宗開元十年六月河決博州棣州博州今山東東昌府聊城縣西北十五里新唐書五行志

是年築捍海塘河渠紀聞

按海塘考沿海之有塘用以捍禦鹹潮保護民生唐開元初名

曰捍塘起杭州之鹽官迄吳淞江長一百五十里宋乾道中起嘉定之老鸛嘴以南抵海甯之澉浦以西高於城垣內外皆有塘溝天聖中范仲淹因唐李承實之舊自鹽城南抵泰州築塘一百四十里俾斥鹵化爲良田宣和紹興以來漸次失修屢有衝決明初命湯和經畧海防倚以爲固永樂初加修高倍於前成化中松守白行中大修海塘自海鹽抵上海界三萬四千七百餘丈又爲外隄起戚淙至平湖縣界五十三里又自華亭抵嘉定界一萬七千七百餘丈又自寶山北至劉河築一千八百丈隄面闊二丈址倍之高一丈七尺嘉靖中又築自劉家河北至常熟界九千二百餘丈規制以次漸備怒潮駭水之所迴薄千有餘里無崇岡峻嶺爲之限隔有颶風鼓浪卽虞侵冒民田復於臨潮喫緊處易土甃石增土外護以障蕩雲之波然風濤頃刻異變樁石易壞難修民生所關不可不慎也河渠紀聞

康熙三年八月颶風衝潰浙江海甯縣塘二千餘丈發帑修築河渠紀聞按范驤議云甯邑海患與海鹽同而鹽塘止一面受敵甯則三面受衝其潮患之在東南者潮水朝夕至怒如震雷瀉如建瓴水患之在西南者江水出歙縣之玉山東北經建德新城至富陽過錢塘反濤奔軼故云浙江至是怒濤乘風衝入潮患起於東南正木華所云天輪轇戾而激轉地軸提拔而爭迴者非土石塘所能禦矣塘潰二千餘丈勢大水湧下迄嘉湖蘇常急治年餘乃成甯塘歷唐宋元明一罹厥災淪山陷城崩地數十里漂禾稼數鉅費金錢或百萬餘役連十餘郡歷十年或二十年猶未盡底所謂難與鉅與勞今且什百倍昔而上不靡帑下無困民鉅功不日告竣然則常變係乎勢安危係乎人彼難

與鉅與勞之倍昔勢也其事半功倍則人也魚腹之遺黎得安堵而康兮井耕而土貢者伊誰之力故志其事如此（同上）

雍正三年議建松江所屬海塘易土以石（河渠紀聞）按是時江屬沿海工程尚係土隄颶風衝壞土塘濱海居民屢遭蕩析至是呈請照浙江海甯塘工建築石隄藩司鄂爾泰據情入告疏稱松江府屬之海塘向係土隄自遇颶風將華亭縣所轄金山衛柘林青村三汛一帶土隄衝坍三千六百餘丈上海縣所轄川沙南匯二汛衝潰護塘九百餘丈東西民田全賴海塘捍衛土隄不能堅守請自柘林周公墩起至西金山東至天妃宮長七千二百餘丈建築石塘以期永固仍留土隄爲外衛擁護固氣（同上）

道光十六年丙申三月癸巳　上諭內閣吳椿等奏海塘大工全行完竣一摺浙江海塘捍禦潮汐爲下游七郡田廬保障前因南沙中亙逼潮北趨險工疊出經富呢揚阿奏請興修朕先後簡派趙盛奎嚴烺烏爾恭額敬徵吳椿等前往會勘並令吳椿留於該省會同烏爾恭額督辦各工茲據吳椿等奏稱自道光十四年八月開工至道光十六年二月工程完竣統計修築各工共一萬七千餘丈動用工料銀共一百五十七萬二千餘兩吳椿等親往驗收俱係整齊鞏固並無草率偷減情弊數十年來未修之工得以同時竣事辦理尚爲迅速所有承辦督催各員著吳椿等擇其尤爲出力者酌量保奏候朕施恩毋許冒濫此項工需共計撥銀一百九十一萬八千六百餘兩除動用外尚餘銀七萬二千餘兩著報部撥用又節省存銀二十七萬四千餘兩著准其留爲改修坦水及發商生息豫備修塘之用（宣宗成皇帝聖訓）

頟案浙蘇海塘案極多茲僅擇要錄三案於右以見　聖朝愛民之政度越前古云

唐元宗開元十四年秋天下州五十水河南河北尤甚河及支川皆溢新唐書五行志

唐元宗開元十五年河溢冀州今直隸冀州治新唐書五行志

唐元宗開元二十九年鑿砥柱爲門通漕新唐書食貨志

唐都長安關中號沃野然土地狹所出不足以贍京師備水旱故轉漕東南之粟高祖太宗時用物有節水陸運歲不過二十萬石高宗以後歲益增多初江淮漕米至東都輸含嘉倉以車或馱陸運至陝而水行來遠多風濤覆溺之患其失常十七八故其率一斛得八斗爲成勞而陸運至陝纔三百里率兩斛計庸錢千新唐書食貨志顯慶元年苑西監褚朗議鑿三門山爲梁可通陸運乃發卒六千鑿之功不成其後將作大匠楊務廉又鑿爲棧以輓漕舟輓夫繫二鈲於胸鈲音孤鈲與鐵同圜鐵也而繩多絕輓夫輒墜死則以逃亡報繫其父母妻子人以爲苦同上

開元十八年宣州刺史裴耀卿朝集京師條上便宜曰江南戶口多而無征防之役然送租庸調物以歲二月至揚州入斗門四月以後始渡淮入汴常苦水淺六七月乃至河口而河水方漲須八九月水落始得上河入洛而漕路多梗船檣阻溢江南之人不習河事轉雇河師水手重爲勞費其得行日少阻滯日多今漢隋漕路瀕河倉廩遺迹可尋可於河口置武牢倉鞏縣置洛口倉使江南之舟不入黃河黃河之舟不入洛口而河陽柏崖太原永豐渭南諸倉節級轉運水通則舟行水淺則寓於倉以待舟無停留而物不耗失此甚利也元宗初不省二十一

年耀卿爲京兆尹京師雨水穀踊貴耀卿因請罷陝陸運而置倉河口使江南漕舟至河口者輸粟於倉而去縣官雇舟以分入河洛置倉三門東西漕舟輸其東倉而陸運以輸西倉復以舟漕以避三門之水險元宗以爲然乃於河陰置河陰倉河西置柏崖倉三門東置集津倉西置鹽倉鑿山十八里以陸運自江淮漕者輸河陰倉自河陰西至太原倉謂之北運自太原倉浮渭以實關中時三歲漕七百萬石省陸運傭錢三十萬緡是時物力豐富朝廷用度亦廣民間傳言用斗錢運斗米及耀卿罷北運頗艱米歲至京師纔百萬石二十五年遂罷北運新唐書食貨志

開元二十九年陝郡太守李齊物鑿砥柱爲門以通漕闢其山顛爲輓路燒石沃醯而鑿之然棄石入河水益湍怒舟不能入新門候其水漲以人輓舟而上新唐書食貨志

肅宗末史朝義兵分出宋州淮運阻絕租庸鹽鐵泝漢江而上劉晏爲轉運使即鹽利雇傭分吏督之隨江汴河渭所宜故時轉運船由潤州陸運至揚子斗米費錢十九晏命囊米而載以舟減錢十五由揚州距河陰斗米費錢百二十晏爲歇艎支江船二千艘每船受千斛十船爲綱每綱三百人篙工五十人自揚州遣將部送至河陰上三門號上門塡闕船米斗減錢九十調巴蜀襄漢麻枲竹篠爲綯挽舟以朽索腐材代薪物無棄者未十年人習河險江船不入汴汴船不入河河船不入渭江南之運積揚州汴船之運積河陰河船之運積渭口渭船之運入太倉歲轉粟百一十萬石無升斗溺者新唐書食貨志建中初楊炎爲相以舊惡罷晏轉運使復歸度支德宗時歲漕經砥柱覆者幾

半河中有山號米堆運舟入三門雇平陸人為門匠執標指麾一舟百日乃能上諺云古無門匠墓謂皆溺死也同上

唐元宗天寶元年太守李齊物開三門以利漕運新唐書地理志

欽案三門奇險自唐以後無通漕者康熙四十二年奉　上諭朕這次巡視四省閱汾渭俱屬大河與黃河相通河南府居各省之中若儲積米穀遇山陝等省歉收由黃挽運到三門砥柱船不能上亦可造船撥運於商賈民人大有裨益等因欽此四十三年晉撫噶禮豫撫徐潮等奏親勘三門在陝州東北四十里兩岸石山鑿三洞中流謂之神門水勢正溜南岸則為鬼門石崖曲折水更汹湧北岸則為人門水略舒緩至三門之下約百餘步則有底柱其下二里許則有臥虎灘臣等用陝船從神門放下空舟順流極順又從臥虎灘挽舟上行因船方水溜又

無舵無篷自辰至申僅止拽行半里臣徐潮先期派新安知縣張琦於二月二十四日從新安狂口地方坐船由澠池溯流而上計程二百六十里如臥虎灘難行者共二十三處兩岸絕無縴道若遇順風一日可行三四里逆風則坐守竟日無風而有縴路亦可行二十餘里每船約用夫二三十名所以該縣三月初九日始至三門臣等卽將新安船於臥虎灘下裝米三十石從人門徑過兩岸晉豫人民觀者如堵皆云有生以來三門河路未見船行以為　聖時盛事察看情形此路自可行船但溜急灘多水漲則無縴路船行艱難且每船載糧不過三四十石今上挽空船二百六十里行程十有七日若係重載更屬遲延似此水運不如陸路之便豫省截留漕糧若由河南府陸運至陝州西門外太陽渡上船僅三百餘里馱送不過四五日程車

行止須七八日腳費更比河路減省云云觀此奏情形如繪可以知其難矣

唐代宗大歷十二年秋河溢新唐書五行志

唐德宗建中元年冬河溢新唐書五行志

唐德宗貞元元年李泌鑿山開車道至三門以便饟漕新唐書李泌傳

日知錄通鑑唐德宗貞元二年李泌奏自集津至三門鑿山開車道十八里以避砥柱之險按舊唐書李泌傳並無此事而食貨志曰開元十二年八月明皇從京兆尹裴耀卿之言置河陰縣及河陰倉河清縣柏崖倉三門東集津倉三門西鹽倉開三門北山十八里以避湍險自江津而泝鴻溝悉納河陰倉自河陰道納含嘉倉又道納太原倉謂之北運自太原倉浮渭以實京師凡三年運七百萬石省陸運之傭四十萬貫又曰開元二十九年陝郡太守李齊物鑿三門山以通運闢三門巔踰岩險之地俾負索引艦昇於安流自齊物始也天寶三載韋堅代蕭炅以滻水作廣運潭於望春樓之東而藏舟焉是則北運始於耀卿尚陸行十八里河運始於齊物則直達於長安也下距貞元四十五年無緣有李泌復鑿三門之事按舊唐書李泌固無此事而新唐書傳及食貨志則有之但通鑑以鑿山開車道訛爲鑿三門車道則考訂之不慎也行水金鑑

明嘉靖十一年陝撫王堯封奏轉河湖米粟以裕邊儲按此因邊儲不裕而思轉河湖之粟也關中自歷朝建都以來艱於轉運自汴城入洛至陝州陸轉數百里復由黃河通渭抵倉雖避三門之險而水陸遞轉勞費已甚金州通襄陽漢江之水而潤道崎嶇歷未轉漕茲欲改立漕卒增置牛車轉河湖臨德二倉

米十萬石於金州改陝州等處折糧二十萬石舟浮車轉而達於陝固知其難也部覆言漢唐盛時歲漕關中粟只數十萬石而番係議作渠田不欲漕張湯議通褒斜不能漕唐褚亮鑿三門山爲梁而功不成楊務廉鑿爲棧以輓舟而輓卒多墜死李齊物鑿底柱以通舟而不能入蓋皆更底柱之險敗亡過半故至呼河中山爲米山成化間轉漕二十萬石至陝有斗錢易斗米之費徒愛獲穀之利而不知利不償害是揚雄所謂耗十而愛一之說也其言通達曉暢毋煩鰓鰓之計矣河渠紀聞

唐德宗貞元二年六月河溢新唐書五行志

唐憲宗元和七年正月振武河溢振武今歸化城南**毀東受降城**新唐書五行志

唐憲宗元和八年河溢浸滑州羊馬城之半舊唐書憲宗本紀

時觀察使田宏正及鄭滑節度使薛平徵役萬人於黎陽界開

古河道南北長十四里東西闊六十步深一丈七尺決河注故道滑人遂無水患舊唐書憲宗本紀　按唐少塞決之工因天寶後河朔久屬藩臣事不聞於朝廷薛平治河一事而外史無所紀汴渠亦不聞有疏通之事唯鄭畋集載爲相時汴河淀塞請令河陽節度使於汴口開導仍令宣武感化節度使嚴帖州縣封閉公私斗門感化卽徐州也宋敏求春明退朝錄

唐文宗太和二年河決壞棣州城新唐書五行志

唐文宗開成元年開興成渠舊漕舊唐書李石傳

李石隴西人請開興成渠舊漕在咸陽西十八里東達永豐倉自秦漢以來疏鑿其後湮廢昨遼計度用功不多此漕若成自咸陽抵潼關三百里內無車輓之勤則轅下牛盡得歸耕永利秦中矣李固言曰王涯已前已曾陳奏實爲秦中之利但恐徵

役今非其時上曰莫有陰陽拘忌否苟利於人朕無所慮也舊唐書李石傳

唐文宗開成三年夏河決浸鄭滑外城新唐書五行志

唐僖宗乾符五年秋大霖雨河溢新唐書五行志

唐昭宗大順二年二月河陽河溢舊唐書

唐昭宗景福二年河徙從勃海北至無棣縣入海勃海今濱州城無棣故城在海豐縣北三十里○新唐書五行志

是時河徙自武定之厭次今惠民縣界決而東北流逕濱州勃海故城又東北至海豐之無棣故城逕馬谷小山在海豐縣北六十里東入海此千乘改流之始河渠紀聞

唐昭宗乾寧三年四月河圮於滑州朱全忠決其隄因為二河散漫千餘里新唐書五行志

五代梁主朱友貞貞明四年梁將謝彥章在揚劉決河揚劉今山東東阿縣北六十里以限晉兵舊五代史本紀

五代梁主朱友貞龍德三年梁段凝以唐兵見逼乃自酸棗決河東注於鄆以限唐兵謂之護駕水決口日大屢為曹濮患唐莊宗同光二年發兵塞之未幾復壞五代史補

五代唐莊宗同光二年自六月甲午雨至見日星江河百川皆溢凡七十五日乃霽通鑑

五代晉高祖天福二年河溢貝州衛州貝州今直隸廣平府清河縣治舊五代史本紀

五代晉高祖天福三年河決青州治今山東青州府益都縣舊五代史本紀

五代晉高祖天福四年八月河決博平今山東東昌府博平縣西北三十里新五代史本紀

五代晉高祖天福六年九月河決中都今山東兗州府汶上縣治入於沓河十

月河決滑濮鄆澶州鄆今山東泰安府東平州西北十五里澶州今直隸大名府清豐縣西南二十五里新五代史本紀

五代晉出帝開運元年六月河決滑州環梁山入於汶濟新五代史本紀

五代晉出帝開運三年六月河決魚池即魚池口在今滑縣西南七月河決楊劉朝城武德朝城今山東曹州府朝城縣西四十里武德今河南懷慶府河內縣東南四十里八月河溢歷亭今山東東昌府恩縣西四十里九月河決澶滑懷州新五代史本紀

覲案是年九月河決臨黄十月又決衛州原武後九年爲周顯德元年宰相李穀順水立隄自陽武抵張秋口遏之役徒六萬逾月工畢先遣王浚周訓等行視久不能塞是年十一月隄成似非疏浚故道使水有歸乃倖功於冬寒水涸之時及淫潦至河不得復行故瀆遂衝漫別出爲赤河狹不能容又離爲游金二河歐陽公所云游金赤三河皆故瀆東南新衝之渠也至是河漸南徙有宋横隴諸決皆胎禍於此正以不能順水性而無異障塞此所謂不揣本而齊末也綱目一千三百年書河決無過十六新莽三年至唐末書河決者僅一五代自晉至周二十二年書河決者九河至五季當亂離之時自有不能安流者矣河渠紀聞

五代漢隱帝乾祐元年四月河決原武今河南懷慶府原武縣治五月河決滑州魚池新五代史本紀

五代漢隱帝乾祐三年六月河決原武新五代史本紀

五代周太祖廣順二年十二月河決鄭滑遣使塞之通鑑

唐新舊二史五代史皆不志河渠事多缺略今按唐有河北道河南道以河畫界其自大伾以東河北衞魏澶博德棣滄七州河南滑濮濟齊淄五州皆濱河之郡也謹攄元和志寰宇記所

載各縣界之黃河略爲銓次以補史志之闕黃河自汲縣南胙城縣北汲縣今河南衛輝府治胙城縣在府東三十五里東北逕靈昌縣北又東北逕白馬縣北其北岸則黎陽縣靈昌縣在今河南滑縣西南白馬縣滑州治卽古滑台黎陽今濬縣又東逕頓邱縣南又東逕清豐縣南其南岸則濮陽縣頓邱在今直隸清豐縣西濮陽在今山東濮州西八十里又東逕臨黃縣南其南岸則鄄城縣臨黃在今山東觀城縣東南鄄城在今山東濮州東又東北逕朝城縣東其東岸則范縣又東逕范縣北其北岸則武水縣武水故城在今山東聊城西南又東逕陽穀縣北其北岸則聊城縣陽穀本屬濟州天寶十三年濟州爲河所陷沒改屬鄆州又東逕平陰縣北又東逕長清縣北其北岸則平原縣安德縣安德卽德州其故城在今陵縣界又東北逕又東逕臨邑縣北又東逕臨濟縣北臨濟今爲濟南府濟陽縣地又東北逕鄒平縣西北鄒平故城在今齊東縣界其北岸則商河縣厭次縣商河東北至棣州八十里厭次棣州治今武定府東四十里自此以下有新舊二道舊由蒲臺縣東北

入海新由無棣縣東南入海無棣縣在今海豐慶雲界以今輿地言之濬縣清豐觀城聊城平原陵縣商河齊東武定蒲臺利津諸州縣界中皆唐歷五代以迄宋初黃河之所行也自王莽始建國三年辛未河徙由千乘入海千乘入海卽利津蒲臺道王景塑流亦此道今河自咸豐五年銅瓦廂決口由大清河入海卽由此道後五十九歲爲後漢明帝永平十三年庚午王景治河功成下逮宋仁宗景祐元年甲戌有橫隴之決又十四歲爲慶歷八年戊子復決於商胡而漢唐之河遂廢凡九百七十七歲禹貢錐指

五代周世宗顯德六年春遣王樸行視汴口汴口卽廣武山下引河水之處詳宋神宗元豐二年附說**作斗門**新五代史王樸傳

周顯德開度汴口之渠導河水達於淮水以通江淮之漕又自大梁城東導汴水入於蔡水以通陳潁之漕又於都城之東復

汴水爲五丈渠東過漕濟梁山濼以通齊魯之漕此皆宋之漕運所由始也[筆塵]

治水述要卷一

治水述要

二册

治水述要卷二 自宋建隆元年至明代宗景泰七年 全集七之二

秋浦周馥玉山甫纂 男學淵 學熙 學煇 孫明焯校字

宋太祖建隆元年十月棣州河決商河厭次二縣商河今山東武定府商河縣治厭次今山東武定府惠民縣治宋史五行志又決公乘渡口壞臨邑城臨邑今山東濟南府臨邑縣北三十五里○宋史地理志

舊制歲虞河決有司常以孟秋預調塞治之物梢芟薪柴楗橛竹石茭索竹索茭音彡刈草也楗音建又其偃切門限也凡千餘萬謂之春料詔下瀕河諸州所產之地仍遣使會河渠官吏乘農隙率丁夫水工收采備用凡伐蘆荻謂之芟伐山木榆柳枝葉謂之梢辮竹糾芟爲索以竹爲巨索長十尺至百尺有數等先擇寬平之所爲埽場埽之制密布芟索鋪梢梢芟相重壓之以土雜以碎石以巨竹索橫貫其中謂之心索卷而束之復以大芟索繫其兩端別以竹索自內旁出其高至數丈其長倍之凡用丁夫數百或千人雜唱齊挽積置於卑薄之處謂之埽岸既下以橛臬閡之復以長木貫之其竹索皆埋巨木於岸以維之遇河之橫決則復增之以補其缺凡埽下非積數疊亦不能遏其迅湍又有馬頭鋸牙木岸者以遏水勢護隄焉凡緣河諸州孟州有河南北凡二埽開封府有陽武埽滑州有韓房二村憑管石堰州西魚池迎陽凡七埽舊有七里曲埽復廢通利軍有齊賈蘇村凡二埽通利軍黎陽治今濬縣澶州有濮陽大韓大吳商胡王楚橫隴曹村依仁大北岡孫陳固明公王八凡十三埽大名府有孫杜侯村二埽濮州有任村東西北凡四埽鄆州有博陵張秋關山子路王陵竹口凡六埽齊州有采金山史家窩二埽濱州有平河安定二埽棣州

有聶家梭隄鋸牙陽成四埽所費皆有司歲計而無闕焉（宋史河渠志）

黃河隨時漲落故舉物候爲水勢之名自立春後東風解凍河邊人候水初至凡一寸則夏秋當至一尺頗爲信驗故謂之信水二月三月桃華始開冰泮雨積川流猥集波瀾盛長謂之桃華水春末蕪菁華開謂之菜華水四月末壟麥結秀擢芒變色謂之麥黃水五月瓜實延蔓謂之瓜蔓水朔野之地深山窮谷固陰沍寒冰堅晚泮逮乎盛夏消釋方盡而沃蕩山石水帶礬腥併流於河故六月中旬後謂之礬山水七月菽豆方秀謂之豆華水八月菼薍華（菼音毯小葦 薍頭去聲）謂之荻苗水九月以重陽紀節謂之登高水十月水落安流復其故道謂之復槽水十一月十二月斷冰雜流乘寒復結謂之蹙凌水水信有常率以爲準

非時暴漲謂之客水其水勢凡移徙横注岸如刺毀謂之劄岸漲溢踰防謂之抹岸埽岸故朽潛流漱其下謂之塌岸浪勢旋激岸土下隤謂之淪捲水侵岸逆漲謂之上展順漲謂之下展或水乍落直流之中忽屈曲横射謂之徑窊（窊音叫 涂遶也）水猛驟移其將澄處望之明白謂之拽白亦謂之明灘湍怒略渟勢稍汨起行舟值之多溺謂之薦浪水水退淤澱夏則膠土肥腴初秋則黃滅土頗爲疏壤深秋則白滅土霜降後皆沙也（同上）

宋太祖建隆二年正月導蔡水入潁二月疏五丈河（宋史太祖本紀）**春導索水自旃然與須水合入於汴**（宋史河渠志）

宋都大梁有四河以通漕運曰汴河曰黃河曰惠民河（即蔡水）曰廣濟河（即五丈河）而汴河所漕爲多建隆以來首浚三河令自今諸州歲受稅租及筦榷貨利上供物帛悉官給舟車輸送京師毋

役民妨農（宋史河渠志）

礙案浚三河謂汴河惠民河廣濟河導索水治汴也導蔡水治惠民也疏五丈河治廣濟也宋太祖定鼎之初首以漕運爲急故浚三河

汴河自隋大業初疏通濟渠引黃河通淮至唐改名廣濟宋都大梁以孟州河陰縣南爲汴首受黃河之口屬於淮泗每歲自春及冬常於河口均調水勢止深六尺以通行重載爲準歲漕江淮湖浙米數百萬及至東南之產百物衆寶不可勝計又下西山之薪炭以輸京師之粟以振河北之急內外仰給焉故於諸水莫此爲重其淺深有度置官以司之都水監總察之然大河向背不常故河口歲易易則度地形相水勢爲口以逆之遇春首輒調數州之民勞費不貲役者多溺死吏又並緣侵漁而

京師常有決溢之虞（宋史河渠志）建隆三年十月詔緣汴河州縣長吏常以春首課民夾岸植榆柳以固隄防（同上）太宗至道元年九月帝以汴河歲運江淮米五七百萬斛以濟京師問侍臣汴水疏鑿之由令參知政事張洎講求其事以聞其言曰禹導河自積石至龍門南至華陰東至砥柱又東至於孟津東過洛汭至於大伾即今成皋是也或云黎陽山也禹以大河流泛中國爲害最甚乃於貝邱疏二渠（二渠太史公班孟堅謂禹釃二渠以引其河）以分水勢一渠自舞陽縣東引入漯水其水東北流至千乘縣入海即今黃河是也一渠疏畎引傍西山以東北形高蔽壞隄水勢不便流溢夾右碣石入於渤海書所謂北過洚水至於大陸洚水即濁漳大陸則邢州鉅鹿澤播爲九河同爲逆河入於海河自魏郡貴鄉縣界分爲九道下至滄州合爲一河言逆河者謂與河水

往復相承受也齊桓公塞以廣田居唯一河存焉今其東界至莽梧河是也禹又於滎澤下分大河為陰溝引注東南以通淮泗至大梁浚儀縣西北復分為二渠一渠先經陽武縣中牟臺下為官渡水一渠始皇疏鑿以灌魏郡謂之鴻溝莨菪渠自滎陽五出池口來注之其鴻溝即出河之溝亦曰莨菪渠漢明帝時樂浪人王景謁者王吳始作浚儀渠蓋循河溝故瀆也渠成流注浚儀故以浚儀縣為名靈帝建甯四年於敖城西北壘石為門以遏渠口故世謂之石門渠外東合濟水濟與河渠渾濤東注至敖山北渠水至此又兼邲之水即春秋晉楚戰於邲邲又音汳即汴字古人避反字改從汴字汴水出滎陽西三皇山一統志出大周山疑即此山上有二廣武城渠水又東經滎陽北旃然水自縣東流入汴水鄭州滎陽縣西二十里三皇山上有二廣武城二城相去百餘步汴

水自兩城間小澗中東流而出汴水自兩城間小澗中流出合京索須鄭四水東南至中牟入於河今不入河改自朱仙鎮會渦入淮而濟流自茲乃絕唯汴渠首受旃然水謂之鴻渠東晉大和中桓溫北伐前燕將通之不果義熙十三年劉裕西征姚秦復浚此渠始有湍流奔注而岸善潰塞裕更疏鑿而漕運焉隋煬帝大業三年詔尚書左丞相皇甫誼發河南男女百萬開汴水起滎澤入淮千餘里乃為通濟渠又發淮南兵夫十餘萬開邗溝自山陽淮至於揚子江三百餘里水面闊四十步而後行幸焉自後天下利於轉輸昔孝文時賈誼言漢以江淮為奉地謂魚鹽穀帛多出東南至五鳳中耿壽昌奏故事歲增關東穀四百萬斛以給京師亦多自此渠漕運唐初改通濟渠為廣濟渠開元中黃門侍郎平章事裴耀卿言江淮租船自長淮西北泝鴻溝轉相輸納於河陰含嘉太原等倉凡三

年運米七百萬石實利涉於此開元末河南採訪使汴州刺史齊澣以江淮漕運經淮水波濤有沈損遂浚廣濟渠下流自泗州虹縣至楚州淮陰縣北八十里合於淮踰時畢功既而水流迅急行旅艱險尋乃廢停卻由舊河德宗朝歲漕運江淮米四千萬石以益關中時叛將李正己田悅皆分軍守徐州臨渦口梁崇義阻兵襄鄧南北漕引皆絕於是水陸運使杜佑請改漕路自浚儀西十里疏其南涯引流入琵琶溝經蔡河至陳州合潁水是秦漢故道以官漕久不由此故填淤不通若畎流培岸畎音猾水小流也又疏通流注皆曰畎則功用甚寡又廬壽之間有水道而平岡亙其中曰雞鳴山佑請疏其兩端皆可通舟其間登陸四十里而已則江湖黔嶺蜀漢之粟可方舟而下由是白沙趨東關經廬壽浮潁步蔡歷琵琶溝入汴河不復經泝淮之險徑於舊路

二千里功寡利博朝議將行而徐州順命淮路乃通至國家膺圖受命以大梁四方所湊天下之樞可以臨制四海故卜京邑而定都漢高帝云吾以羽檄召天下兵未至孝文又云吾初即位不欲出虎符召郡國兵即知兵甲在外也惟有南北軍期門郎羽林孤兒以備天子扈從藩衛之用唐承隋制置十二衛府兵皆農夫也及罷府兵始置神武神策爲禁軍不過三數萬人亦以備扈從藩衛而已故祿山犯關驅市人而戰德宗蒙塵扈駕四百餘騎兵甲皆在郡國額軍存而可舉者除河朔三鎮外太原青社各十萬人邠甯宣武各六萬人潞徐荆揚各五萬人襄宣壽鎮海各二萬人自餘觀察團練據要害之地者不下萬人今天下甲兵數十萬眾戰馬數十萬匹並萃京師悉集七亡國之士民於輦下比漢唐京邑民庶十倍甸服時有水旱不至

艱歉者有惠民金水五丈汴水等四渠派引脈分咸會天邑舳艫相接贍給公私所以無匱乏唯汴水橫亙中國首承大河漕引江湖利盡南海半天下之財賦幷山澤之百貨悉由此路而進然則禹力疏鑿以分水勢煬帝開刪以奉巡游雖數湮廢而通流不絕於百代之下終爲國家之用者其上天之意乎（同上）洛水貫西京多暴漲漂壞橋梁建隆二年留守向拱重修天津橋成甃巨石爲腳高數丈銳其前以疏水勢石縱縫以鐵鼓絡之其制甚固四月具圖來上降詔褒美開寶九年郊祀西京詔發卒五千自洛城菜市橋鑿渠抵漕口三十五里饋運便之其後導以通汴（同上）蔡河貫京師爲都人所仰兼閔水洧水潩水以通舟閔自尉氏歷祥符開封合於蔡是爲惠民河洧自許田注鄢陵東南歷扶溝合於蔡潩水出鄭之大隗山注臨潁歷鄢陵扶溝合於蔡凡許鄭諸水合壓白鴈丈八溝京索合西河褚河湖河雙河欒霸河皆會焉猶以其淺澀故植木橫棧棧爲水之節啟閉以時建隆二年四月命中使浚蔡河設斗門節水自京距通許鎮三年詔發畿甸陳許丁夫數萬浚蔡水南入潁川（同上）廣濟河導菏水自開封歷陳留曹濟鄆其廣五丈歲漕上供米六十二萬石建隆二年正月遣使往定陶規度發曹單丁夫數萬浚之三月幸新水門觀放水入河先是五丈河泥淤不利行舟遂詔左監門衛將軍陳承昭於京城之西夾汴水造斗門引京索蔡河水通城濠入斗門俾架流汴水之上東進於五丈河以便東北漕運公私咸利三年正月遣右龍武統軍陳承昭護修五丈河造西水磑（同上）金水河一名天源本京水導自滎陽黃堆山其源曰祝龍泉建隆二年命將軍陳承昭率水工鑿渠引入

過中牟名曰金水河凡百餘里抵都城西架其水橫絕於汴設斗門入浚溝通城濠東匯於五丈河公私利焉（同上）

是年河決孟州（今河南懷慶府孟縣西三十五里河南通志）

宋太祖建隆四年河決齊州（宋史五行志）

宋太祖乾德三年秋大雨霖開封府河決陽武（開封今河南開封府祥符縣治）又孟州水漲壞中潬橋粱（梁今河南汝州治）澶鄆亦言河決詔發州兵治之（宋史河渠志）

宋太祖乾德四年六月東阿縣河溢（今山東泰安府東阿縣治）損民田觀城縣河決（今山東曹州府觀城縣西）壞居民廬舍注大名又靈河縣隄壞水東注衛南縣境（今河南衛輝府滑縣治）及南華縣城（今直隸大名府東明縣東南）七月滎澤縣河南北隄壞（今河南開封府滎澤縣治）八月滑州河決壞靈河縣大隄（宋史河渠志）

時詔殿前都指揮使韓重斌等督士卒丁夫數萬人治之被泛者蠲其秋租（宋史河渠志）

宋太祖乾德五年八月河溢入衛州城民溺死者數百（宋史太祖本紀）

是年正月帝以河隄屢決分遣使行視發畿甸丁夫繕治自是歲以為常皆以正月首事季春而畢是月詔開封大名府鄆澶滑孟濮齊淄滄棣濱德博懷衛鄭等州長吏並兼本州河隄使蓋以謹力役而重水患也（宋史河渠志）

宋太祖開寶元年六月江河汎溢（宋史五行志）

宋太祖開寶二年七月河決下邑縣（今河南歸德府夏邑縣治宋史五行志）

宋太祖開寶四年六月河決原武（宋史五行志）十一月河決澶淵（開州東南五里即古澶淵有德勝渡晉王李成勗於德勝渡南北夾河築兩城時河津隔遠兩城相距三十里寇準勸帝渡河御北城樓以勵士氣即此蓋古要津也）泛數州（宋史河渠志）

時杜審肇出知澶州太祖以審肇未嘗歷郡務乃命司封郎中姚恕通判州事未幾河大決東匯於鄆濮數郡民田罹水太祖怒其不卽時上言遣使案鞫遂論恕棄市審肇免官歸宋史杜審肇傳

宋太祖開寶五年五月河決澶州六月又決陽武縣之小劉村宋史五行志**八月衛州河溢**宋史太祖本紀**詔發諸州兵及丁夫凡五萬人遣潁川團練使曹翰護其役**今河南許州郾城縣東三十五里**未幾決河皆塞**宋史河渠志

是年正月詔曰應緣黃汴清御等河州縣除准舊制種藝桑棗外委長吏課民別樹楡柳及土地所宜之木仍案戶籍高下定爲五等第一等歲樹五十本第二等以下遞減十本民欲廣樹藝者聽其孤寡惸獨者免是月澶州修河卒賜以錢鞵役夫給以茶三月詔曰朕每念河渠潰決頗爲民患故署使職以總領

爲宜委官聯佐治其事自今開封等十七州府各置河隄判官一員以本州通判充如通判闕員卽以本州官充宋史河渠志

六月下詔曰近者澶濮等數州霖雨薦降洪河爲患朕以屢經決溢重困黎元每閱前書詳究經瀆至若夏后所載但言導河至海隨山濬川未聞力制湍流廣營高岸自戰國專利堙塞故道小以妨大私而害公九河之制遂隳歷代之患弗弭凡搢紳多士草澤之倫有素習河渠之書深知疏導之策若爲經久可免重勞並許詣闕上書附驛條奏朕當親覽用其所長勉副詢求當示甄獎時東魯逸人田告者纂禹元經十二篇帝聞之召至闕下詢以治水之道善其言將授以官以親老固辭歸養從之同上

宋太祖開寶六年河決鄆州楊劉口又決懷州獲嘉縣今河南衛輝府獲嘉

縣治宋史五行志

宋太祖開寶七年六月河溢安陽今河南彰德府安陽縣治宋史太祖本紀

宋太祖開寶八年五月河決濮州郭龍村六月又決澶州頓邱縣宋史五行志

宋太宗太平興國二年六月孟州河溢壞溫縣隄七十餘步今河南懷慶府溫縣治鄭州壞滎澤縣甯王村隄三十餘步又漲於澶州壞英公村隄三十步開封府汴水溢壞大甯隄宋史五行志

汴渠派分淇河自唐迄今皆以爲莫大之利然迹其事實亦有深害何哉凡梁宋之地畎澮之利湊流此渠以成其大至隋煬帝將幸江都遂析黃河之流築左右隄三百餘里舊所湊水悉爲橫絕散漫無所故宋亳之地遂成沮洳卑溼且昔之安流今乃湍悍覆舟之患十有二三昔之漕運冬夏無限今則春開秋

治水述要卷二　九

閉歲中漕運祇得半載昔之泝沿兩無艱阻今則逆流而上乃重載而行其爲難也甚矣沿流而下郎虛舟而往其爲利也背矣矧自天子建都而汴水貫都東下每歲霖澍決溢爲慮由斯觀之其利安在然歷世浸遠詎可卒圖異日明哲之士開悟積藏言復釁迹始信茲言之不謬丁晉公談錄

宋太宗太平興國三年五月懷州河決獲嘉縣北注十月滑州靈河已塞復決宋史五行志

是年開襄漢漕渠渠成而水不上卒廢宋史太宗本紀

白河在唐州南流入漢太平興國三年正月西京轉運使程能獻議請自南陽下向口置堰回水入石塘沙河合蔡河達於京師以通湘潭之漕詔發唐鄧汝潁許蔡陳鄭丁夫及諸州兵凡數萬人以弓箭庫使王文寶等護其役塹山湮谷歷博望羅渠

少柘山凡百餘里月餘抵方城地勢高水不能至能獻復多役人以致水然不可通漕運會山水暴漲石堰壞河不克就卒堙廢焉（宋史河渠志）

馥案治水以順水性爲主就下行直是其性也程能獻此議如果地勢窪下挽水橫流尚難持久況乃通山阜百餘里並未測量高下焉能成功此與膠萊河可爲千古之鑒

宋太宗太平興國四年四月宋州河決宋城縣（今河南陳州府項城縣治）衛州河決汲縣（今河南衛輝府汲縣治）壞新場隄九月澶州河漲（宋史五行志）

宋太宗太平興國五年河決懷州（河南通志）

宋太宗太平興國六年河中府河漲（今山西蒲州府永濟縣治）陷連隄壞軍營七所民舍百餘區鄜延甯三州並三河水漲溢入州城（宋史五行志）

宋太宗太平興國七年六月河決臨邑縣十月決武陟縣（今河南懷慶府武陟縣治○宋史五行志）

宋太宗太平興國八年五月河大決滑州韓村徑澶濮曹濟諸州浸民田壞居民廬舍東南流入淮六月陜州河漲壞浮梁（宋史五行志）時詔發丁夫塞之隄久不成乃命使者按視遙隄舊址使間條奏以爲治遙隄不如分水勢自孟抵鄆雖有隄防惟滑與澶最爲隘狹於此二州之地可立分水之制宜於南北岸各開其一北入王莽河以通於海南入靈河以通於淮節減暴流一如汴口之法其分水河量其遠邇作爲斗門啟閉隨時務乎均濟通舟運溉農田此富庶之資也不報（宋史河渠志）

馥案此以治清之法治濁當時若行必無功效宋太宗所以不報者殆亦疑其難成歟

宋太宗太平興國九年河決滑州房村（宋史河渠志）

帝曰近以河決韓村發民治隄不成安可重困吾民當以諸軍代之乃發卒五萬以侍衛步軍都指揮使田重進領其役又命翰林學士宋白祭白馬津沈以太牢加璧未幾役成宋史河渠志

馥案以兵代民塞河乃宋太宗愛民之政後世多有仿行之者惟兵力不可久用民力亦不可久役久則重困慮有他變　國朝治河歷用雇夫公私皆便誠仁德之至也

又案本紀無九年而河渠志有之當是太平興國八年之事史臣誤重記也

宋太宗淳化元年孟州河漲宋史五行志

宋太宗淳化二年京兆府河漲陝州河漲壞大隄及五龍祠六月乙酉溢於浚儀縣今河南開封府祥符縣西北壞連隄浸民田上親臨督衞士塞之辛卯又決於宋城縣又博州河漲壞民廬舍宋史五行志

宋太宗淳化四年九月澶州河漲衝陷北城壞居人廬舍官署倉庫殆盡民溺死者甚衆十月澶州河決水西北流入御河浸大名府城今直隸大名府大名縣治知府趙昌言壅城門禦之宋史五行志

是時巡河供奉官梁睿上言滑州土脈疏岸善隤每歲河決南岸害民田請於迎陽鑿渠引水凡四十里至黎陽合大河以防暴漲帝許之宋史河渠志

高弁為邢州鹽鐵判官河決澶州請弛隄防縱水所之可省民力且以扼契丹南向議寢知陝州宋史高弁傳

宋太宗至道三年鄆州河漲壞連隄四處閏七月陝州河漲宋史五行志

宋眞宗咸平元年七月齊州河泛溢宋史五行志

宋眞宗咸平三年五月河決鄆州王陵埽宋史五行志

時河水浮鉅野入淮泗水勢悍激侵迫鄆州城命使率諸州丁

男二萬人塞之踰月而畢始赤河決擁濟泗鄆州城中常苦水患至是霖雨彌月積潦益甚乃使工部郎中陳若拙經度徙城若拙請徙於東南十五里陽鄉之高原詔可宋史河渠志是年詔緣河官吏雖秩滿須水落受代知州通判兩月一巡隄縣令佐迭巡隄防轉運使勿委以他職同上

宋眞宗咸平五年六月惠民河漲溢軍營宋史五行志

宋眞宗景德元年河決澶州橫隴埽在今開封東宋史五行志○

按此即赤河決水刖出為橫隴河也決河出京東故道之南與故道改流不過三百里未大變遷今濮州東東平西范縣陽穀之東東阿長清之北皆有古黃河故迹即橫隴決河所行也橫隴雖修復舊埽河道已徙行於齊棣濱三州之境順流入海去路近便東平東阿以下地尤窪下乘初決之勢成建瓴之河沛

然莫禦自長清東北仍行京東故道其西南故道之淤者尚仍其名橫隴與赤河分道並行橫隴由大清河至利津入海赤河由東平州至海豐入海二河並行二十四年是謂東流嗣景德四年復決澶州王八埽修治旬時畢工仍歸橫隴所行之道此有宋諸人亦切切於回河而不忍捨者也其後言復故道即復橫隴出利津之道也言修六塔即導入橫隴也言開二股河直河即挽河由篤馬出海豐之道也其議分水攔新河窄狹而分洩也進上下約擗水使流向東也大指總以復故道為主夫橫隴故道非不可復在先治其下游自海口訖澶滑疏其壅滯寬其阨迫王景千年之舊迹至今可存澶滑之患亦紓歐陽公言下流梗澀終虞上決為患無涯適中當時謬悞之病而水官皆不得其人至於所為輒左卒不可治非故道之難復也河渠紀聞

宋真宗景德四年河溢澶州壞王八埽宋史五行志

宋真宗大中祥符三年九月河決河中府白浮梁村宋史五行志

宋真宗大中祥符四年八月河決通利軍黎陽治今濬縣大名府御河溢合流壞府城害田人多溺死宋史五行志九月河決棣州聶家口宋史河渠志

次年棣州請徙城帝曰城去決河尙十數里居民重遷命使完塞旣成又決於州東南李民灣環城數十里民舍多壞又請徙於商河役興踰年雖捍護完築裁免決溢而湍流益暴壖地益削河勢高於民屋殆踰丈矣民苦久役而終憂水患八年乃詔徙州於陽信之八方寺宋史河渠志

宋真宗大中祥符六年六月保安軍積雨河溢浸城壘壞廬舍判官趙震溺死又兵民溺死凡六百五十人宋史河渠志

宋真宗大中祥符七年八月河決澶州大吳埽役徒數千築新隄亙二百四十步水乃順道宋史河渠志十月濱州河溢於定鎮濱州今山東武定府濱州治○宋史五行志

宋真宗大中祥符八年七月坊州河溢坊州今陝西鄜州中部縣治民有溺死者宋史五行志

宋真宗天禧三年六月河決滑州城西南漂沒公私廬舍死者甚眾歷澶州濮鄆濟單單縣今山東曹州府單縣治至徐州今江蘇徐州府銅山縣治與清河合浸城壁不沒者四版明年旣塞六月復決於西北隅宋史五行志

天禧三年六月乙未滑州河溢城西北天臺山旁俄復潰於西南岸摧七百步漫溢州城歷澶濮曹鄆注梁山泊又合清水古汴渠東入於淮州邑罹患者三十二郎遣使賦諸州薪石楗橛芟竹之屬千六百萬發兵夫九萬人治之四年三月河塞羣臣

入賀上親爲文刻石紀功宋史河渠志

陳堯佐知滑州以西北水壞城無外禦築大隄又疊埽於城北護州中居民復就鑿橫木下垂木數條置水旁以護岸謂之木龍當時賴焉同上

謹案陳堯佐木龍之制只能禦順水之溜而不能禦頂衝之險乾隆五年州同李昞仿陳堯佐原法更增其制用於清口以護禦壩險工蓋亦取其順勢撇溜緣木龍靠岸施於頂衝灣上大溜將彎未彎之際可撇溜頭直射對岸刷沙若施於頂衝灣中大溜橫來設此無益反礙鑲埽地步

寇瑊徙知滑州總領修河既而以歲飢罷役瑊言病民者特楗芻耳幸調率已集若積之經年則朽腐爲棄物後復興工斂之是重困也乃再詔塞河宋史寇瑊傳

初滑州以天臺決口去水稍遠聊與葺之及西南隄成乃於天臺口旁築月隄六月望河復決天臺下走衛南浮徐濟害如三年而益甚帝以新經賦率慮殫困民力即詔京東西河北路經水災州軍勿復科調丁夫其守扞隄防役兵仍令長吏存恤而番休之宋史河渠志

宋仁宗天聖六年八月河決澶州楚王埽凡三十八步宋史河渠志

宋仁宗天聖七年六月河北大水壞澶州浮梁宋史五行志

後五年爲明道二年徙大名之朝城縣於杜婆村廢鄆州之王橋渡淄州之臨河鎮以避水宋史河渠志

宋仁宗景祐元年澶州河決橫隴埽宋史五行志

宋仁宗康定元年九月河溢滑州宋史五行志

宋仁宗慶歷元年詔權停修決河自此久不復塞而議開分水河以殺其勢未興工而河流自分有司以聞遣使特祠之宋史河渠志

覈案決河不塞溜旁分而正河必淤正河淤必益他決時以河流自分爲幸蓋狃目前小利而不知河病益深也

宋仁宗慶歷八年六月河決商胡埽在開封東北三十里　宋史河渠志

河渠志慶歷八年河決澶州商胡埽決口廣五百五十七步皇祐元年河合永濟渠注乾甯軍合口在青縣南乾甯軍唐乾甯中析長蘆魯城二縣地置乾甯軍宋改曰乾甯縣今爲青縣　今按永濟渠即古之清河漢志之國水水經之清淇二水曹操自枋頭遏其水爲白溝一名白渠隋煬帝導爲永濟渠一名御河今稱衞河者也先是大中祥符四年河決通利軍合御河尋經塞治至是河自州東北三十里商胡埽決而北逕清豐縣西又北逕南樂縣西又北至大名府東北合永濟渠又東北逕冠氏縣西北又東北逕館陶縣西又東北逕臨清縣西又東北逕宗城縣東宗城即故廣宗今爲廣宗威縣地　又東北逕清河縣東又東北逕夏津縣西北又東北逕武城縣西又東北逕棗強縣西又東逕將陵縣西北將陵唐屬德州五代周省長河入焉宋景祐元年移將陵治長河鎭改屬永靜軍永靜今景州也元分將陵置故城縣　又東逕蓨縣南蓨縣今景州　又東北逕東光縣西又東北逕南皮縣西又東北逕清池縣西清池今滄州　而北與漳水合又東北逕乾甯軍東又東北逕獨流口今靜海北二十里有獨流鎭　又東至劈地口今在靜海東北入於海以今輿地言之開州大名元城冠縣館陶邱縣臨清威縣清河夏津武城棗強故城恩縣德州吳橋景州東光南皮交河滄州青縣靜海天津諸州縣界中皆宋時黃河北流之所經也商胡決後二十一年爲神宗熙甯二年已酉導東流而北流閉又十二歲爲元豐四年辛酉河復北流哲宗紹聖初又閉後數歲爲元符二年乙卯東流斷絕河竟北流蓋自仁宗慶歷八年戊子下逮金章宗明昌五年甲寅實

宋光宗紹熙五年而河決陽武出胙城南兩北分流入海凡一百四十六年禹貢錐指

宋慶歷中河決商胡由天津入海之道慶歷中河決北都商河久之未塞三司度支副使郭申錫親往董作凡塞河決垂合中間一埽謂之合龍門功全在此是時屢塞不合時合龍埽長六十步有水工高超者獻議謂埽身太長人力不能壓埽不至水底故河流不斷而繩纜多絕今當以六十步爲三節每節埽長二十步中間以索連屬之先下第一節追其至底穴壓第二第三舊工爭之以爲不可云二十步埽不能斷漏徒用三節所費當倍而決不塞超曰第一節水信未斷然勢必殺半壓第二節止用半力水縱未斷不過小漏耳第三節乃平地施工足以盡人力處置三節既定卽上二節自爲濁泥所淤不煩人功申錫主前議不聽超說是時賈魏公帥北門獨以超之言爲然陰遣數千人於下流收漉流埽既定而埽果流而河決愈甚申錫坐謫卒用超計商河方定沈括夢溪筆談

馥案合龍之法今勝於古多矣然不鑒古人得失之由貿焉從事雖有今之善法亦恐取貌遺神易遭疏失如今合龍只留口五六丈而兩壩頭之埽若不追壓到底則與郭申錫之失無異也

宋仁宗皇佑元年二月河北黃御二河決並注於乾甯軍河朔頻年水災宋史五行志

宋仁宗皇佑三年七月河決館陶縣郭固口八月汴河絕流宋史五行志

皇佑二年七月河復決大名府館陶縣之郭固四年正月塞郭

固而河勢猶壅議者請開六塔以披其勢（六塔河在清豐西南三十里引商胡決河過六塔集故名六塔河在開州東北十七里自商胡東南通橫隴之支渠也）至和元年遣使行度故道且詣銅城鎮海口約古道高下之勢二年翰林學士歐陽修奏疏曰朝廷欲俟秋興大役塞商胡開橫隴回大河於故道夫動大衆必順天時量人力謀於其始而審於其終計其所利者多乃可無悔比年以來興役動衆勞民費財舉事之始既已蒼皇羣議一搖尋復悔罷不敢遠引他事且如河決商胡時執政之臣不慎計慮遽謀修塞凡科配梢芟一千八百萬騷動六路一百餘軍州官吏催驅急若星火民庶愁苦盈於道塗或物已輸官或人方在路未及興役尋已罷修虛費民財爲國斂怨舉事輕脫爲害若斯今又聞復有修河之役聚三十萬人之衆開一千餘里之長河計其所用物力數倍往年當此天災歲旱民

困國貧之際不量人力不順天時知其有大不可者五蓋自去秋至春半天下苦旱京東尤甚河北次之國家常務安靜振恤之猶恐民起爲盜況於兩路聚大衆興大役乎此其必不可者一也河北自恩州用兵之後繼以凶年人戶流亡十失八九數年以來人稍歸復然死亡之餘所存者幾瘡痍未斂物力未完又京東自去冬無雨雪麥不生苗將踰暮春粟不布種農心焦勞所向無望若別路差夫又遠者難爲赴役一出諸近則兩路力所不任此其必不可者二也往年議塞滑州決河時公私之力未若今日之貧虛然猶儲積物料誘率民財數年之間始能興役今國用方乏民力方疲且合商胡塞大決之洪流此一大役也鑿橫隴開久廢之故道又一大役也自橫隴至海千餘里埽岸久廢頓須興緝又一大役也今猝興三大役於災旱貧虛

之際此其必不可者三也就令商胡可塞故道未必可開鯀障洪水九年無功禹得洪範五行之書知水潤下之性乃因水之流疏而就下水患乃息然則以大禹之功不能障塞但能因勢而疏決爾今欲逆水之性障而塞之奪洪河之正流使人力斡而回注此大禹之所不能此其必不可者四也橫隴湮塞已二十年商胡決又數歲故道已平而難鑿安流已久而難回此其必不可者五也九月詔自商胡之決大河注食隄埽爲河北患其故道又以河北京東饑故未興役今河渠司李仲昌議欲納水入六塔河使歸橫隴舊河舒一時之急其令兩制至待制以上臺諫官與河渠司同詳定修又上疏曰伏見學士院集議修河未有定論豈由賈昌朝欲復故道李仲昌請開六塔互執一說莫知孰是臣愚亦謂不然言故道者未詳利害之原述六塔者近乎欺罔之繆今謂故道可復者但見河北水患而欲還之京東然不思天禧以來河水屢決之因所以未知故道有不可復之勢臣故謂未詳故道之原也若言六塔之利者則不待攻而自破矣今六塔既已開而恩冀何爲尚告奔騰之急此則減水未見其利也又開六塔者云可以全回大河使復橫隴故道今六塔止是別河下流已爲濱棣德博之患若全回大河顧其害如何此臣故謂近乎欺罔之繆也且河本泥沙無不淤之理淤常先下流下流淤高水行漸壅乃決上流之低處此勢之常也然避高就下水之本性故河流已棄之道自古難復臣不敢廣述河源且以今所欲復之故道言天禧以來屢決之因初天禧中河出京東水行於今所謂故道者水既淤澀乃決天臺埽尋塞而復故道未幾又決於滑州南鐵狗廟今所謂龍門埽者

其後數年又塞而復故道已而又決王楚埽所決差小與故道分流然而故道之水終以壅淤故又於橫隴大決是則決河非不能力塞故道非不能力復所復不久終必決於上流者由故道淤而水不能行故也及橫隴既決水流就下所以十餘年間河未爲患至慶歷三四年橫隴之水又自海口先淤凡一百四十餘里其後游金赤三河相次又淤下流既梗乃決於上流之商胡口然則京東橫隴兩河故道皆下流淤塞河水已棄之高地京東故道屢復屢決理不可復不待言而易知也今若因水所在增治隄防疏其下流浚以入海則可無決溢散漫之虞修連上三疏極諫不聽時預議官翰林學士承旨孫抃等言開故道誠久利然功大難成六塔下流可導而東去以紓恩冀金隄之患中書上奏亦云願備工費因六塔水勢入橫隴而宰相富弼尤主仲昌議明年四月朔塞商胡北流入六塔河不能容是夕復決溺兵夫漂芻藁不可勝記修河官皆謫仲昌垂子也由是議者久不復論河事（節錄宋史河渠志）

宋仁宗嘉祐五年河流派別於魏之第六埽曰二股河廣二百尺（宋史河渠志）

自二股河行一百三十里至魏恩德博之境曰四界首河七月都轉運韓贄言四界首古大河所經卽溝洫志所謂平原金隄開道大河入篤馬河至海五百餘里者也自春以丁壯浚之可一月而畢支分河流入金赤河使其深六尺爲利可必商胡決河自魏至於恩冀乾甯入於海今二股河自魏恩東至於德滄入於海分而爲二則上流不壅可以無決溢之患乃上四界首二股河圖治平元年命都水監浚二股五股河以紓恩冀之患

宋史河渠志

以今輿地言之二股合馬頰河東北至德平縣合篤馬河又東北經樂陵海豐入海海豐本無棣與樂陵俱屬滄州故薛贊云二股河自魏恩東至德滄入海也治平二年始命都水監浚二股五股河以紓恩冀之患熙甯二年從宋昌程昉議開二股以導東流裁及六分而北流閉河自其南四十里東決氾濫大名恩德滄永靜五州軍境三年令河北轉運司開修二股上流四年北京新隄第四第五埽決下屬恩冀貫御河五年二股河成深十一尺廣四百尺而新隄決口亦塞又以水或橫決散漫常虞壅遏命范子淵於第四第五埽開修直河使大河還二股故道十年大決於澶州之曹村村在今開封西南河道南徙東匯於梁山張澤濼分爲二派一合南清河入淮南清河卽泗水一合北清河入海凡灌郡縣四十五而濮濟鄆齊尤甚壞田逾三十萬頃元豐元年決口塞詔改曹村埽曰靈平四年澶州小吳埽大決河復注御河詔東流已填淤不可復將來更不修閉元祐中復議回河久之不決而紹聖初吳安持李偉卒行之然東流隄防未固瀕河多被水患元符二年河決內黃口東流斷絕詔大河水勢十分北流其其力救護隄岸是後不復開二股矣禹貢錐指

宋仁宗嘉祐七年七月河決北京第五埽北京今大名府宋史五行志

宋仁宗嘉祐八年是年英宗卽位大水壞河陽中潬容齋隨筆

河中一洲名曰中潬上有河伯祠水環四周喬木蒼然嘉祐八年秋大水馮襄了無遺迹中潬由是遂廢容齋隨筆今懷慶府孟縣西有河陽廢縣中潬卽今河中之郭家灘也新志行水金鑑

宋英宗治平二年河沁並溢河南通志載治平七年按治平無七年考刪本係治平二年

是年八月庚寅大雨地上涌水壞官私廬舍漂人民畜產不可勝數是日御崇政殿宰相而下朝參者十數人而已詔開西華門以洩宮中積水水奔激殿侍班屋皆摧沒人畜多溺死官爲葬祭其無主者千五百八十人（宋史五行志）

宋神宗熙甯元年六月河溢恩州烏欄隄（恩州今直隸廣平府清河縣治）又決冀州棗強埽（今直隸冀州棗強縣東南三十里）北注瀛州（今直隸河間府河間縣治）七月溢瀛州樂壽埽（宋史河渠志）

宋神宗熙甯二年河決許家港泛大名恩德滄永靜五州軍境（德州今山東濟南府德州治滄州今直隸天津府滄州治永靜今直隸河間府東光縣治）（宋史河渠志）滄州饒安溺漂居民移縣治於張爲村（宋史五行志）

時都水監丞李立之請於恩冀深瀛等州創生隄三百六十七里宋昌言謂今二股河門變易請移河港進約簽入河身以紓四州水患遂與屯田都監內侍程昉議開二股以導東流於是都水監奏慶歷八年商胡北流於今二十餘年自澶州下至乾甯軍創隄千有餘里公私勞擾近歲冀州而下河道梗溢致上下埽岸屢危今棗強抹岸衝奪故道雖創新隄終非久計願向六塔舊口並二股河導使東流徐塞北流而提舉河渠王亞等言黃御河帶北行入獨流東砦經乾甯軍滄州等八砦邊界直入大海其近海口闊六七百步深八九丈三女砦以西闊三百步深五六丈其勢愈深其流愈猛天所以限契丹議者欲再開二股漸閉北流此乃未睹黃河在界河內東流之利也十一月詔司馬光張茂則乘傳相度四州生隄兼視六塔二股利害熙甯二年正月司馬光入對請如宋昌言策於二股之西置上約擗水令東俟東流漸深北流淤淺卽塞北流放出御河胡盧

河下紓恩冀深瀛以西之患宋史河渠志 時二股河東流及六分張鞏等因欲閉斷北流帝意嚮之光以爲須及八分乃可仍待其自然不可施工王安石曰光議事屢不合今令視河後必不從其議是重使不安職也庚子乃獨遣茂則茂則奏二股東傾已及八分北流止二分張鞏等亦奏丙午大河東徙北流淺小戊申北流閉詔獎諭司馬光等仍賜衣帶馬時北流既塞而河自其南四十里許家港東決泛濫大名恩德滄永靜五州軍境熙寧三年二月命茂則鞏相度澶滑州以下至東流河勢隄防利害同上

宋神宗熙寧四年七月河決北京新隄第四第五埽漂溺館陶永濟清陽以北永濟今山東臨清州南清陽今直隸廣平府清河縣東 **八月河溢澶州曹村十月溢衞州王供時新隄凡六埽**衞州今衞輝府**而決者二下屬恩冀貫御河奔衝爲一**宋史河渠志

是時人爭言導河之利茂則等謂二股河最下而舊防可因今堙塞者纔三十餘里若度河之湍浚而逆之又有清水鎮河以析其勢則悍者可回決者可塞帝然之命開修二股河上流並修塞第五埽決口五年二月興役四月二股河成深十一尺廣四百尺方浚河則稍障其決水至是水入於河而決口亦塞宋史河渠志

宋神宗熙寧五年河溢北京夏津夏津今山東臨清州夏津縣治宋史河渠志

宋神宗熙寧六年四月始置疏濬六河司宋史河渠志

有選人李公義者獻鐵龍爪揚泥車法以濬河其法用鐵數觔爲爪形以繩繫舟尾而沈之水篙工急櫂乘流相繼而下一再過水已深數尺宦官黃懷信以爲可用而患其太輕王安石請

令懷信公義同議增損乃別制濬川杷其法以巨木長八尺齒長二尺列於木下如杷狀以石壓之兩旁繫大繩兩端矴大船相距八十步各用滑車絞之去來撓蕩泥沙已又移船而濬或謂水深則杷不能及底雖數往來無益水淺則齒礙沙泥曳之不動卒乃反齒向上而曳之人皆知不可用惟安石善其法使懷信先試之以濬二股又謀鑿直河數里以觀其效宋史河渠志時范子淵奏用杷之功水悉歸故道退出民田萬頃詔大名核實文彥博言河非杷可濬愚人皆知臣不敢雷同罔上文彥博傳是時北流已閉數年水或橫決散漫常虞壅遏十月外監丞王令圖獻議於北京第四第五埽等處開修直河使大河還二股故道乃命范子淵及朱仲立領其事開直河深八尺又用杷疏濬二股及清水鎮河宋史河渠志大抵熙甯初專欲導東流閉北流元豐以後因河決而北議者始欲復禹故迹神宗愛惜民力思順水性而水官難其人王安石力主程昉范子淵故二人尤以河事自任帝雖藉其才然每抑之其後元祐元年子淵已改司農少卿御史呂陶劾其修隄開河糜費巨萬護隄壓埽之人溺死無數元豐六年興役至七年功用不成乞行廢放於是黜知兗州尋降知峽州其制略曰汝以有限之材興必不可成之役驅無辜之民置之必死之地中書舍人蘇軾詞也同上

宋神宗熙甯八年開王供埽引大河注御河御河即衛河隋大業四年發河北諸軍百萬開永濟渠引沁東北達涿郡以通御舟因謂之御河**通江淮漕運置斗門啟閉**宋史河渠志

程昉與劉璯言御河源出衛之百門泉至乾甯軍入界河達於海至是以衛州沙河湮沒宜自王供埽開濬引大河水注之御河以通江淮漕運仍置斗門以時啟閉其利有五王供危急免

治水述要卷二　圭

河勢變移而別開口地一也漕舟出汴橫絕沙河免大河風濤之患二也沙河引水入於御河大河漲溢沙河自有限制三也御河漲溢有斗門啟閉無衝注淤塞之弊四也德博舟運免數百里大河之險五也一舉而五利附焉請發卒萬人一月可成從之九年秋昉奏其功中書欲論賞帝令河北監司按視報明大名安撫使文彥博覆實十月彥博言去秋開舊沙河取黃河行運欲通江淮舟檝徹於河北極邊自今春開口放水後來漲落不定所行舟栰皆輕載有害無利枉費工料極多今御河上源止是百門泉水卽蘇門山衞水源其勢壯猛至衞州以下可勝三四百斛之舟四時行運未嘗阻礙隄防不至高厚亦無水患今乃取黃河水以益之大卽不能吞納必致決溢小卽緩漫淺澀必致淤澱凡上下千餘里必難歲歲開濬況此河穿北京城中利

害易覩今始初冬已見阻滯恐年歲閒反壞久來行運儻謂通江淮之漕卽尤不然自江浙淮汴入黃河順流而下又合於御河大約歲不過一百萬斛若自汴順流逕入黃河達入北京自北京和雇車乘陸行入倉約用錢五六千緡卻於御河裝載赴邊城其省工役物料及河清衣糧之費不可勝計又去冬外監丞欲於北京黃河新隄開置水口以通行運其策尤疏此乃熙甯四年秋黃河下注御河之處當時朝廷選差近臣督役修塞所費不貲大名恩冀之人至今瘡痍未平今奈何反欲開口導水耶都水監雖令所屬相視而官吏恐忤建謀之官止作遷延回報謂俟修固御河隄防方議開置河口況御河隄道僅如蔡河之類若吞納河水須如汴岸增修猶恐不能制蓄乞別委清彊官相視利害並議可否又言今之水官尤爲不職容易建之

僥倖恩賞朝廷便爲主張中外莫敢異議事若不效都無譴罰臣謂更當選擇其人不宜令狂妄輩橫費生民膏血宋史河渠志覆案程昉五利皆似是而非之談有害無利宜潞公駮之甚力後差知制誥熊本與都水監河北轉運司相視本奏略如潞公議並言河身在牐口之上無隄防之阻泛濫衝溢下合御河恐墊溺之禍不特在衞州濒御河郡縣皆罹其患未幾河果決衞州可謂有先見矣後世引黃濟運雖較程昉策稍善然無不受淤決之害潞公言鑒之百世可也

宋神宗熙甯十年河大決於澶州曹村今開封西南**澶淵北流斷絕河道南徙東匯梁山張澤濼分爲二派一合南清河入淮**淮水明史出河南平氏胎簪山經桐柏其流始大東至固始入潁川合汝潁諸水經壽州北肥水入焉至懷遠城東渦水入焉東經鳳陽臨淮濠水入焉又經五河縣南而納澮沱漴潼諸水勢盛流疾經泗州城南稍東則汴水入焉過龜山麓益折而北會洪澤阜陵泥墩萬家諸湖東北至清河南會於大河即古泗口亦曰清口**一合北清河入海**北清河即濟水出陽城縣王屋山初名沇水東西二源至濟源合流始名爲濟東南流至溫縣南鞏縣北入於河王莽時下流已涸今大小清河及濟兗間諸泉實皆濟瀆脈絡大清河即北清河小清河即其南經章邱新城高苑東安入海之水也**凡灌郡縣四十五而濮齊鄆徐尤甚壞田逾三十萬頃遣使修閉八月又決鄭州滎澤**宋史河渠志

元豐元年四月決口塞詔改曹村埽曰靈平五月新隄成閉口斷流河復歸北宋史河渠志南清入淮即今沂泗南流由徐邳入淮之道泗水出山東泗水縣陪尾山四泉並發故曰泗循西南流過卞莊城合爲一西流至兗州府城東轉南與曲阜沂水合宋元以來未之有改也北道自張秋決塞而河不復來而入淮一水遂受河之委倏南倏北去海數百里閒而竭國家之力不能制而一之也穀山筆麈

宋神宗元豐二年引洛入汴洛水出陝西商州之冢嶺山東流至熊耳又東北至新安與澗水會又東至偃師與瀍水會又東至洛陽會於伊又東北至鞏縣同入於河澗水出澠池瀍水出谷亭北替亭伊水出盧氏悶頓嶺瀍水亦名

穀水今由洛陽入洛（宋史河渠志）

元豐元年五月西頭供奉官張從惠復言汴口歲開閉修隄防通漕纔二百餘日往時數有建議引洛水入汴患黃河嚙廣武山須鑿山嶺十數丈以通汴渠功大不可爲去年七月黃河暴漲水落而稍北距廣武山麓七里退灘高闊可鑿爲渠引洛入汴范子淵知都水監丞畫十利以獻又言汜水出王仙山索水出嵩渚山合洛水積其廣深得二千一百三十六尺視今汴流尙贏九百七十四尺以河洛湍緩不同得其贏餘可以相補猶慮不足則旁隄爲塘滲取河水每百里置木牌一以限水勢兩旁溝湖陂濼皆可引以爲助禁伊洛上源私引水者大約汴舟重載入水不過四尺今深五尺可濟漕運起鞏縣神尾山至士家隄築大隄四十七里以捍大河起沙谷至河陰縣十里店穿渠五十二里引洛水屬於汴渠疏奏上重其事遣使行視二年正月使還以爲工費浩大不可爲上復遣入內供奉宋用臣還奏可爲自任村沙谷口至汴口開河五十里引洛水入汴每二十里置束水一以芻楗爲之以節湍急之勢取水深一丈以通漕運引古索河爲源注房家黃家孟家三陂及三十六陂高仰處瀦水爲塘以備洛水不足則決以入河又自汜水關北開河五百五十步屬於黃河上下置牐啟閉以通黃汴二河船筏卽洛河舊口置水澾通黃河以泄伊洛暴漲古索河等暴漲卽以魏樓滎澤孔固三斗門泄之計工九十萬七千有餘仍乞修護黃河南隄埽以防侵奪新河從之三月庚寅以用臣都大提舉導洛通汴四月甲子興工遣禮官告祭河道侵民冢墓給錢徙之無主者官爲瘞藏六月戊申清汴成凡用工四十五日自任

村沙口至河陰縣瓦亭子並汜水關北通黃河接運河長五十一里兩岸爲隄總長一百三里引洛水入汴七月甲子閉汴口徙官吏河清卒於新洛口戊辰遣禮官致祭（宋史河渠志）元祐四年冬御史中丞梁燾言嘗求世務之急得導洛通汴之實始聞其說則可喜及考其事則可懼廣武山之北即大河故道夏秋漲溢每抵山下洛水至此流入於河後欲導以趨汴乃乘河未漲就嫩灘之上峻起東西隄闢大河於隄北攘其地以引洛水中間缺爲斗門名通舟楫其實盜河以助洛之淺涸也洛水本清而今汴常黃流是洛不足以行汴而所以能行者附大河之餘波也增廣武三埽之備竭京西所有而不足以爲支費其失無慮數百萬計從來上下習爲欺罔朝廷惑於安流之說稅屋之利恬不爲慮而不知新沙疏弱力不能制悍河水勢一薄則爛

漫潰散將使怒流循洛而下直冒京師是甘以數百萬日增之費養異時萬一之患亦已誤矣夫歲傾重費以坐待其患何若折其奔衝以終除其害哉爲今之計宜復爲汴口仍引大河一支啟閉以時還祖宗百年以來潤國養民之賜誠爲得策汴口復成則免廣武傾注以長爲京師之安省數百萬之費以紓京西生靈之困牽大河水勢以解河北決溢之災便東南漕運以蠲重載留滯之弊時節啟閉以除蹙凌打凌之苦通江淮八路商賈大船以供京師之饒爲甚大之利者六此不可忽也惟拆去兩岸舍屋盡廢僦錢爲害者一而甚小所謂損小費而成大利也臣之所言特其大略爾至於考究本末措置纖悉在朝廷擇通習之臣付之無牽浮議責其成功（同上）元祐五年十月乃詔導河水入汴（同上）

宋神宗元豐三年七月澶州孫村陳埽及大吳小吳埽決（宋史河渠志）

宋神宗元豐四年四月澶州臨河縣小吳（臨河今直隸大名府開州西六十里）**河溢北流漂溺居民**（宋史五行志）

初河決澶州也北外監丞陳祐甫謂商胡決三十餘年所行河道塡淤漸高隄防歲增未免泛溢今當修者有三商胡一也橫隴二也禹舊迹三也然商胡橫隴故道地勢高平土性疏惡皆不可復復亦不能持久惟禹故瀆尚存在大伾太行之間地卑而勢固故祕閣校理李垂與今知深州孫民先皆有修復之議望召民先同河北漕臣一員自衞州王供埽按視訖於海口從之四年四月小吳埽復大決自澶注入御河恩州危甚六月戊午詔東流已塡淤不可復將來更不修閉小吳決口候見大河歸納修立隄防令李立之經畫以聞（宋史河渠志）帝謂輔臣曰河之

為患久矣後世以事治水故常有礙夫水之趨下乃其性也以道治水則無違其性可也如能順水所向遷徙城邑以避之復有何患雖神禹復生不過如此輔臣皆曰誠如聖訓立之言臣自決口相視至乾甯軍分入東西兩塘次入界河於劈地口入海通流無阻宜修立東西隄又言北京南樂館陶宗城魏縣淺口永濟延安鎮瀛州景城鎮在大河兩隄之間乞相度遷於隄外於是用其說分立東西兩隄五十九埽定三等向著河勢正著隄身為第一河勢順流隄下為第二河離隄一里內為第三退背亦三等隄去河最遠為第一次遠者為第二次近一里以上為第三立之在熙甯初已主立隄今竟行其言（同上）

宋神宗元豐五年六月河溢北京內黃埽（今河南彰德府內黃縣治）**七月決大吳埽隄以紓靈平危急八月河決鄭州原武埽溢入利津陽武溝**

刁馬河歸納梁山濼九月河溢滄州南皮上下等埽又溢清池埽又溢永濟軍阜城下埽宋史河渠志

宋神宗元豐七年七月河北東西路水北京館陶水河溢入府城壞官私廬舍八月趙邢洺磁相諸州河水泛溢趙州今直隸趙州治邢州今直隸順德府邢臺縣治洺州今直隸廣平府磁州治磁州今直隸廣平府磁州治相州今河南彰德府相去聲懷州黃沁河泛溢宋史五行志

是年河溢元城埽決橫隄破北京帥臣王拱臣言河水暴至數十萬衆號叫求救而錢穀稾轉運常平歸提舉軍器工匠隸提刑埽岸物料兵卒卽屬都水監逐司在遠無一得專倉猝何以濟民望許不拘常制詔事干機速奏覆牒稾所屬不及者如所請宋史河渠志

宋神宗元豐八年是年哲宗卽位宣仁聖烈皇后垂簾十月決大名小張口河北諸郡皆被水災宋史河渠志

知澶州王令圖建議濬迎陽埽舊河又於孫村金隄置約復故道本路轉運使范子奇仍請於大吳北岸修進鋸牙擗約河勢於是回河東流之議起

元祐元年二月乙丑詔未得雨澤權罷修河放諸路兵夫九月丁丑詔祕書監張問相度河北水事十月庚寅又以王令圖領都水同問行河十一月丙子問言臣至滑州決口相視迎陽埽至大小吳水勢低下舊河淤仰故道難復請於南樂大名埽開直河並簽河分引水勢入孫村口以解北京向下水患令圖亦以爲然於是減水河之議復起宋史河渠志

時知樞密院事安燾深以東流爲是兩疏言朝廷入議回河獨憚勞費不顧大患蓋自小吳未決以前河入海之地雖屢變易

而盡在中國故京師恃以北限彊敵景德澶淵之事可驗也且河決每西則河尾每北河流既益西決因已北抵境上若復不止則南岸遂屬遼界彼必為橋梁守以州郡如慶歷中因取河南熟戶之地遂築軍以窺河外已然之效如此蓋自河而南地勢平衍直抵京師長慮卻顧可為寒心同上

王巖叟言今有大害七不可不早為計北塞之所恃以為險者在塘泊黃河湮之猝不可濬浸失北塞險固之利一也橫遏西山之水不得順流而下蹙溢於千里使百萬生靈居無廬耕無田流散而不復二也乾甯孤壘危絕不足道而大名深冀腹心郡縣皆有終不自保之勢三也滄州扼北敵海道自河不東流滄州在河之南直抵京師無有限隔四也并吞御河邊城失轉輸之便五也河北轉運司歲耗財用陷租賦以百萬計六也六

七月之間河流交漲占沒西路阻絕遼使進退不能兩朝以為憂七也非此七害委之可緩而不治可也且去歲之患已甚前歲今歲又甚焉則奈何望深詔執政大臣早決河議而責成之太師文彥博呂大防皆主其說同上

元祐三年六月戊戌詔黃河未復故道終為河北之患王孝先等所議已嘗興役不可中罷宜接續工料向去決要回復故道三省樞密院速與商議施行右相范純仁言聖人有三寶曰慈曰儉曰不敢為天下先蓋天下大勢惟人君所向羣下競趨如川流山摧小失其道非一言一力可回故居上者不可不謹也今聖意已有所向而為天下先矣乞諭執政前日降出文字卻且進入免希合之臣妄測聖意輕舉大役尚書王存等亦言使大河決可東回。而北流遂斷。何惜勞民費財以成經久之利今

孝先等自未有必然之論但僥倖萬一以冀成功又預求免責
若遂聽之將有噬臍之悔乞望選公正近臣及忠實內侍復行
按視審度可否興工未晚庚子三省樞密院奏事延和殿文彥
博呂大防安燾等謂河不東則失中國之險爲契丹之利范純
仁王存胡宗愈則以虛費勞民爲憂存謂今公私財力困匱惟
朝廷未甚知者賴先帝時封樁錢物可用耳外路往往空乏奈
何起數千萬物料兵夫圖不可必成之功且御契丹得其道則
自景德至今八九十年通好如一家設險何與焉不然如石晉
末耶律德光犯闕豈無黃河爲阻況今河流未必便衝過北界
耶太后曰且熟議明日純仁又畫四不可之說且曰北流數年
未爲大患而議者恐失中國之利先事回改正如頃西夏不爲
邊患而好事者以爲不取恐失機會遂興靈武之師也臣嘗聞

孔子論爲政曰先有司今水官未嘗報明而先示決欲回之旨
他日敗事是使之得以藉口也存宗愈亦奏昨親聞德音更令
熟議然累日猶有未同或令建議者結罪任責臣等本謂建議
之人思慮有所未逮故乞差官覆按若但使結罪彼所見不過
如此後或誤事加罪何益臣非不知河決北流爲患非一淤沿
邊塘泊斷御河漕運失中國之險過西山之流若能令回大河
使由孫村故道豈非上下通願但恐不能成功爲患甚於今日
故欲選近臣按視若孝先之說決可成則積聚物料接續興役
如不可爲則令沿海踏行自恩魏以北塘泊以南別求可以疏
導歸海去處不必專主孫村此亦三省共曾商量望賜詳酌存
又奏自古惟有導河並塞河導河者順水勢自高導令就下塞
河者爲河隄決溢修塞令入河身不間幹引大河令就高行流

也於是收回戊戌詔書戶部侍郎蘇轍中書舍人曾肇各上三疏轍大略言黃河西流議復故道事之經歲役兵二萬聚梢椿等物三十餘萬方河朔災傷困弊而興必不可成之功吏民竊歎今回河大議雖寢然聞議者固執來歲開河分水之策今小吳決口入地已深而孫村所開丈尺有限不獨不能回河亦必不能分水況黃河之性急則通流緩則淤澱既無東西皆急之勢安有兩河並行之理縱使兩河並行未免各立隄防其費又倍矣今建議者其說有三臣請析之一曰御河湮滅失饋運之利昔大河在東御河自懷魏經北京漸歷邊郡饋運既便商賈通行自河西流御河湮滅失此大利天實使然今河自小吳北行占壓御河故地雖使自北京以南北京今大名府折而東行則御河湮滅已一二百里此御河之說不足聽也二曰恩冀以北漲水

為害公私損耗臣聞河之所行利害相半水來雖有敗田破稅之害其去亦有填淤稻麥之利況故道已退之地桑麻千里賦役全復此漲水之說不足聽也三曰河徙無常萬一自契丹界入海邊防失備按河昔在東自河以西郡縣與契丹接境無山河之限邊臣建為塘水宋人就易滹沱等水設立塘濼以阻契丹入寇今直隸東西淀是其遺迹以捍契丹之衝今河既西則西山一帶契丹可行之地無幾邊防之利不言可知然議者尚恐河復北徙則海口出契丹界中造舟為梁便於南牧臣聞契丹之水自北南注以入於海地形北高河無北徙之道而海口深浚勢無徙移此邊防之說不足聽也臣又聞謝卿材到闕昌言黃河自小吳決口乘高注北水勢奔決上流隄防無復決怒之患朝廷若以河事付臣不役一夫不費一金十年保無河患大臣以其異已罷歸而使王孝先俞

堇張景先三人重畫回河之計蓋由元老大臣重於改過故假契丹不測之憂以取必於朝廷雖已遣百祿等出按利害然未敢保其不觀望風旨也願亟回收買梢草指揮來歲勿調開河役兵使百祿等明知聖意無所偏係不至阿附以誤國計四年正月癸未百祿等使回入對復言修減水河役過兵夫六萬三千餘人計五百三十萬工費錢糧三十九萬二千九百餘貫石匹兩收買物料錢七十五萬三百餘緡用過物料二百九十餘萬條束官員使臣軍大將凡一百一十餘員請給不與焉願罷有害無利之役那移工料繕築西隄以護南決口未報已亥乃詔罷回河及修減水河四月戊午尚書省言大河東流爲中國之要險自大吴決後由界河入海不惟淤壞塘濼兼濁水入界河向去淺澀則河必北流若河尾直注北界入海則中國全失

險阻之限不可不爲深慮詔范百祿趙君錫條畫以聞百祿等言臣等昨按行黃河獨流口至界河又東至海口熟觀河流形勢並緣界河至海口鋪砦地分使臣各稱界河未經黃河行流以前闊一百五十步下至五十步深一丈五尺下至一丈自黃河行流之後今闊至五百四十步次亦三二百步深者三丈五尺次亦二丈乃知水性就下行疾則自刮除成空而稍深與前漢書大司馬史張戎之論正合自元豐四年河出大吴一向就下衝入界河行流勢如傾瀉經今八年不舍晝夜衝刷界河兩岸日漸開闊連底成空趨海之勢甚迅雖遇元豐七年八年迄元祐泛漲非常而大吴以上數百里終無決溢之害此乃下流歸納處深快之驗也塘濼有限遼之名無禦遼之實今之塘水尤異昔時淺足以褰裳而涉深足以維舟而濟冬寒冰堅尤爲

坦迻如滄州等處商胡之決即已澱淤今四十二年迄無邊警亦無人言以為深憂自回河之議起首以此動煩聖聽殊不思大吳初決水未有歸猶不北去今入海湍迅界河益深尚復何慮藉令有此則中國據上游契丹豈不慮乘流擾之乎自古朝那蕭關雲中朔方定襄鴈門上郡太原右北平之間南北往來之衝豈塘濼界河之足限哉臣等竊謂本朝以來未有大河安流台於禹迹如此之利便者其界河向去只有深闊加以朝夕海潮往來渲蕩必無淺澱河尾安得直注北界中國亦無全失險阻之理且河遇平壤灘慢行流稍遲則泥沙留淤若趨深走下湍激奔騰性有刮除無由淤積不至上煩聖慮同上

翰林學士蘇轍言夏秋之交暑雨頻併河流暴漲出岸由孫村東行蓋每歲常事而李偉與河埽使臣因此張皇以分水為名欲發回河之議都水監從而和之河事一興求無不可況大臣以其符合已說而樂聞乎臣聞河道西行孫村側左大約入地二丈以來今所報漲水出岸由新開口地東入孫村不過六七尺欲因六七尺漲水而奪入二丈河身雖三尺童子知其難矣然朝廷遂為之遣都水使者興兵功開河道進鋸牙欲約之使東方河水盛漲其西行河道若不斷流則過之東行實同兒戲同上

是時吳安持與李偉力主東流而謝卿材謂近歲河流稍行地中無可回之理上河議一編召赴政事堂會議大臣不以為然同上

蘇轍言修河司若不罷李偉若不去河水終不得順流河朔生靈終不得安乞速罷修河司及檢舉元祐六年四月庚子敕責李偉

七年吏部郎中趙偁權河北轉運使偁素與安持議不協嘗上河議其略曰自頃有司回河幾三年功費騷動半天下復為

分水又四年故所謂分水者因河流相地勢導而分之今乃橫截河流。置埽約以扼之。開濬河門。徒爲淵潭。其狀可見。故道千里。其間又有高處。故累歲漲落。輒復自斷。夫河流有逆順。地勢有高下。非朝廷可得而見。職在有司。朝廷任之亦信矣。患有司不自信耳。臣謂當繕大河北流兩隄。復興宗城棄隄。閉宗城口。廢上下約。開闞村河門。使河流湍直以成深道。聚三河工費以治一河。一二年可以就緒。而河患庶幾息矣。願以河事并都水條例一付轉運司而總以工部罷外丞司使措置歸一則職事可舉弊事可去四月詔南北外兩丞司管下河埽今後令河北京西轉運使副判官府界提點分認界至內河北仍於銜內帶兼管南北外都水公事十月辛酉以大河東流賜都水使者吳安持三品服北都水監丞李偉再任（宋史河渠志）

漳河故禹河也清河行漳水之南大河故瀆之北去禹河最近治河者欲復禹舊迹莫如導黃河入白溝以人力爲之其可也而況商胡自決北流通快海口廣深此誠千載一遇因禍而爲福轉敗而爲功在此時矣爲當日計但能於魏恩冀滄之境寬立隄防約攔水勢疏其壅積遏其衝要則此河雖不逮禹功猶得比王景之所治千年可以無患而朝議紛紜必欲回河使東六塔既敗二股更興至元豐四年河又北流而神宗之意怠矣王安石委任程昉范子淵濬川之杷幾於以河爲戲陳祐甫授李垂之策請復西河故瀆帝愛惜民力亦莫之許也哲宗卽位復議回河大略謂河尾北向恐入契丹之地則其界逾河而南彼必爲橋梁守以州郡中國全失險阻而蘇轍駁之以爲契丹之河南注於海地形北高河無北徙之道而海口深浚勢無徙移范百祿亦云界

河向去深闊加以朝夕海潮往來渲蕩必無淺澱河尾安得直注北界是亦足以解其惑已而紹聖諸臣力主東流閉斷北流蓋借河事以伸其紹述之說意不在河更無足論元符二年河復決而北地勢可知而建中靖國初猶有獻東流之議者蜩螗沸羹一唱百和自慶歷以來五十餘年凡發言盈庭之日皆坐失機會之日也卒委其地於金源氏而河益南徙濬滑汲胙之間化爲平陸豈不惜哉（禹貢錐指）河性北流而矯之東以致中國疲敝文呂二公不無罪焉（南河全考）

宋哲宗元祐八年水官卒請進梁村上下約東狹河門既涉漲水遂壅而潰河南犯德清（今直隸大名府清豐縣治）**西決內黃東淤梁村北出闞村宗城決口復行**（宗城今直隸廣平府威縣三十里）**魏店北流因淤遂斷河水四出壞東郡浮梁**（宋史河渠志）

元祐八年二月乙卯三省奉旨北流軟堰並依都水監所奏門下侍郎蘇轍奏臣嘗以謂軟堰不可施於北流利害甚明蓋東流本人力所開闊止百餘步冬月河流斷絕故軟堰可爲今北流是大河正溜比之東流何止數倍見今河水行流不絕軟堰何由能立蓋水官之意欲以軟堰爲名實作硬堰陰爲回河之意耳朝廷既已覺其意則軟堰之請不宜復從趙偁亦上議曰臣竊謂河事大利害有三而言者互進其說或見近忘遠徼倖盜功或取此舍彼譸張昧理遂使大利不明大害不去上惑朝聽下滋民患橫役枉費殆無窮已臣切痛之所謂大利害者北流全河患水不能分也東流分水患水不能行也宗城河決患水不能閉也是三者去其患即爲利未能去即爲害今不謀此而議欲專閉北流止知一日可閉之利而不知異日既塞之患

止知北流伏槽之水易爲力。而不知闞村方漲之勢。未可併以入東流也夫欲合河以爲利而不恤上下壅潰之害是皆見近忘遠徼倖盜功之事也有司欲斷北流而不執其咎乃引分水爲說姑爲輭堰知河衝之不可以輭堰禦則又爲決堰之計臣恐枉用功費而以河爲戲也請俟漲水伏槽觀大河河勢以治東流北流五月水官卒請進梁村上下約束狹河門旣涉漲水遂壅而潰南犯德清西決內黃東淤梁村北出闞村宗城決口復行魏店北流因淤遂斷（宋史河渠志）

宋哲宗元符二年六月河決內黃口東流遂斷絕（宋史河渠志）**六月久雨陝西京西河北大水河溢漂人民壞廬舍**（宋史五行志）

八月甲戌詔大河水勢十分北流其以河事付轉運司責州縣共力救護隄岸辛丑左司諫王祖道請正吳安持鄭祐李仲李偉之罪投之遠方以明先帝北流之志詔可（宋史河渠志）

宋哲宗元符三年四月（是年徽宗卽位）**河決蘇邨**（宋史河渠志）

建中靖國元年春尚書省言自去夏蘇村漲水後來全河漫流今已淤高三四尺宜立西隄詔都水使者魯君貺同北外丞司經度之於是左正言任伯雨曰河爲中國患二千歲矣自古竭天下之力以事河者莫如本朝而徇衆人偏見欲屈大河之勢以從人者莫甚於近世臣不敢遠引祇如元祐末年小吳決溢議者乃譎謀異計欲立奇功以邀厚賞不顧地勢不念民力不借國用力建東流之議當洪流中立馬頭設鋸齒梢芻材木耗費百倍力遏水勢使之東注陵虛駕空非特行地上而已增隄益防惴惴恐決澄沙淤泥久益高仰一旦潰決又復北流此非隄防之不固亦理勢之必至也昔禹之治水不獨行其所無事

亦未嘗不因其變以導之蓋河流混濁泥沙相半流行既久迤邐淤澱久而必決者勢不能變也或北而東或東而北亦安可以人力制哉爲今之策正宜因其所向寬立隄防約攔水勢使不至大段漫流若恐淤澱塘泊亦只宜因塘澱之岸增設隄防乃爲長策風聞近日又有議者獻東流之計不獨比年災傷居民流散公私困竭百無一有時勢窘急固不可爲抑亦自高注下湍流奔猛潰決未久勢不可改設若興工公私徒耗實爲自困之道宋史河渠志

宋徽宗大觀元年八月乾甯軍河清詔以乾甯軍爲清州胡渭言今靜海縣本宋清州地縣境有界河亦曰潮河即易滹沱巨馬三水會於衛河入海者自塘濼既興文安大城之水多入白河其行界河者惟漳衛耳○宋史五行志

覆案宋徽宗時國事已非而時乾甯軍言河清踰八百里凡七晝夜詡爲盛事百官表賀自是連年河清亦復連遭決溢足見河清非瑞也

金衛紹王大安元年徐沛界河清五百里幾二年時以河清詔示中外臨洮人楊珪上書曰河性本濁而今反清是水失其性也正猶天動地靜使當動者靜當靜者動其爲災異明矣且傳曰黃河清聖人生假使聖人生恐不在今日又曰黃河清諸侯爲天子正當戒懼以消災變而復誇示四方臣所未喻宰相以爲妖言議誅之慮絕言路即詔大興府鎖還本管金史五行志

雍正四年十二月至次年正月自陝西府谷縣歷山西河南山東至江南之桃源縣河水澄清上下三千一百餘里皇朝通典時諸王大臣奏稱爲從來未有之瑞懇請　陞殿受賀　上不允所請專遣祭告　景陵並遣大臣致祭　河神內外大小官員

各加一級羣臣恭請　宣付史館　御製碑文勒石得　旨允
行（皇朝通典）
馥案國事日非朝廷喜諛忌直宋金末年如出一轍茲編凡歷
代河清河赤河甘等事皆以無關修防概屏不錄茲僅錄宋徽
宗一事附載金大安年事並恭載　國朝雍正四年河清數省
不受朝賀之事足見　盛朝聖德永邁千古云

宋徽宗大觀三年六月冀州河水溢（宋史徽宗本紀）

宋徽宗政和五年十月中書省言冀州棗強埽決知州辛昌宗武
臣不諳河事詔以王仲元代之（宋史河渠志）

宋徽宗政和七年瀛滄州河決滄州城不沒者三版民死者百餘
萬（宋史五行志）

宋徽宗宣和三年六月河溢冀州信都十一月河決清河埽是歲

水壞天成聖功橋（宋史河渠志）
政和四年都水使者孟昌齡獻議導河大伾可置永遠浮橋建（按浮橋於大伾山係孟昌齡諂附蔡京之意與此枉費大役）
謂河流自大伾之東而來直至大
伾山西而止數里方回南東轉而過復折北而東則又直至大
伾山之東亦止不過十里耳視地形水勢東西相直逕易會不
十餘里間且地勢低下可以成河倚山可為馬頭又有中潭正
如河陽若引使穿大伾大山及東北二小山分為兩股而過合
於下流因是三山為趾以繫浮梁省費數十百倍可寬河朔諸
路之役朝廷喜而從之五年置提舉修繫永橋所六月癸丑降
德音於河北京東京西路其略曰鑿山釃渠循九河既道之迹
為梁跨趾成萬世永賴之功役不踰時慮無愆素人絕往來之
阻地無南北之殊靈祇懷柔黎庶呼舞眷言朔野爰暨近畿眷

鍤繁興薪芻轉徙民亦勞止朕甚憫之宜推在宥之恩仍廣蠲除之惠應開河官吏令提舉所具功力等第聞奏又詔居山至大伾山浮橋屬濬州者賜名天成橋大伾山至汶子山浮橋屬滑州者賜名榮光橋俄改榮光曰聖功七月庚辰御製橋名磨崖以刻之方河之開也水流雖通然湍激猛暴遇山稍隘往往泛溢近砦民夫多被漂溺因亦及通利軍其後遂注成巨濼云（宋史河渠志）宣和三年水壞天成聖功橋官吏行罰有差四年四月壬子都水使者孟揚言奉詔修繫三山東橋凡役工十五萬七千八百今累經漲水無虞詔因橋壞失職降秩者俱復之揚自正議大夫轉正奉大夫七年欽宗即位靖康元年二月乙卯御史中丞許翰言保和殿大學士孟昌齡延康殿學士孟揚龍圖閣直學士孟揆父子相繼領職二十年過惡山積妄設隄防之功多張梢椿之數窮竭民力聚斂金帛交結權要內侍王仍爲之奧主超付名位不知紀極大河浮橋歲一造舟京西之民猶憚其役而昌齡首建三山之策回大河之勢頓取百年浮橋之費僅爲數歲行路之觀漂沒生靈無慮萬計近輔郡縣蕭然破殘河廳官吏計金斂積富商大賈爭注名牒身不在公遙分府賞每興一役乾沒無數省部御史莫能鉤考陛下方將澄清朝著建立事功不先誅竄昌齡父子無以詔示天下望籍其姦贓以正典刑詔並落職昌齡在外宮觀揚依舊權領都水監職事揆候措置橋船畢取旨翰復請鉤考簿書發其姦贓乃詔昌齡與中大夫揚揆與中奉大夫（同上）

金迨克宋兩河悉畀劉豫豫亡河遂盡入金境數十年間或決或塞遷徙無定金人設官置屬以主其事沿河上下凡二十五埽六

在河南十九在河北金史河渠志

金始都燕瀕河諸路置倉通漕至通州達於京師河渠紀聞

金都於燕東去潞水五十里故爲牐以節高良河白蓮潭諸水以通山東河北之粟凡諸路瀕河之城則置倉以貯旁郡之稅若恩州之臨清歷亭景州之將陵東光清州之興濟會川獻州及深州之武强是六州諸縣各置倉之地也其通漕之水舊黃河行滑州大名恩州景州滄州會川之境漳水東北爲御河則通蘇門獲嘉新鄉衛州濬州黎陽衛縣彰德磁州洺州之饋衡水則經深州會於滹沱以來獻州清州之餉皆合於信安海壖泝流而至通州由通州入牐十餘日而後至於京師其他若霸州之巨馬河雄州之沙河山東之北清河皆其灌輸之路也然自通州而上地峻而水不留其勢易淺舟膠不行故常從事陸

輓人頗艱之金史河渠志

金世宗大定八年六月河決李固渡水潰曹州城分流於單州之境金史河渠志

金世宗大定十一年河決王村今濮州地**南京孟衛州界**南京今開封府**多被其害**金史河渠志

時詔自河陰廣武山循河而東至原武陽武東明等縣孟衛等州增築隄岸金史河渠志 逾年修孟津滎澤崇福埽隄並雄武以下八埽以備水患此沿河補救而不及捍災禦患之大計也自漢以來河南遷始此濮已爲漏卮治不以時滔滔日下河南孟衛以下沿河州縣告警固不待言也孟津在漢時出大河之北南岸山根逼溜趨北岸刷塌成河孟津乃出大河之南唐時屢遭水患自後兩岸漸闊地高不至遠潰修防之功亦稍疏緩至是

下流壅塞黄河由河陰廣武山循河而東灌孟津及滎澤地居南北兩岸上游若棄而不修使漫水先潰於上爲患甚大故亟修埽以備之宋志言河潰於宋貽禍金源氏固有然也河渠紀聞

是年開盧溝金口以通漕運役衆數年竟無成功金史河渠志

大定十年議決盧溝以通漕運上忻然曰如此則諸路之物可逕達京師利孰大焉十一年自金口疏導至京城入濠而東至通州之北入潞水渠成以地勢高峻水性渾濁峻卽奔流漩洄齧岸善奔濁則泥淖淤塞積淤成淺不能勝舟金史河渠志

馥案金口在盧溝橋上游石景山之內其迹猶存今名永定河是也水本東南行而挽使東北不順一也水性猛急易淤善潰二也漲落不時三也自古此河無行舟者金已覆轍於前乃不二百年元人復蹈行之因摘錄元史河渠志一則附後使後之言水利者知所勸戒云

元至正二年中書參議博羅特穆爾都水傅佐言起自通州高麗莊直至西山石峽鐵板開水古金口一百二十餘里創開新河一道深五丈寬二十丈放西山金口水東流至高麗莊合御河接引海運至大都城內輸納時托克托爲右丞相奏而行之廷臣多言其不可左丞許有壬言尤力略曰大德二年渾河水發爲民害都水監將金口下閉閘板五年水大郭太史恐衝没村城又盡堵閉至順元年都水監郭道壽言引水過京城入通州其利無窮合屬官員耆老相視議擬水由二城中間窒礙。又盧溝河自橋至合流處自來未嘗有漁舟上下此乃不可行船之明驗也。且通州去京城四十里。盧溝止二十里。當時何不於盧溝立馬頭。百事近便卻於四十里外爲之又西山水勢高峻。

夏秋霖潦漲溢宗廟社稷所在豈容僥倖若一時成功亦不能保其永無衝決之患且亡金時此河未必通行今所有遺迹安知非作而復輟之地乎又地形高下不同若不作閘必致走水淺澀若作閘則沙泥淤塞每年挑洗亦無窮盡之時郭太史作通惠河時何以不用此水而遠取白浮之水蓋白浮甕清而此水渾濁不可用也若以爲成大功者不謀於衆則是商鞅王安石之法當今不宜有此議既上丞相終不從遂以正月興工四月畢工啟閘放水湍急泥沙壅塞船不可行而開挑之際毀民廬舍墳塋夫丁死傷甚衆費用不貲卒以無功繼而御史糾劾建言者博羅特穆爾傅佐俱伏誅（元史河渠志）

金世宗大定十七年秋七月大雨河決白溝（金史河渠志）

是時大河決入白溝非白溝自決也白溝無源潦卽通流踰月不雨卽竭初邢用之請開白溝自祥符抵彭城呂梁口通漕不果嗣侯叔獻請修白溝自睢河至於淮通漕儲三十六陂及京索二水爲源入白溝王安石議當別爲漕河引黃河一支乃爲經久時人皆以白溝不可爲以引黃也安石獨以黃可引而爲之至是河決入白溝淹睢南北安石方以白溝役成無窮之利兹不見利而受害甚乃欲開白河而廢汴渠何見之謬也（河渠紀聞）

金世宗大定二十年河決衞州及延津京東埽（延津今河南衞輝府延津縣治）**瀰漫至歸德府**（今河南歸德府治　金史河渠志）

時詔自衞州埽下接歸德府南北兩岸增築隄岸以捍湍怒次年尚書省奏河決衞州壞命徙胙城縣（金史河渠志）

金世宗大定二十六年河決衞州隄壞其城（金史河渠志）

時詔劉瑋兼工部尚書往塞之或曰天災流行非人力所能禦

惟當徙民以避其衝。瑋曰不然天生五材遞相休王今河決者土不勝水也俟秋冬之交水勢稍殺以漸興築庶幾可塞金史劉瑋本傳時衞至清滄皆被害明年春隄成河乃復故初議遷衞州治於蘇門至是停遷河渠紀聞上命戶部侍郎王寂都水少監王汝嘉馳傳措畫備禦而寂視被災之民不爲拯救乃專集衆以網魚取官物爲事民甚怨嫉上聞而惡之旣而河勢泛濫及大名上於是遣戶部尚書劉瑋行工部事從宜規畫黜寂爲蔡州防禦使冬十月上詔宰臣曰朕聞亡宋河防一步置一人可添設河防軍數他日又曰比聞河水泛溢罹其害者貲產皆空今復遣官於被災路分推排何耶右丞張汝霖曰今推排者皆非被災之處上曰雖然必其鄰道也旣鄰水而居豈無驚擾遷避者乎計其貲產豈有餘哉尚何推排爲金史河渠志

金世宗大定二十七年御史臺言自來沿河京府州縣官坐視管內河防缺壞特不介意若令沿河京府州縣長貳皆於名銜管勾河防事如任內規措有方能禦大患或守禦不謹以致疏虞臨時聞奏以議賞罰上從之仍命每歲將泛之時令工部官一員沿河檢視於是以南京府及所屬延津封邱祥符開封陳留胙城杞縣長垣歸德府及所屬宋城甯陵虞城河南府及孟津河中府及河東懷州河內武陟同州朝邑衞州汲新鄉獲嘉徐州彭城蕭豐孟州河陽溫鄭州河陰滎澤原武氾水濬州衞陝州閿鄉湖城靈寶曹州濟陰滑州白馬睢州襄邑滕州沛單州單父解州平陸開州濮陽濟州嘉祥金鄉鄆城四府十六州之長貳皆提舉河防事四十四縣之令佐皆管勾河防事金史河渠志

金世宗大定二十九年五月河溢於曹州小隄之北金史河渠志

十二月工部言營築河隄用工六百八萬餘就用埽兵軍夫外有四百三十餘萬工當用民夫遂詔命去役所五百里州府差雇於不差夫之地均徵雇錢驗物力科之每工錢百五十文外日支官錢五十文米升半仍命彰化軍節度使內族裔都水少監大齡壽提控五百人往來彈壓金史河渠志

金章宗明昌三年盧溝石橋成命名曰廣利金史河渠志

馥案盧溝橋建於河水出山不遠之地水不改道是以經久馥於光緒二十年建減水石壩於橋之上游亦同此意

金章宗明昌四年六月河決衞州魏清滄皆被害金史五行志

金章宗明昌五年八月河決陽武故隄陽武今河南懷慶府陽武縣治**灌封邱而東**封邱今河南衞輝府封邱縣治金史河渠志

時尚書省奏都水監官見水勢趨南不預經畫詔各削階罷職

蓋河流至是又一大變矣金吉甫云河至紹熙甲寅南連大野并行泗水入淮於是有南北清河之分北清河即濟水故道南清泗入淮今淮安之西二十里對岸清河口是也按宋光宗紹熙五年甲寅即金章宗明昌五年是歲河徙自陽武而東歷延津封邱長垣蘭陽東明曹州濮州鄆城范縣諸州界中至壽張注梁山濼梁山即良山在東平州西南五十里接壽張縣界宋代河屢決匯水爲濼週三百里一說週八百里宋政和中盜宋江等據此宋熙甯金明昌兩次河決皆由此分南北流分爲二派北派由北清河入海今大清河自東平歷東阿平陰長清齊河歷城濟陽齊東武定青城濱州蒲臺至利津入海者是也南派由南清河入淮即泗水故道今會通河自東平歷汶上嘉祥濟甯合泗水至清河縣入淮者是也河匯梁山濼分二派入南北清河自宋熙甯十年始尋經塞治至是復行其道而汲胙之流始絕朱子語錄

云因看劉樞家中原圖黃河卻自西南貫梁山泊迤邐入淮來神宗時河北流故金人盛今卻南來故其勢亦衰謂此事也時朱子年六十五下逮元世祖至元間而河又徙自新鄉出陽武之南凡九十餘歲河一過大伾而東不決卽已決卽東南注於淮其勢甚易邱文莊以宋熙甯十年河決爲入淮之始非也先是天禧三年河決滑州歷澶濮曹鄆注梁山濼合清水古汴渠東入於淮矣又先是咸平三年河決鄆州浮鉅野入淮泗矣又先是太平興國八年河大決滑州泛澶濮曹濟東南流至彭城入於淮矣溯而上之則漢元光三年河決濮陽瓠子東南注鉅野通於淮泗矣但皆未幾卽塞其歷久而不變至今五百餘歲河淮幷爲一瀆則自金明昌始禹貢錐指時王汝嘉田櫟專司河務心知大河決象已成北流不能奪河將有幷力歸南之勢因而利導之

殆亦以宋爲壑利河之南而不欲其北也及今五百餘歲河淮並爲一瀆深原始末大難實發於宋而金承其敝也河渠紀聞

金宣宗貞祐元年遷於汴按蔡汴舊渠以通漕運河渠紀聞

三年以陳潁二州瀕水欲借民船以漕不便遂募船戶而籍之四年開沁水以便餽運陝西行省巴古拉言陝西歲運糧以助關東民力浸困若以舟自渭入河順流而下可紓民力嗣定國節度使李復亨言河南駐蹕糧不猒多比年少有匱乏卽仰給陝西歲豐助十萬石不難但以車運之費先去其半民何以堪宜造大船二十由大慶關度入河東抵湖城往還不過數日篙工不過百人使舟皆容三百五十斛則是百人以數日運七千斛矣自夏抵秋可漕三千餘萬斛且無稽滯之患上從之金史河渠志

元世祖禁引漳滏洹水灌田又引沁水濟漕河渠紀聞

元都於燕去江南極遠而百司庶府之繁衞士編民之衆無不仰給於江南自丞相巴延獻海運之言而江南之糧分為春夏二運蓋至於京師者一歲多至三百萬餘石民無輓輸之力國有儲蓄之富豈非一代之良法歟初巴延平江南時嘗命張瑄朱清等以宋庫藏圖籍自崇明州從海道載入京師而運糧則自浙西涉江入淮由黃河逆水至中灤旱站陸運至淇門入御河以達於京後又開濟州泗河自淮至新開河由大清河至利津河入海因海口沙壅又從東阿旱站運至臨清入御河又開膠萊河道通海勞費不貲卒無成效至元十九年巴延追憶海道載宋圖籍之事以為海運可行於是請於朝廷命上海總管羅璧朱清張瑄等造平底海船六十艘運糧四萬六千餘石從海道至京師然剙行海洋延山求嶼風信失時明年始至直沽時朝廷未知其利是年十二月立京畿江淮都漕運司二仍各置分司以督綱運每歲令江淮漕運司運糧至中灤京畿漕運司自中灤運至大都二十年又用王積翁議令阿巴齊等廣開新河然新河候潮以入船多損壞民亦苦之而孟古岱言海運之舟悉皆至焉於是罷新開河頗事海運立萬戶府二以朱清為中萬戶張瑄為千戶孟古岱為萬戶府達嚕噶齊未幾又分新河軍士水手及船於揚州中灤兩處運糧命三省造船二千艘於濟州河運糧猶未專事海運也二十四年始立行泉府司專掌海運增置萬戶府二總為四府是年遂罷東平河運糧二十五年內外分置漕運司二其在外者於河西務置司領接運海道糧事二十八年又用朱清張瑄之請幷四府為都漕運萬

戸府二止令清瑄二人掌之其屬有千戸百戸等官分爲各翼以督歲運至大四年遣官至江浙議海運事時江東寗國池饒建康等處運糧率令海船從揚子江逆流而上江水湍急又多石磯走沙漲淺糧船俱壞歲歲有之又湖廣江西之糧運至眞州泊入海船船大底小亦非江中所宜於是以嘉興松江秋糧並江淮江浙財賦府歲辦糧充運海漕之利蓋自是博矣（元史食貨志）

朱張海餉自三山大洋徑至燕京且言自古所未嘗行此道昉自今始然杜少陵出塞詩云漁陽豪俠地擊鼓吹笙竽雲帆轉遼海粳稻來東吳越羅與楚練照耀輿臺軀又昔遊詩云幽燕夙用武供給亦勞哉吳門持粟帛汎海陵蓬萊然則自昔燕地皆海運非始於今矣（周密浩然齋視聽鈔）按京師之在燕自元始漕運之自南而北亦自元始東南之粟由海至者道通惠河以達決雙塔白浮諸水濟通惠之運貢賦上供之自南來者絕江淮河而至開會通於臨清通南北之貨凡商賈懋遷民生日用所需泝流而上皆達通惠又導渾河疏灤水拯武清平灤之溺浚冶河治滹沱免眞定決嚙之患一代之事功固不可沒也（河渠紀聞）元世祖大興水利理漕渠禁引漳滏洹水灌田慮御河淺澀塞分渠以復水勢復引沁水通衛濟漕自武陟山原郗東北由紅荆口經衛輝六十里與衛通衛水薄弱塞漳滏洹分渠以益衛之下流上流引丹沁以助衛之不足凡以爲運計而沁與衛之形勢有未悉也衛河渠道窄狹不能容蓄暴至之水地形低於上源丹沁乘出山之勢從高倒傾而下出槽漫灘汪洋浩瀚衛輝城如水中之盂里井田廬沈於釜底暴流奔湧而東患有不可勝言者丹沁之不可引自古戒之矣（同上）

元世祖至元三年六月衛輝淫雨丹沁河泛漲入衛（沁水出沁源縣南流至陽城縣與獲澤水合又南與丹水合又東過武陟又東南至滎澤北入於河今丹水入御河不入黃河）與御河通流平地深二丈餘（河渠紀聞）

按是時引丹沁入衛助漕故也（河渠紀聞）

元世祖至元六年濬洸河（兗州嵫陽縣西三里有洸河今涸）自牐口至石刺以通運（河渠紀聞）

元時於汶水之陰（汶水有三源一出泰山縣仙臺嶺其二出萊蕪原山陽及寨子村合泰山諸泉至靜村鎮謂之大汶口轉西南至泰安府與小汶合至甯陽縣西北分爲二其一爲元人所改由堽城南流別爲洸其一由堽城西流會坎河諸泉入大清河北至利津入海汶陰水南爲陰水北爲陽山南爲陽山北爲陰）凡堽城之左作斗門遏汶南流入泗謂之洸水（河渠紀聞）

元世祖至元九年七月衛輝路新鄉縣廣盈倉南河北岸（衛輝今河南衛輝府治新鄉今河南衛輝府新鄉縣治廣盈倉在新鄉縣南河之北岸濟州即今濟甯州）決五十餘步八月又崩一百八十三步（元史河渠志）

元世祖至元十三年正月穿濟州漕渠（元史世祖本紀）

元世祖至元二十年八月濟州新開河成（元史世祖本紀）

朝廷初以江淮水運不通乃命前兵部尚書李奧魯赤等調丁夫給庸糧自濟州任城委曲開穿河渠導洸汶泗水由安民山至東阿二百餘里以通轉漕（山東全河備考）至元二十年朝議以轉漕弗便乃自任城開河分汶水西北流（任城即濟甯）至須城之安民山（山在張秋南今呼爲安山）以入清濟故瀆通江淮漕至東阿由東阿陸轉僅二百里抵臨清下漳御輸京師（山東全河備考）是時南北混一始行江淮漕運濬揚州運河漕東南之粟疏通州運糧河達於太倉自淮以上海運有風濤之險陸運轉淇門公私交瘁因議穿內河之渠以利轉運此即會通河之創始也初畢輔國引水濟運爲

堽城牐以導汶水入洸為金口黑風二牐二閘俱在兖州府東門外五里以遏泗水金口自北而南會洸出魯橋黑風自東而西由府河出任城會源閘即濟甯天井閘也至是自任城開渠分汶西北流至須城故瀆通漕須城今東平州地勢有高下水流有緩急自濟甯至沽頭地降百十有六尺為牐九以節蓄之南入於河曰分水曰天井曰在城曰趙村曰石佛曰新店曰師莊曰棗林曰南陽各置守卒春秋觀水漲落以時啟閉隨地節束利通江淮是時糧運至安山入清河仍由利津海道其由東阿抵臨清閘以陸運而水道以次疏通此未開會通以前建置之始奏功之先扼其要者河渠紀聞元人分水於濟甯猶未審地勢之宜濟甯北高南下故水南行易北行難南水常有餘北水常不足居濟一得

元世祖至元二十二年詔罷膠萊所鑿新河膠州今山東膠州治萊州今山東萊州府掖縣治○元史世祖本紀

時以軍萬人隸江浙行省習水戰萬人載江淮米泛海由利津達於京師元史世祖本紀元世祖至元二十六年正月海船萬戶府言山東宣慰使樂實所運江南米陸負至淮安易閘者七然後入海歲止二十萬石若由江陰入江至直沽倉民無陸負之苦且米石省運佑八貫有奇乞罷膠萊海道運糧萬戶府而以漕事責臣當歲運三十萬石詔許之同上

膠州新河南自麻灣通南海北自海通通北海相距計三百四十里　開膠萊新河者欲避成山之險耳中有十四里未通膠州東南百里有馬家濠長三里餘夾兩山中南北俱接海口元至元十九年開膠萊新河阻馬家濠不就天下郡國利病書　明嘉靖隆慶萬歷間屢濬不就萬歷中山東參政馮敏功曰膠河一衣

帶水。餘悉高嶺大阜。且地皆岡石。山水奔瀑。功難竟。即竟矣。海
水挾潮沙而入。必復淤河渠。考元人于欽言。至元中姚演請開
新河。鑿陸地數百里以通漕。數年而罷。余過其地。詢之土人云。
此河爲海沙所壅。又水潦積淤。終不能通。蓋元志所謂勞費無
成。非誣也。讀史方輿紀要
馥案。明末以河事日棘。諸臣無計。請開膠萊河通運。實未開也。
嘉靖中御史何廷鈺創議開濬。後躬自勘驗。亦言勞費難成。隆
慶中給事中胡槚辨阻尤切。因併錄於左。
嘉靖三十四年。御史何廷鈺請濬新河。詔遣廷鈺往會山東撫
按官勘報至。是言膠萊新河一帶。係元人已開故道。特因馬家
濠南北長四里內有石岡難鑿而止。前海道副使王獻王獻於嘉靖十
九年濬膠萊河不成。徐應節繼修之。亦不成。曾鳩工聚財。焚以烈火。鑿通此濠。隨於
分水嶺南北河道併力挑濬。設立閘座八處。工已十之三四。尋
以本官遷去。工竟未就。即今此濠舊迹猶存。特兩岸沙土日久
頹下。遂致淤塞。挑濬亦不甚難。至於分水嶺地本高阜。故白河
之水至此分流。然度其地勢終不甚峻。今在南者爲積沙所淤。
水惟北流。若加開濬深廣。中間雖有礪砎灘諸石。亦是人力可
施。司道諸臣稱舊估二百七十餘萬。恐必有增減。其委官通判
羅士賢等所估亦稱一百六十萬兩。臣雖心計不足。竊欲估如
士賢所擬數三分之。歲給一分。年終總舉工費幾何。而次歲固
可定矣。其通海一節。則中間地勢既高。若必使兩潮兩接。須濬
深及八九丈。恐海濱之地鑿下數尺。水泉溢出。人無所置足。勢
必難成。而所費真不下數百萬矣。計惟一意引河。添設上下閘
座。疏理各處泉源。隨宜因勢而爲之。雖未免重費。而視鑿通兩

河猶爲稍省第現河之流。不雨卽涸。而白河其流亦微。遇夏秋水泛。則二河自合。而沙恆多。其膠河無沙。覸現白河源亦稍盛。願又在分嶺以北。不達於南。張魯河雖無源。而中有泉亦必從東都泊之地引之。計二十餘里。然後可通沽河。水勢大而沙尤多。若於吳家口閘之下。因小派而引之。可以濟南行之水。但恐沙隨水走。河溢泥淤。蓋新河原係人力所開。南北俱潮水所入之地。惟其勢不甚峻。故水泛不甚衝決。而水因潮逆。則沙雖隨水泛。而流亦因水緩而停。必須歲歲挑浚而後可。此司道諸臣所慮泉源不足者臣意於疏理之時廣加尋引而於王副使所設八閘如陳村楊圈已損壞者興而葺之其餘完存者添而修之及膠河等處之口亦添設小閘大約其計大小十三四座所增旣密啟閉以時自足濟用若猶慮水微閘小不足恃則如委

官築壩之說亦可瀦蓄不洩諸臣乃復慮山水驟發衝激之虞及出入河海船隻搬剝慮患計費至此可謂纖悉無遺矣至於南北兩海臣備查博訪知之頗悉在北者無風可以篙行南自淮安海口由雲梯關至馬家濠風便不過三四日之程中有鶯遊山可以灣避又沿海崖一路係行鹽地方少加疏達而行尤爲穩便且新河南北迂迴計二百四十餘里俱挑深廣爲力固難然不計工費而爲之則亦無不可成者其所難者如諸臣之慮所引泉源。恐或未足。歲加挑濬。其費不窮。兼之此時南北兵革未甯而近日災傷尤異常時工役今且暫停此役一興雖假以三年之從容亦須每歲給以銀兩五十餘萬。當此財力絀乏之時。何從出辦。又況開河建閘。所費已百萬以上之財。而三四次轉剝。必須多造船隻。費益無所出。東土窮荒公私俱竭此河

若開又必循會通河設官編夫體例。方可永久通行。不無愈增虧損。此則又當相時審力而處之者也。乞下工部酌其行止焉得旨報罷（明世宗實錄）隆慶五年工科左給事中胡檟勘視膠萊諸河及山東撫按議皆以爲不便疏治乃奏言今爲新河之議者徒指元人故渠及副使王獻臆說非能涉歷三百餘里開親覩其利害也臣嘗濬分水嶺驗問獻所鑿渠皆流沙善崩雖有白河一道徒涓涓細流不足灌注至如現河小膠河張魯河九穴都泊稍有潢汙亦不深廣膠河雖有微源然地勢東下不能北引且陳村閘以下夏秋雨集衝流積沙爲河大害縱謂諸水可引亦安能以數寸之流濟全河之用則諸水之不足恃明矣。或謂新河頗多積水可引用爲渠不知潢潦所聚皆以下流壅滯之故設皆濬深水必盡洩則蓄水不足恃明矣。或欲引濰河之

水不知濰河在高密西去新河百二十餘里中間高嶺甚多雖竭財力終不可濟則濰河之不可引明矣。分水嶺以南至陳家閘以北至周家莊雖云邊海通潮又皆岡石礫沙終難鑿治則海水之不可達明矣。大抵上源則水泉涸枯。無可仰給。下流則浮沙易潰。不能持久。二者皆治河之大患也。故元史食貨志以爲勞費而無成國初徧訪運道舍此而不顧自獻以後屢勘而不行良由於此苟率意輕動損內帑百萬之費以起三百里無用之渠如誤國病民何臣請亟罷其事并令所司明示新河必不可成之端勿使今人既誤而復誤後人也上乃罷之令自今不必更議以滋紛擾（明穆宗實錄）崇禎末年夏尚書倪元璐請由膠萊河轉餉自膠河口用小船抵分水嶺車盤嶺脊四十里達於萊河復用小船出海爲無聊之計亦未及行（河渠紀聞）

元世祖至元二十三年十月河決開封祥符陳留杞太康通許鄢陵扶溝洧川尉氏陽武延津中牟原武睢州十五處調南京民夫二十萬四千三百二十三人分築隄防元史世祖本紀

元世祖至元二十五年五月汴梁大霖雨河決襄邑今河南歸德府睢州治漂麥禾癸丑河決汴梁太康通許杞三縣陳潁二州皆被害六月壬申睢陽霖雨睢陽今河南歸德府商邱縣治南河溢害稼元史世祖本紀

先是至元九年河決新鄉縣廣盈倉岸時河猶在新鄉陽武間也不知何年徙出陽武縣南而新鄉之流遂絕據史至元二十三年河決衝突河南郡縣凡十五處二十五年汴梁路陽武等縣河決二十二所水道一變蓋在此時矣元大一統志殘缺僅存十之一二河之所經不可得詳大抵初由渦至懷遠入淮如明正統十三年決河所行之道後二十餘歲爲泰定元年始行汴梁自徐城東北合泗入淮謹摭近志各州縣界中現行之河銓次如左

黃河自武陟縣南東逕滎澤縣北其北岸則獲嘉縣東逕原武縣南又東逕陽武縣南又東逕延津縣南又東逕祥符縣北其北岸則封邱縣又東逕陳留縣北又東逕蘭陽縣北又東逕儀封縣北又東南逕睢州北又東南逕考城縣北又東南逕商邱縣北其北岸則曹縣又東逕虞城縣北又東逕夏邑縣北其北岸則單縣又東逕碭山縣北又東逕豐縣南又東逕沛縣南其南岸則蕭縣又東逕徐州北與泗水合又東南逕靈璧縣北又東南逕睢甯縣北其北岸則邳州又東逕宿遷縣南又東逕桃源縣北又東逕清河縣南與淮水合河去縣一里入淮處謂之清口本名泗口自徐州東北至此皆古泗水爲河所奪也又東逕山陽縣北又東逕安東縣南而東北入於海蓋自金明昌甲寅之徙河水大半入淮而北清河之流猶

未絶也下逮元世祖至元二十六年己丑會通河成於是始以一淮受全河之水凡九十五歲（禹貢錐指）

元世祖至元二十六年開安山渠成（元史世祖本紀）

至元二十五年十月桑哥言安山至臨清爲渠二百六十五里若開復之爲工三百萬當用鈔三萬錠米四萬石鹽五萬斤其陸運夫萬三千復罷爲民其賦入及芻粟之估爲鈔二萬八千錠費略相當然渠成亦萬世之利請以今冬備糧費來春復之制可（元史世祖本紀）開安山渠成河渠官禮部尚書張孔孫兵部郎中李處巽員外郎馬之貞言開魏博之渠通江淮之運古所未有詔賜名會通河置提舉司職河渠事（同上）會通河起東昌路須城縣安山之西南由壽張西北至東昌又西北至於臨清以逾於御河（元史河渠志）至元中以壽張縣尹韓仲暉等言自安民山開河

北至臨清凡二百五十里引汶絶濟直屬漳御建牐三十有一度高低分遠近以節蓄洩賜名會通河（同上）邱濬曰會通河之名始見於此然當時河道初開岸狹水淺不能負重每歲運不過數十萬石非若海運之多也是故終元之世海運不罷（通漕類編）安山至臨清地降九十尺爲牐十有六戴廟荆門阿城七級周店李海通濟永通梁鄉土橋戴灣新開南版各牐以次分年設置度高低遠近而蓄洩之又以新河岸苦崩舟行淺澀罷輸運站夫專供濬河役易牐以石（河渠紀聞）

元世祖至元二十九年開通州通惠河（通州今直隸順天府通州治通惠河今大通河自昌平州流貫都中由大通橋至通州入白河　元史河渠志）

通惠河其源出於白浮甕山諸泉都水監郭守敬奉詔興舉水利因建言疏鑿通州至都河改引渾水溉田於舊牐河蹤迹導

清水上自昌平縣白浮村引神山泉西折南轉過雙塔榆河一畝玉泉諸水至西門入都城南匯爲積水潭東南出文明門東至通州高麗莊入白河總長一百六十四里一百四步塞清水口一十二處共長二百一十步壩牐一十處共二十座節水以通漕運誠爲便益從之首事於至元二十九年之春告成於三十年之秋賜名通惠河凡役軍一萬九千一百二十九工匠五百四十二水手三百一十九沒官四隸百七十二計二百八十五萬工用楮幣百五十二萬錠糧三萬八千七百石木石等物稱是役興之日命丞相以下皆親操畚鍤爲之倡置牐之處往往於地中得舊時甎木時人爲之感服船旣通行公私兩便先時通州至大都五十里陸輓官糧歲若千萬民不勝其悴至是皆罷之元史河渠志

元成宗元貞二年九月河決河南杞封邱祥符甯陵襄邑五縣甯陵今河南歸德府甯陵縣南十月河決開封縣元史五行志

元成宗大德元年五月河決汴梁發民夫三萬五千塞之元史五行志七月又決杞縣蒲口元史成宗本紀

元成宗大德二年六月河決蒲口凡九十六所泛溢汴梁歸德二郡元史五行志

元成宗大德八年五月太原陽武縣衞輝獲嘉縣汴梁祥符縣河溢元史五行志

元成宗大德九年六月汴梁陽武縣思齊口河決八月歸德府甯陵陳留通許扶溝太康杞縣河溢元史五行志

元武宗至大二年七月河決歸德府又決汴梁封邱縣元史五行志

至大三年十一月河北河南道廉訪司言黃河決溢千里蒙害

浸城郭漂室廬壞禾稼百姓已罹其毒然後訪求修治之方而且衆議紛紜互陳利害當事者疑惑不決必須上請朝省比至議定其害滋大所謂不顧已然之弊大抵黃河伏槽之時水勢似緩觀之不足爲害一遇霖潦湍浪迅猛自孟津以東土性疏薄兼帶沙滷又失導洩之方崩潰決溢可翹足而待近歲亳潁之民幸河北徙有司不能遠見失於規畫使陂濼悉爲陸地東至杞縣三汊口播河爲三分殺其勢蓋亦有年往歲歸德太康通許相次湮塞南北三汊遂使三河之水合而爲一下流既不通暢自然上溢爲災由是觀之是自奪分泄之利故其上下決溢至今莫除卽今水勢趨下有復鉅野梁山之意蓋河性遷徙無常苟不爲遠計預防不出數年曹濮濟鄆蒙害必矣今之所謂治水者徒爾議論紛紜咸無良策水監之官既非精選知河

之利害者百無一二雖每年累驛而至名爲巡河徒應故事問地形之高下則懵不知訪水勢之利病則非所習既無實才又不經練乃或妄興事端勞民動衆阻逆水性翻爲後患爲今之計莫若於汴梁置都水分監妙選廉幹深知水利之人專職其任量存員數頻爲巡視謹其防護可疏者疏之可堙者堙之可防者防之職掌既專則事功可立較之河已決溢民已被害然後鹵莽修治以勞民者烏可同日語哉（元史河渠志）

元仁宗皇慶元年五月歸德睢陽縣河溢（元史五行志）

元仁宗皇慶二年河決陳亳睢三州開封陳留等縣（元史五行志）

是時杞縣小黃村舊決之口（小黃村據元史在開封縣）洩水甚利而陳州低窪受其淹浸籌議決塞數年未定至是僉議上至河陰下至歸德小黃口分洩漲水甚利夏閒水漲並無衝決已有明驗若經

閉塞則移患鄰郡決上流南岸則汴梁被害決下流北岸則山東可憂事難兩全當遺小就大小黃村決口仍兢通流恤下游受患之州縣免陳州差稅賑貸陳留通許太康被災之家修治汴梁上下河隄及應當疏通者並疏治之此亦權濟一時非萬全無弊之道惟當全河合幷南流之時下游地勢高於北岸水壅遏橫出東衝西激不能東歸一路猝難就治而時無深知水利通達全河之人不得不從下策也河渠紀聞

元仁宗延祐元年六月河決鄭州元史仁宗本紀

元仁宗延祐二年河決鄭州壞汜水縣治元史五行志

元仁宗延祐三年河溢潁州泰和縣今安徽潁州府太和縣北元史五行志

元仁宗延祐七年河決汴梁原武縣元史五行志六月河決滎澤之塔海莊十步餘橫隄兩重又決數處二十三日又決開封縣蘇村及

七里寺復決二處元史河渠志

元英宗至治二年正月儀封縣河溢儀封今河南開封府蘭儀縣東北六十五里元史五行志

元泰定帝泰定元年七月奉元朝邑縣奉元今陝西西安府長安縣治朝邑今陝西同州府朝邑縣治曹州楚邱縣曹州今山東曹州府治楚邱今山東曹州府曹縣東南開州濮陽縣河溢開州今直隸大名府開州治濮陽今直隸大名府開州治元史五行志

是年鹽官州海水溢壞隄障侵城郭遣使祀海神仍與有司視形勢所便還請疊石爲塘詔曰是重勞吾民也其增石固捍禦天其相之金史泰定帝本紀

是年大河改從古汴渠至徐城東北合泗入淮河渠紀聞

是時新鄉河流已絕大河出獲嘉南六十里負陽武而東直抵祥符商邱至徐州合泗水行古汴渠道卽今大河所行之道也

古汴渠嘗改流從考城宿州虹縣至泗州直達於淮北宋東南漕道由此而湮於南渡之後蓋大河改由渦水至懷遠入淮餘流散漫入汴渠而古道遂湮河之由渦入淮者不能暢達停聚於歸德小黄閘壅積日久無去路可歸不能不變而東出古汴渠挾泗東南入淮河渠紀聞

元泰定帝泰定二年五月河溢汴梁被災者十有五縣七月河決睢州元史五行志

元泰定帝泰定三年二月歸德府河決七月河決鄭州漂没陽武等縣民一萬六千五百餘家元史五行志

是年十月河溢汴梁路壞樂利隄發丁夫六萬四千人築之十二月亳州河溢漂民舍壞田免其租元史泰定帝本紀

元泰定帝泰定四年八月汴梁扶溝蘭陽二縣河溢蘭陽今河南開封府蘭儀縣東北五里漂民居一千九百餘家濟甯虞城縣河溢濟甯今山東濟甯州治虞城今河南歸德府虞城縣西南三里傷稼十二月夏邑縣河溢夏邑今河南歸德府夏邑縣治元史五行志

元泰定帝致和元年三月河決碭山虞城二縣碭山今江蘇徐州府碭山縣治元史五行志

元文宗至順元年河決大名路長垣東明二縣長垣今直隸大名府長垣縣治東明今直隸大名府東明縣治元史五行志

六月曹州濟陰縣河防官本縣尹郝承務言六月五日魏家道口黄河舊隄將決不可修築以此差募民夫捌修護水月隄東西長三百九步下闊六步高一丈又緣水勢瀚漫復於近北築月隄東西長一千餘步下廣九步其功未竟至二十一日水忽泛溢新舊三隄一時咸決明日外隄復壞急率民閉塞而湍流迅猛有蛇時出没其中所下樁土一掃無遺元史河渠志

覆案郝承務所辦之工尺寸太小必不足以禦水而謂有蛇出没水中怪誕其詞意若諉過甚可嗤也大凡防河總以修防縷隄爲要若縷隄不足恃臨急搶築月隄必不濟事或適遇水落或縷隄之外地勢本高可倖不决緣縷隄破後全河大溜伸腰直瀉跌塘已深月隄萬難抵禦前人有謂遥隄月隄得力者其工必較縷隄更加高厚若縷隄之外地勢高於河底一丈以外低於河內水面不過五尺則此遥隄月隄可爲重層保障易於防守也職官防者當知之

元文宗至順三年五月汴梁之睢州陳州開封之蘭陽封邱諸縣河水溢元史文宗本紀

元文宗至順四年順帝即位六月黃河大溢河南水災元史順帝本紀

元順帝元統元年五月汴梁陽武縣河溢害稼六月河大溢河南水災元史五行志

元順帝至元元年河決汴梁封邱縣元史五行志

元順帝至元二年五月丙午朔黃河復於故道元史順帝本紀

元順帝至元三年六月辛巳大霖雨自是日至癸巳不止黃河水溢没人畜廬舍甚衆元史順帝本紀

元順帝至正三年五月河決白茅口元史五行志

元順帝至正四年正月河決曹州雇夫萬二千五百修築之是月河又決汴梁元史順帝本紀夏五月大雨二十餘日黃河暴溢平地水深二丈許北決白茅隄六月又北決金隄並河郡邑濟甯單州虞城碭山金鄉魚臺豐沛定陶楚邱武城金鄉舊屬山東兖州府今屬濟甯州魚臺今山東濟甯州魚臺縣治豐縣今江蘇徐州府豐縣治沛縣今江蘇徐州府沛縣治武城今山東臨清州武城縣治以至曹州東明鉅野鄆城嘉祥汶上任城等處鉅野今山東曹州府鉅野縣治鄆城今山東曹州府鄆城縣治嘉祥

今山東濟甯州嘉祥縣治汶上今山東兗州府汶上縣治任城今山東濟甯州治皆罹水患元史河渠志
時水勢北侵安山沿入會通運河延袤濟南河間將壞兩漕司
鹽場妨國計甚重省臣以聞朝廷患之遣使體量仍督大臣訪
求治河方略元史河渠志 河決白茅隄又決金隄並河郡邑民居昏
墊帝甚患之特命魯行都水監魯循行河道考察地形往復數
千里備得要害爲圖上進二策其一議修築北隄以制橫潰則
用工省其一議疏塞併舉挽河東行使復故道其功數倍會遷
右司郎中議未及竟元史賈魯傳

元順帝至正五年七月河決濟陰漂官民亭舍殆盡十月黃河泛
溢元史五行志

元順帝至正六年五月黃河決尙書李絅請躬祀郊廟近正人遠
佞邪以崇陽抑陰不聽元史順帝本紀

元順帝至正八年正月河決陷濟甯路元史五行志二月詔濟甯鄆城
立行都水監以賈魯爲都水元史順帝本紀

元順帝至正九年五月詔修黃河金隄民夫日給鈔三貫是月白
茅河東注沛縣遂成巨浸元史順帝本紀

元順帝至正十一年七月河決歸德府永城縣今河南歸德府永城縣治壞黃
陵岡岸元史五行志

元順帝至正十二年春正月丙寅以河復故道大赦天下元史順帝本紀
按河復故道者卽賈魯所開之河道也因前一年永城河決壞
黃陵岡岸至是修復之故頒赦天下亦脫脫丞相之張大其事
也行水金鑑至正十一年四月初四日下詔中外命魯以工部尙書
爲總治河防使進秩二品授以銀印發汴梁大名十有三路民
十五萬人廬州等戍十有八翼軍二萬人供役一切從事大小

軍民咸稟節度便宜興繕是月二十二日鳩工七月疏鑿成八月決水故河九月舟楫通行十一月水土工畢諸埽諸隄成河乃復故道南匯於淮又東入於海帝遣貴臣報祭河伯召魯還京論功超拜榮祿大夫集賢大學士其宣力諸臣遷賞有差賜丞相托克托世襲達乃罕之號特命翰林學士承旨歐陽元製河平碑文以旌勞績元旣爲河平之碑又自以爲司馬遷班固記河渠溝洫僅載治水之道不言其方使後世任斯事者無所考則乃從魯訪問方略及詢過客質吏牘作至正河防記欲使來世罹河患者按而求之其言曰治河一也有疏有濬有塞三者異焉釃河之流因而導之謂之疏去河之淤因而深之謂之濬抑河之暴因而扼之謂之塞疏濬之別有四曰生地曰故道曰河身曰減水河生地有直有紆因直而鑿之可就故道故道

有高有卑高者平之以趨卑高卑相就則高不壅卑不瀦慮夫壅生潰瀦生堙也河身者水雖通行身有廣狹狹難受水水益悍故狹者以計闢之廣難爲岸岸善崩故廣者以計禦之減水河者水放曠則以制其狂水隳突則以殺其怒治隄一也有創築修築補築之名有刺水隄有截河隄有護岸隄有縷水隄有石船隄治埽一也有岸埽水埽有龍尾欄頭馬頭等埽其爲埽臺及推卷牽制蘿堊之法蘿郎埋堊郎挂有用土用石用鐵用草用木用杙用絚之方杙音弋橛也絚音亙繩也塞河一也有缺口有豁口有龍口缺口者已成川豁口者舊常爲水所豁水退則口下於隄水漲則溢出於口龍口者水之所會自新河入故道之潨也潨音叢小水入大水曰潨詩鳧鷖在潨水會也此外不能悉書因其用功之次第而就述於其下焉其濬故道深廣不等通長二百八十里百五十四步而強

始自白茅長百八十二里繼自黃陵岡至南白茅闢生地十里口初受廣百八十步深二丈有二尺以下停廣百步高下不等相折深二丈及泉曰停曰折者用古算法因此推彼知其勢之低昂相準折而取勻停也南白茅至劉莊村接入故道十里通折墾廣八十步深九尺劉莊至專固百有二里二百八十步通折停廣六十步深五尺專固至黃固墾生地八里面廣百步底廣九十步高下相折深丈有五尺黃固至哈濟口長五十一里八十步相折停廣墾六十步深五尺乃濬凹里減水河通長九十八里百五十四步凹里村決河口生地長三里四十步面廣六十步底廣四十步深一丈四尺自凹里生地以下舊河身至張贊店長八十二里五十四步上三十六里墾廣二十步深五尺中三十五里墾廣二十八步深五尺下十里二百四十步墾

廣二十六步深五尺張贊店至楊青村接入故道墾生地十有三里六十步面廣六十步底廣四十步深一丈四尺其塞專固缺口修隄三重幷補築凹里減水河南岸豁口通長二十里三百十有七步其創築河口前第一重西隄南北長三百三十步面廣二十五步底廣三十三步樹置樁橛實以土牛草葦雜梢相兼高丈有三尺隄前置龍尾大埽言龍尾者伐大樹連梢繫之隄旁隨水上下以破齧岸浪者也築第二重正隄並補兩端舊隄通長十有一里三百步缺口正隄長四里兩隄相接舊隄置樁堵閉河身長百四十五步用土牛草葦梢土相兼修築底廣三十步修高二丈其岸上土工修築者長三里二百十有五步有奇高廣不等通高一丈五尺補築舊隄者長七里三百步表裏倍薄七步增卑六尺計高一丈築第三重東後隄幷接修

舊隄高廣不等面長八里補築凹里減水河南岸豁口四處置樁木草土相兼長四十七步於是塞黃陵全河水中及岸上修隄長三十六里百三十六步其修大隄剌水者二長十有四里七十步其西復作大隄剌水者一長十有二里百三十步內剏築岸上土隄西北起李八宅西隄東南至舊河岸長十里百五十步顚廣四步趾廣三之高丈有五尺仍築舊河岸至入水隄長四百三十步趾廣三十步顚殺其六之一接修入水兩岸埽隄並行作西埽者夏人水工徵自靈武作東埽者漢人水工徵自近畿其法以竹絡實以小石每埽不等以蒲葦綿腰索徑寸許者縱鋪廣可一二十步長可二三十步又以曳埽索綯徑三寸或四寸長二百餘尺者衡鋪之相間復以竹葦麻縈大繂長三百尺者爲管心索就繫綿腰索之端於其上以草數千束多

至萬餘匀布厚鋪於綿腰索之上橐而納之丁夫數千以足踏實推卷稍高即以水工二人立其上而號於衆衆聲力舉用小大推梯推卷成埽高下長短不等大者高二丈小者不下丈餘又用大索四五爲腰索轉致河濱選健丁操管心索順埽臺立踏或掛之臺中鐵貓大橛之上以漸縋之下水埽後掘地爲渠陷管心索渠中以散草厚覆築之以土其上復以土中雜草小埽梢土多寡厚薄先後隨宜修疊爲埽臺務使牽制上下縝密堅固互爲犄角埽不動搖日力不足火以繼之積累既畢後施前法卷埽以壓先下之埽量水淺深制埽厚薄疊之多至四埽而止兩埽之間置竹絡高二丈或三丈圍四丈五尺實以小石土牛既滿繫以竹纜其兩旁並埽密下大樁就以竹絡上大竹腰索繫於樁上東西兩埽及其中竹絡之上以草土等物築爲

埽臺約長五十步或百步再下埽卽以竹索或麻索長八百尺或五百尺者一二雜廁其餘管心索之閒俟埽入水之後其餘管心索如前鞭掛隨以管心索遠置五七十步之外或鐵貓或大樁曳而繫之通管束累日所下之埽再以草土等物通修成隄又以龍尾大埽密掛於護隄大樁分析水勢其隄長二百七十步北廣四十二步中廣五十五步南廣四十二步自顚至趾通高三丈八尺其截河隄高廣不等長十有九里百七十七步其在黃陵北岸者長十里四十一步築岸上土隄西北起東西故隄東南至河口長七里九十七步顚廣六步趾倍之而强二步高丈有五尺接修入水施土牛小埽梢草雜土多少厚薄隨宜修疊及下竹絡安大樁繫龍尾埽如前兩隄法唯修疊埽臺增用白闌小石幷埽上及前洊修埽隄一長百餘步直抵龍口

稍北攔頭三埽並行埽大隄廣與刺水二隄不同通前列四埽閒以竹絡成一大隄長二百八十步北廣百一十步其顚至水面高丈有五尺水面至澤腹高二丈五尺通高三丈五尺中流廣八十步其顚至水面高丈有五尺水面至澤腹高五丈五尺通高七丈並埽築纜水橫隄一東起北截河大隄西抵西刺水大隄又一隄東起中刺水大隄西抵西刺水大隄通長二里四十二步亦顚廣四步趾三之高丈有二尺修黃陵南岸長九里百六十步內埽岸土隄東北起新補白茅故隄西南至舊河口高廣不等長八里二百五十步乃入水作石船大隄蓋由是秋八月二十九日乙巳道故河流先所修北岸西中刺水及截河三隄猶短約水尚少力未足恃決河勢大南北廣四百餘步中流深三丈餘益以秋漲水多故河十之八兩河爭流近故河口

水刷岸北行洄漩湍激難以下埽且埽行或遲恐水盡湧入決河因淤故河前功遂隳魯乃精思障水入故河之方以九月七日癸丑逆流排大船二十七艘前後連以大桅或長樁用大麻索竹絙絞縛綴為方舟方舟並舟也又用大麻索竹絙並船身繳繞上下令牢不可破乃以鐵貓於上流硾之水中又以竹絙絕長七八百尺者繫兩岸大橛上每絙或硾二舟或三舟使不得下船腹略鋪散草滿貯小石以合子板釘合之復以埽密布合子板上或二重或三重以大麻索縛之急復縛橫木三道於頭桅皆以索維之用竹編笆夾以草石立之桅前約長丈餘名曰水簾桅復以木楮柱使簾不偃仆然後選水工便捷者每船各二人執斧鑿立船首尾岸上撾鼓為號鼓鳴一時齊鑿須臾舟穴水入舟沉遏決河水怒溢故河水暴增即重樹水簾令後復布

小埽土牛白闌長梢雜以草木等物隨宜塡垛以繼之石船下詣實地出水基趾漸高復卷大埽以壓之前船勢略定尋用前法沉餘船以竟後功昏曉百刻役夫分番甚勞無少間斷船隄之後草埽三道並舉中置竹絡盛石並埽置樁繫纜四埽及絡一如修北截水之法第以中流水深數丈用物之多施工之大數倍他隄船隄距北岸纔四五十步勢迫東河流峻若自天降深淺叵測於是卷下大埽約高二丈者或四或五始出水面修至河口一二十步用工尤艱薄龍口喧豗猛疾勢撼埽基陷裂欹傾俄遠故所觀者股弁眾議騰沸以為難合然勢不容已魯神色不動機解捷出進官吏工徒十餘萬人日加獎諭辭旨懇至眾皆感激赴工十一月十一日丁巳龍口遂合決河絕流故道復通又於隄前通卷攔頭埽各一道多者或三或四前埽出

水管心大索繫前埽硾後關頭埽之後後埽管心大索亦繫小埽硾前關頭埽之前後先羈縻以錮其勢又於所交索上及兩埽之間壓以小石土牛草土相半厚薄多寡相勢措置埽隄之後自南岸復修一隄抵已閉之龍口長二百七十步船隄四道成隄用農家埸圃之具曰轆軸者穴石立木如比櫛蘿前埽之旁每置一轆軸以横木貫其後又穴石以徑二寸餘麻索貫之繫横木上密掛龍尾大埽使夏秋潦水冬春凌簰簰音牌大桴也不得肆力於岸此隄接北岸截河大隄長二百七十步南廣百二十步顛至水面高丈有七尺水面至澤腹高四丈二尺中流廣八十步顛至水面高丈有五尺水面至澤腹高五丈五尺通高七丈仍治南岸護隄埽一道通常百三十步南岸護岸馬頭埽三道通長九十五步修築北岸隄防高廣不等通長二百五十四

里七十一步白茅河口至板城補築舊隄長二十五里二百八十五步曹州板城至英賢村等處高廣不等長一百三十三里二百步梢岡至碭山縣增培舊隄長八十五里二十步歸德府哈濟口至徐州路三百餘里修完缺口一百七處高廣不等積修計三里二百五十六步伊實拉店纔水月隄高廣不等長六里三十步其用物之凡樁木大者二萬七千榆柳雜梢六十六萬六千帶梢連根株者三千六百藁秸蒲葦雜草以束計者七百三十三萬五千有奇竹竿六十二萬五千葦蓆十有七萬二千小石二千艘繩索小大不等五萬七千所沈大船百有二十鐵纜三十有二鐵貓三百三十有四竹篾以觔計者十有五萬硾石三千塊鐵鑽萬四千二百有奇大釘三萬三千二百三十有二其餘若木龍蠶椽木麥稭扶樁鐵叉鐵弔枝麻搭火鉤汲

水貯水等具皆有成數官吏俸給軍民衣糧工錢醫藥祭祀賑恤驛置馬乘及運竹木沈船渡船下椿等工鐵石竹木繩索等匠傭貲兼以和買民地爲河併應用雜物等價通計中統鈔百八十四萬五千六百三十六錠有奇魯嘗有言水工之功視土工之功爲難中流之功視河濵之功爲難決河口視中流又難北岸之功視南岸爲難用物之效草雖至柔柔能狎水水漬之生泥泥與草并力重如碇然維持夾輔纜索之功實多蓋由魯習知河事故其功之所就如此元之言曰是役也朝廷不吝重費不吝高爵爲民解害托克托能體上意不憚焦勞不恤浮議爲國拯民魯能竭其心思知計之巧乘其精神膽氣之壯不惜劬瘁不畏譏評以報君相知人之明宜悉書之使職史氏者有所考證也先是歲庚寅河南北童謠云石人一隻眼挑動黃河

天下反及魯治河果於黃陵岡得石人一眼而汝潁妖寇乘時而起議者往往以爲天下之亂皆由賈魯治河之役勞民動衆之所致殊不知元之所以亡者實基於上下狃於宴安之習紀綱廢弛風俗偷薄其致亂之階非一朝一夕之故所由來久矣不此之察乃獨歸咎於是役是徒以成敗論事非通論也設使賈魯不興是役天下之亂詎無從而起乎今故具錄元所記庶來者得其詳焉元史河渠志

昔賈魯治河用沈舟之法皆稱之明萬歷間僉事俞汝爲奏議以爲塞決飭使之用無如此者臣竊嘗疑之夫河底淺深坦陷不一推草物性柔、經壓擠則週遭充滿故塞決必用埽今以至平之舟底而沈之淺深坦陷不一之湍流則埽根透漏之患必有不俟終日而見者然以魯之才其成功如此必非孟浪姑試之因於至正河防記沈思尋繹者累日方恍然魯之沈舟蓋以之代埽而遏水非以之塞決而合龍也。蓋彼時故河業已通流，但決河勢大，水流多於故河十之八，又適當秋漲洄漩湍急，埽不能下，又其上遏水之隄短弱而勢不支，恐埽行一遲，水盡湧決，決則故河復淤，前功盡隳，因急治舟爲埽，以遏之，所謂搶救也。故前則曰魯乃精思障水入故河之方，後則曰船隄之後，草埽三道並舉，此並舉之三道，乃加築前短弱之三隄也。迨至船埽四隄並就，河勢南流，然後塞決耳。不然魯於九月七日治舟而龍口之合，何以直至十一月十一日耶？雖然臣以魯於是役也有三忌焉：魯自受命以及回朝，僅踰半載，昏曉百刻，役夫分番，無少間斷，不恤民力，一也。築隄塞決，正值伏秋，用工於河流暴漲之候，不審天時，二也。廢農冒暑，聚十數萬軍民於一路，不念國家隱憂，三也。蓋魯惟上恃君相之信任，下恃其強敏果敢之才氣，力排羣議，犯三忌以成功。以之治河則有餘，以之體國則不足。宋濂等諸臣修元史，因石人一眼之事，竟坐以亡元之罪，則過矣。（靳輔治河方略）黃河故道，自虞城以下，蕭縣以上，夏邑以北，碭山以南，出新集，歷丁家道口、馬牧集、韓家道口、司家道口、牛黃堌、趙家圈，至蕭縣薊門，出小浮橋，此賈魯所復故道。（河防一覽）儀封縣東北有黃陵岡，與山東曹縣接界，賈魯河在黃陵岡南二里，曹縣西南，嘉靖前猶爲運道，自黃陵岡塞而此河遂湮，其南爲大河洪流。（日遊四海記）

元順帝至正十六年，河決鄭州河陰縣，官署民居盡廢，遂成中流。（元史五行志）

是年，命賈魯疏治合河、京水，（合河在鄭州之張村，流至京水鎮，曰京水河，北受須索二水，曰雙橋）及須索二水，以通漕，起鄭州，至朱仙鎮。（河渠紀聞）

鄭州北有賈魯河自滎澤縣流入又東入中牟縣岸元末命賈魯疏治以通漕起鄭州至朱仙鎮亦名賈魯河（目遊四海記）

馥案賈魯引諸水以通潁蔡許汝之漕（汝水出魯陽縣大孟山黃柏谷東北流歷上蔡西平汝陽之西南入於淮）起鄭州由朱仙鎮下達周家口不通於黃與儀封黃陵岡之河無涉

是年八月黃河決山東大水（元史順帝本紀）

元順帝至正十九年九月濟州任城縣河決（任城今濟甯州治　元史五行志）

元順帝至正二十年疏汶自任城至安民山濟北運（河渠紀聞）

志稱至正二十年朝議以轉運不便乃自任城開河分汶水西北流至須城之安民山今之開河牐（在分水龍王廟十八里）即當年之舊牐也開河閘分水兼濟北運時會同初成河不甚闊深岸狹善崩元人分水於濟甯地勢北高南下水性就下由北入南易故常有餘。由南入北難。故常不足。兼分水以北。別無山泉接濟。不得已引汶使北此調濟之善法後來漕運皆由是道（河渠紀聞）汶水長發水不甚大之時將開河閘並十里閘嚴閉收入南旺湖湖滿將開河十里及迤北各牐板全啟放水北行分汶水專濟北運泗水專濟南運則水小之時東昌一帶不致膠舟水大則南旺夏鎮徐邳以下不至為澤國矣（居濟一得）

元順帝至正二十三年七月河決東平壽張縣（東平今山東泰安府東平州治壽張今山東泰安府東平州西南）城圮漂屋廬人溺死甚眾（元史五行志）

元順帝至正二十五年秋東平須城東阿平陰三縣（須城今山東泰安府東平州治平陰今山東泰安府平陰縣治）河決小流口達於清河壞民居傷禾稼（元史五行志）

元順帝至正二十六年二月河北徙上自東明曹濮下及濟甯皆被害八月棣州大清河決濱棣二州之界民居漂流無遺濟甯路

肥水縣西黃水氾濫漂沒田禾民居百有餘里德州齊河縣境七十餘里亦如之齊河今山東濟南府齊河縣治 元史五行志

大河之流自漢至今遷移變易不可勝記然孟津以西禹迹具存以海爲壑則千古不易也自孟津而東由北道以趨於海則澶淵其必出之途由南道以趨於海則曹單其必經之地衡澶滑必由陽武之北而出汲縣胙城之間衡曹單必由陽武之南而出封邱蘭陽之下此河變之託始也由澶滑而極之或出大名歷邢冀道滄瀛以入海或歷濮范趨博濟從濱棣以入海由曹單而極之或溢鉅野浮濟鄆謂濟甯東平挾汶濟以入海或經豐沛出徐邳奪淮泗以入海此其究竟也要以北不出漳衞南不出長淮中閒數百里皆其縱橫糜爛之區矣　自陽武而入封邱河益東南流荊隆口直東則經長垣東明出曹濮直趨大清河矣河入海遠近查由銅瓦廂至大清河入海約一千三百里由銅瓦廂至淮安入海計一千三百八十里較之出徐邳合淮泗以入海者道爲徑易夫河行之道宜直不宜紆入海之口宜近不宜遠河之兩岸宜闊而歸流宜深歸流卽俗語所謂落槽也平水則宜置斗門且多置之用王景更相迴注之意使不得旁洩河未必不可東也後世遙隄之法卽兩岸宜闊之意縷隄之法卽歸流宜深之意滾水石壩及格隄之法卽斗門迴注之意雖然大河東則會通河廢會通河不廢則大河不可得而東兩者不並立矣此大河所以屢決而東終抑之使南也顧一柔山與居贊論

明太祖洪武元年河決曹州從雙河口入魚臺將軍徐達開塌場口塌場在濟甯州治西二十里入於泗以通運河渠紀聞

按是時戴郁未壩汶水由東平注大清河入海決水由南陽至周郁泥淤窒塞自元末大河北從東明以下曹濮濟甯並被水

淹濟甯迤南轉漕故道皆淤會通河已廢不用至是河復決曹之雙河口入魚臺運道大阻時方定河洛轉戰晉冀糧餉挽輸不便乃開塌場口由牛頭河引河入泗以濟運而徙曹州治於安陵塌場者濟甯以西耐牢坡以東耐牢坡在濟甯州西二十里即牛頭河西洩水溝由永通閘洩出漕渠之水至魚臺塌場口入舊運河黃河之故道也成化十一年改閘曰永通耐牢坡河曰永通河又增置塌場口閘曰廣運直抵魚臺南陽之道耐牢坡建一牐曰永通東水由塌場口出穀亭運道通梁晉轉餉資河為用也河渠紀聞

明太祖洪武二年開淮安東北之菊花溝以通海運河渠紀聞

按是時海運遼餉糧艘會於淮安以淮安侯華雲龍掌淮安衛航海侯張赫舳艫侯朱壽督海運菊花溝即澗河也臨河有牐啟閉蓄水有餘則洩之淮安東方諸鄉及諸州縣米粟貨出入之道運船即由此車盤入淮永樂初平江伯督海運由山陽之東壩入淮即是道也置轉搬倉於淮安轉搬倉即宋之上供倉歐陽文忠公于役志所謂次楚州泊於西倉飲於倉亭者海運之道有四元初置倉於崑山州謂之太倉海運由劉家港入海初以海道險遠三易生道開新道由崇明三沙放洋至登州沙門島入大洋抵直沽三千三百九十里自菊花溝出淮入海由雲梯關歷鷹游山至登州城北新海口轉萊州海倉至天津道里同又登萊度金州至旅順口達朝鮮明人餉遼之道所謂餉遼莫如海運海運莫如登萊者也又自淮泗入大清河至利津入海放洋抵直沽至天津元人未開會通以前之運道也然終不如內河漕運之安便矣河渠紀聞

是年大疏真揚運河河渠紀聞

按江漕至儀徵通江口入漕儀徵為維揚門戶安徽湖廣江西

運艘浮江而下者由儀徵進口眞揚運道南運之脈絡也太祖定都金陵首重漕運四方天庾之供引江帶湖環拱白下通淸河涞水轉漕故道輸北平之餉疏開封小木橋至陳州沙河十八牐之淤以利漕置中都傍近州縣通水路漕運者隸之而於眞揚一路疏治尤勤凡漕船經由浚瀹粳運之處分道並疏浚揚州儀徵河九千一百餘丈置牐壩十三又揚州官河自揚子橋至黄泥灘九千四百餘丈江都申港以下河道五百六十餘丈一律疏通接築申港壩遣官赴高郵督修並湖隄岸移通泰等州批驗所於儀徵以便稽核凡以爲運計也河渠紀聞

明太祖洪武八年河決開封大黄寺隄百餘丈命河南參政安然塞之明太祖實錄

是年大河南決挾潁入淮蔡河之下流亦絕日遊四海記

明太祖洪武九年開寶應直渠河渠紀聞

按元時海運漕糧至天津置海道轉運使凡東南漕俱仰海運終元之世海運不息未嘗專力於南河於是唐宋以來淮揚轉輸之漕道日久漸湮明興定鼎金陵引江帶湖運艘銜尾鱗次環供天庾江以北不事漕至是思復北運盡湖河之利用寶應縣老人柏叢桂言發淮揚丁夫五萬令有司督役高寶湖隄六十餘里以捍風浪既又以寶應白隄樓抵界首沿湖隄地形勢紆曲受風屢修屢圮居民苦役無已時仍從叢桂言開直渠就湖外直南北穿渠四十里築長隄與渠等期月而成引水於内行舟爲一勞永逸之計舟行揚帆直進免沈溺之患惠民之實政也是時黄河正流南出潁州會淮直湧而東奔淮亦以河利其入小浮橋經徐邳出淮陰者支流也黄無南衝奪淮之勢淮

亦得黃之力奔流同歸於海淮揚安全治水筌蹄云固高寶臨湖隄岸落諸湖之巨浸歸射陽入海之洪流蓋謂此也河渠紀聞

明太祖洪武十一年十月開封府蘭陽縣河決詔免其租十一月封邱縣河溢傷稼命免今年田租明太祖實錄

明太祖洪武十四年河南原武祥符中牟諸縣河決明太祖實錄時有司以爲言上曰此天災也今欲塞之恐徒勞民力但令防護舊隄勿重困吾民明太祖實錄

明太祖洪武十五年二月河南河決三月河決朝邑七月河溢滎澤陽武明史五行志時以河南水災民饑命李祺往賑之諭曰大河天泉也必有神司之若所在牧守得人政務修舉則其水蜿蜒東注無摧山裂石之患而民安焉苟非其人則衝蕩城邑蕩析民居而牧守亦

與其禍宜加修省遂不事塞明太祖實錄時決水經懷遠縣由渦入淮帝以反躬責己之道責之有司而飢溺之民不堪久淹或曰帝惑於水會天心之說故止不治其言誕不足信也河渠紀聞

明太祖洪武十六年三月河決朝邑縣募民塞之六月河溢滎澤陽武二縣明太祖實錄

明太祖洪武十七年八月河決開封東月隄自陳橋至陳留橫流數十里又決杞縣入巴河明太祖實錄

明太祖洪武二十年河決開封城自安遠門入淹官民廨宇甚衆河南通志

明太祖洪武二十一年河陷儀封縣遷縣治於白樓村河渠紀聞

明太祖洪武二十三年正月河決歸德七月河決開封漂沒民居明史五行志

明太祖洪武二十四年河決原武淤安山（明會典）

是年河決原武之黑洋山閞（河由黑洋山南下潁州入淮即宋時河故道向爲大河經行不到之地）東經開封城北又東南由陳州項城太和潁州潁上東至壽州正陽鎮全入於淮賈魯河故道遂淤又由舊曹州鄆城兩河口漫入東平之安山元會通河亦淤（河渠紀聞）

明太祖洪武二十五年議鑿鬱林州二江通舟未成（河渠紀聞）

二江介兩粵之交南江源出大容山流經博白至廉州入海北江下容簝北出大江北流縣北五里有分水山下有二水一順流十里至縣城東一逆流十里至鬱林皆分流入江二江岡隴中截欲建陡積水鑿二十餘里之石渠不易治也故卒寢其議（河渠紀聞）

是年河決陽武縣浸淫及於陳州中牟原武封邱祥符蘭陽陳留通許太康扶溝杞十一州縣河南開封等府民丁及安吉等十七衞軍士修築陽武縣河防（明太祖實錄）

明太祖洪武二十六年八月開溧水胭脂河（胭應作臙廣韻同用臙脂河在溧水縣西十里河渠紀聞）

時由浙至丹陽舍舟登陸人力勞費水運泝大江而上又虞風濤之險乃鑿此河焚石翦水引石臼湖（石臼湖在溧水縣城西南四十里接高淳當塗界湖西南與丹陽湖相連）會秦淮以入於江俾運輸不勞商旅獲便至永樂遷都後此河遂湮（河渠紀聞）按明英宗正統五年築溧水縣葉家壩浚臙脂河考郡國志溧水縣廣通鎮之西有固城湖（在高淳縣西南五里西通石臼丹陽二湖與宣城分界）入大江鎮之東有三塔堰河入太湖中隔陸地十五里水不相通洪武間鑿通固城湖水入三塔堰河舟行利便後水溢爲災築壩於廣通鎮以禦之（廣通鎮在高淳東南六十里與溧陽分界）

（即東壩亦即胥溪河）而三塔河堰水不能至壩下復改築壩於葉家橋臙脂河自溧入古秦淮蘇松船皆由此達南京因爲沙石壅塞故濬之此濬故道以引水下達也洪武定鼎金陵以蘇浙糧自東壩入可避江險浚胥溪河建牐啟閉名其鎭曰廣通而尙阻溧水臙脂岡命崇山侯李新鑿山通道引湖水會秦淮河入於江於是蘇浙運道經東壩直達金陵至永樂遷都於北運道遂廢至是猶濬臙脂河洩上源之水以通道也韓邦憲東壩考廣通鎭壩即世所謂五堰春秋時吳王闔閭伐楚用伍員計開河以運糧今尙名胥溪河旁有伍牙山自是河流相通東南連兩浙西入大江舟行無阻漢唐言地理家遂以水源本通指爲中江故道而實非禹所鑿也蘇常湖三郡當三湖下流水患特甚父老言湖底與蘇州譙樓底相平水漲時壩一決蘇常便爲魚鼈

立堰廣通鎭障宣歙金陵姑熟廣德及大江之水使不入太湖也（同上）

明太祖洪武二十七年八月遣使分行天下大修水利（河渠紀聞）

帝垂意農桑興修水利嘗鑿胥浦至和塘堰壩濬無錫新河及武進江陰之申港烈塘孟瀆橫河皆嘗有事併疏太平河建孟河牐築蠡瀆河堰凡以爲民計安全也至是諭工部凡有湖堰陂塘可蓄洩以備旱潦者俱因地勢修治分遣國子生徧詣天下督修水利凡開濬塘堰四萬九百八十七處皆因民所利以爲利史稱太祖晚歲憂民益切嘗以一歲開支河暨塘堰數萬以利農桑備旱潦開二百餘年無疆之業有由然矣（河渠紀聞）

明太祖洪武三十年八月河決開封三面皆水犯倉庫（明史五行志）

時詔築滎陽倉庫於高阜（河南通志）按城邑考元至元中盡毀天下

城隍開封城僅餘土阜洪武元年始營築洪武二十年河決水入城没官民廨宇然其時城圮大河去城四十里之遥水平漫入城雖受淹而無大害至是決水去城僅五里大溜衝蕩城宛在中流城圮於洪武丁丑至永樂甲申相距八年始事修築河渠紀聞

是年蔡河南徙入陳州河渠紀聞

按蔡河先由開封城北東行至是下流壅塞又決而之南挾蔡同行蔡徙流入沙河隨黄南下初由汴北分流亦曰沙水汴南閔湑潩之水由尉氏許田大隗出者悉與蔡會自尉氏北流至汴城爲西蔡經通許接舊蔡河爲東蔡河皆奪於河經鄢陵扶溝至陳州蔡河口入沙河明年陳州沙河水溢決入於黄合注東南益不可制時河行新道從汴北五里分流入陳州由鳳陽入淮者爲大黄河東出至徐以南者爲小黄河分行幾二十年

明成祖永樂二年河決開封壞城明史五行志

是年命戶部尚書夏原吉浚吳淞江兼引入黄浦婁江河渠紀聞

按是時蘇松嘉湖頻年患水浙西諸郡蘇松居下流太湖在其西南縣亙五百餘里年久浦港堙塞太湖之水不得下洩漲溢害稼原吉言拯治之法在濬吳淞諸浦而吳淞江自夏駕浦以下皆爲潮沙障塞因鑿夏駕浦掣吳淞江水北達婁江復挑顧浦南引江水貫吳塘亦由婁江入海復浚上海范家浜掣江水由南倉浦口達黄浦入海而故道直流百里之江遂棄不治蓋其時猶循海運自元以來劉河爲總運出海之道鑿夏駕浦顧浦引淞江之水皆入劉河助運蓋重在運而不在河也然吳淞

口爲洩太湖正河凡五匯四十二灣古云九里爲一灣一灣低一尺江潮與湖水會合分洩太湖之門戶至正統間周忱始濬復故道通流天順成化嘉靖隆慶時崔拱畢亨李充嗣海瑞先後繼疏之嘉靖三十二年倭寇入吳淞江登岸焚掠三吳水道極衝此爲險要吳淞口南爲黃浦卽春申浦古東江之交三江之綰轂也志云舊闊三十餘丈今橫闊幾二里自嘉興府流入者曰秀州塘灌注於三泖自蘇州府流入者曰澱山湖亦匯流於三泖導流而東匯南北兩涯之水達吳淞江入海海水鹹鹵此地不異江湖饒灌溉之利蓋吳淞黃浦婁江三江之水匯流歸墟北則大江注焉又北則黃淮入焉迴洑蕩激於數百里間鹹水不得進故與南北獨異水利財賦甲天下而爲列朝之所重也河渠紀聞

馥案三吳水利甲天下固由地勢使然亦由人力疏浚得法故永遠不廢特擇明以後大工撮記於後

洪武六年發松江嘉興民夫二萬開上海胡家港至漕涇一千二百餘丈時資蓄洩以便海漕也胡港之南卽劉河其南卽吳淞口爲分洩太湖之正河少北爲楊林卽范文正所疏之茜涇也其上爲七了浦又北爲白茅港皆宣洩澄昆承諸湖之水入海者也其時用海運餉遼卒故通港口以利餉道河渠紀聞洪武二十九年濬京口至呂城漕河修犇牛呂城壩築練河斗門時京口閘廢漕運轉新河江陰二港出江多爲風濤所擊舟數敗練湖有三斗門廢壞不能蓄水濟運民田亦不稔故有濬淺甃壩之舉同上明世宗嘉靖三年林文沛開華亭南橋金匯盤龍南嵩米市等塘官路青村等港官莊尹山等涇上海走馬周浦鹽海

諸塘瀉當湖三泖澱山諸水使各通黄浦吳淞江以入海按古人開港浦溪塘瀴瀝之水使曲達於江凡以東南江海之岸皆高水積其中勢若盤盂恃有通江之道匯流歸海錢氏時置撈淺軍四部七八千人專事疏導華亭上海各港浦皆瀉當湖三泖澱山諸湖之水通吳淞黄浦以入海者必當有事也林文沛請修水利疏略云浙西天目諸山西來之水皆歸太湖并流入陽城昆承澱山三泖等湖其性本皆欲東禹相地分流疏其東北入海者爲婁江東南流者爲東江并淞江爲三江以分洩之自是不聞有水患後世近江淤泥之地悉成土田而東江之故道塞矣由是欲使東江之水迤邐北旋會入淞江而就下之性遲矣故後人於常熟縣北開二十四浦導入揚子江又於崑山縣東開一十一浦分納入海所以補東江不通之力也又慮潮

沙易淤各於浦口置立板牐潮來則扃之以禦泥沙歲旱亦扃之以備灌溉又於牐外或設閘江之卒或設撩淺之夫皆所以決壅塞而防泛溢也夏原吉引吳淞水入劉河縱浦橫塘多湮文沛疏華亭上海之港浦通源導委不獨減洩水勢亦爲澤國農田之大利潦則歸海車水出田而水有所去旱則通潮車水入田而水不患涸然往往不易集者何也東坡云官吏憚其經營百姓畏其出力所以累行而中輟不能成久遠之利募夫供役必責成於有司力役需費多取辦於富戶豪猾因緣爲奸無知小民未見日後之利但懼目前之擾所以成事則難壞事則易嘉慶壬戌疏太倉劉河七浦通海之港而於嘉定寶山華亭上海之練祁南橋盤龍浦匯周浦諸塘以次疏導是年春夏之交大水賴海口暢洩得不爲患夏至後彌月不雨潮汐一日兩

至支港皆通車戽易便松太歲獲有秋此則開江通渠之明效大驗上同 明英宗正統五年蘇撫周忱浚吳淞江及崑山顧浦先是周中丞奏豁蘇松積逋重賦有功德於民至是爲民興利先及吳淞爲探本窮源之道次及顧浦導其流顧浦在大盈浦之南土人有三江口之稱鑿之使水南入於吳淞即疏吳淞之上流也取中坻開出之土築兩岸隄塘束水東歸於海不使溢入南北溝漕力聚而淤不停善後之道也呂光洵言蘇松水利論事非難建事而能成事爲難前時經理吳中者凡十數人有功於水者殆不過數人惟蘇撫周忱功效最著吳民至今思之非獨忱之才智過人亦由委任特專所歷年又久故得以盡行其志近時疏治水患多欲以歲月成功故雖賢者不能爲國遠慮此所謂成事之難也惟務爲久長之計凡一應錢糧夫役與夫疏治經略之宜工程緩急之序聽其便宜從事而責成功爲其沿河州縣有司凡遇升遷行取給由者必考其水利有效方予上考其遷延玩愒及處置乖方費財而僨事隨事糾治以懲不恪如是則事有定規人有定志而成功可期斯言信矣而其要總在得人得人則治不得人則不治專委任以責成功其言正自不易如周中丞之有功於吳固亦有由然哉上同 明孝宗宏治元年命工部主事朱子親開吳淞江顧甯人云世言水利復溧陽之五堰杭州之長河隄常州之望亭堰使水不入太湖此欲殺其上流也開吳淞江劉河白茆七了諸浦使水或南或北俱入於海此欲決其下流也倣古迹於江湖之旁各分爲塘浦是又於下流而貫通之也築圩岸以圍田作堰遏水畢歸塘浦使東去之水滿盈迅疾所以爲內之勢也置牐以限海水之至使

沙不入而水易出所以爲外之防也是數者盡之矣而歸熙甫云太湖入海之道獨有吳淞江一路愚農貪田腴圍占淞江日隘議者不尋其本別浚港浦而淞江之勢日失海口遂至堙塞自始興王浚以淞江滬瀆壅噎不利從武康紵谿爲渠浛直達於海穿鑿之端自此始余以爲治吳之水宜專力於淞江疏太湖之水東下餘水以次順治然吳江圍佔湖田已數百年誠有積重難返之勢朱子覲以邊氛未靖而不果開江亦知其難也節錄同上明孝宗宏治五年命工部侍郎徐貫經理蘇松水利濬吳江長橋導太湖散入澱山陽城昆承等湖又開崑山東南之大石青浦西北之趙屯等浦洩澱山湖水由吳淞江入海開吳江西北之白魚洪夔江上源之鮎魚口等處洩昆承湖水由白茆港入海闕斜堰七浦鹽鐵等塘洩陽城湖水由七了港入海下

流既通由是開湖州之漊涇洩天目安吉諸山之水自西南入太湖開常州之百瀆洩溧陽鎮江練湖之水自西北入於太湖又開諸陡門洩運河之水由江陰入大江上流亦通不復堙滯凡修濬河涇港瀆湖塘陡門隄岸百三十五道東南水利略具同上明孝宗宏治十年開白茆海口按王守溪吳郡治水記云吳淞江入海雖近而多涸其別出一支從常熟白茆港入海最大且駛而海沙淤塞自成化以來每議開濬畏其難而止是港輸昆承陽城諸湖而注之海往時水由是行闊六十丈亙九十里通潮往來吐洩湖泖張士誠大加浚治設壩淺夫歲濬爲常永樂中夏原吉治水慮水獨從七浦入海於湖水交會之衝作斜堰障之分其流注於白茆天順中潮沙日漲港漸狹小其後又有水之獨出七浦而決壞斜堰者於是水遂改道更無流波衝

洗潮泥而沙漲日甚至是集衆大開東起海口西抵支塘闊五十六丈深一丈七尺其因白茆而濬者其上爲鮎口其旁爲尤涇鹽鐵塘皆通白茆並治之是年濬吳江水口口在長橋外橋長二里許有七十二洞外匯爲大沼太湖之咽喉也久爲蘆荻阻礙成淤加工疏治三閱月皆以成告蓋以鮎魚口爲白茆上游長橋爲諸水上游故以次并治而尊其源也（同上）

明成祖永樂三年河決河南馬村隄命本司官躬督民丁修治（明太宗實錄）

是年修無爲州周興等鄉及鷹揚尉烏江屯緣江圩岸（河渠紀聞）

大江在州東南上接桐城之百丈墩下距和州裕溪口二百三十餘里夾山朴樹奧樓諸河交通裕溪達於大江周興鷹揚等鄉及烏江屯皆江流衝激之所隄堰修治歲必有事江水自岷山盤亙巴荆乘高而來漢自北入彭蠡自南入三江並持東下至江西之湖口縣入南境逕宿松桐城銅陵抵無爲勢如建瓴江防考無爲江道江心與銅陵繁昌對境州東南泥汊河流入於江上自鯉魚套下至薛家灣泥汊東北爲奧龍河江道上自薛家灣下至奧龍墩又西南爲土橋河上自石灰河下至鯉魚口皆通江潮資灌溉又爲大堰以防衝決江流至此闊而多夾風動浪湧防守不易顧甯人云無爲多山而近江其地平夷與江水相低昂又爲巢湖諸水所出故多圩田皆引河渠爲灌所利不啻萬頃（河渠紀聞）

明成祖永樂五年湯陰縣言河溢（湯陰今河南彰德府湯陰縣治　明太宗實錄）

明成祖永樂七年正月陳州衛言河水衝決城垣三百七十六丈護城隄二千餘丈請以軍民兼修從之（明太祖實錄）

明成祖永樂八年五月至八月霪雨河溢壞開封府舊城民被患者萬四千一百餘戶没田七千五百餘頃上命戶部遣人巡視安撫明太宗實錄

明成祖永樂九年三月浚河南黄河故道明太宗實錄

是年河決魚臺河渠紀聞

張信祥符人爲工部右侍郎河決開封遣信視之請疏魚王口在祥符縣郤由古汴渠下徐州之支河至中灤故道二十餘里繪圖以進詔如其議役十萬人浚之決遂塞明史河渠

是年濬會通河明史河渠志

二月己未開會通河河自濟甯至臨清舊通舟楫洪武中河岸衝決河道淤塞故於陸路置八遞運所每所用民夫三千車二百餘輛歲久民困其役永樂初屢有言開河便者上重民力未許至是濟甯州同知潘叔正言會通河道四百五十餘里淤塞者三之一浚而通之非唯山東之民免轉輸之勞實國家無窮之利乃命工部尚書宋禮都督周長往視禮等還極陳疏浚之便且言天氣和霽及時用功於是遣侍郎金純發山東及直隸徐州民丁驅制應天鎮江等府民丁併力開浚民丁公給糧賞而蠲其他役及今年田租命尚書宋禮總督之遣吏部侍郎師逵以太牢祭山川城隍之神仍命御史二員監督　六月乙卯會通河成河以汶泗爲源汶水出甯陽縣泗水出兗州府至濟甯州而合置天井閘以分其流南流達於淮而河則其西北流也由開河過東昌府入臨清縣計三百八十五里深一丈三尺廣三丈二尺役軍夫三十萬用工十旬蠲租稅百一十萬二千五百有奇自濟甯至臨清置閘十五閘置官立水則以時啟

閉舟行便之（明太宗實錄）宋禮以會通之源（宋禮字大本撫甯人明諡康惠國朝封甯漕公史稱其性剛馭下嚴急故易集事然亦不爲人所親乾隆三十八年河督姚立德奏請宋禮後人宋心濟照白英後人例世襲八品頂戴奉祀）必資汶水乃用汶上老人白英策築堽城及戴村壩（戴村壩西距東平州治四十五里西南距汶上縣四十五里壩長一百二十六丈分三道北爲玲瓏壩中爲亂石壩南爲滾水壩伏秋漲發沙由玲瓏亂石洞隙隨水滾瀉冬春水弱上下俱清則築土堰匯流濟運所以水不泛溢沙不停淤自何國宗於三壩內增築石壩一道高寬堅實無隙通沙田文鏡拆去改建磯心五十六座中留水竇五十五門安設牐板當時即不能啟閉另築土壩名春秋壩嗣又於中開迎溜之處用石壩塞兩頭各留八洞下板攔東春秋壩悉行起除以後屢沖屢修今則見三壩皆滾水無玲瓏亂石之意矣又壩上一里許有灰土滾水壩横一道長約八十丈被水沖斷兩處年年修補徒費而無益也）亙五里遏汶流使無南入洸而北歸海匯諸泉之水盡出汶上至南旺中分之爲二道南流接徐沛十之四北流達臨清十之六南旺者地勢高決其水南北皆注所謂水脊也又相地置閘以時蓄洩自分水北至臨清地降九十尺置閘十有七而達於

衞南至沽頭地降百十有六尺置閘二十有一而達於淮禮又奏濬沙河入馬常泊（馬常泊當卽馬場湖）以益於汶（明史稾）明成祖肇建北京轉漕東南水陸兼輓仍元人之舊參用海運逮會通河開海陸並罷南極江口北盡大通橋運道三千餘里綜而計之自昌平神山泉諸水匯貫都城過大通橋東至通州入白河者大通河也自通州而南至直沽會衞河入海者白河也自臨清而北至直沽會白河入海者衞水也自汶上南旺分流北經張秋至臨清會衞河南經濟甯天井閘會泗沂洸三水者汶水也自濟甯出天井閘與汶合流至南陽新河舊出茶城會黃沁復出夏鎭循泇河達直口入黃濟運者泗洸小沂河及山東泉水也自茶城秦溝南歷徐呂浮邳會大沂河至清河縣入淮後從直河口抵清口者黃河水也自清口而南至於瓜儀者淮揚諸湖水

也過此則長江矣長江以南則松蘇浙江運道也淮揚至京口以南之河道謂之轉運河而由瓜儀達淮安者又謂之南河由黃河達豐沛曰中河由山東達天津曰北河由天津達張家灣曰通濟河而總名曰漕河其踰京師而東若薊州西北若昌平皆嘗有河道轉漕餉軍漕河之別曰白漕衞漕閘漕河漕湖漕江漕浙漕因地爲號流俗所通稱也淮揚諸水所匯徐兗河流所經緊人力是繫故閘河湖於轉漕尤急閘漕者卽會通河北至臨清與衞河會南出茶城口與黃河會資汶洸泗水及山東泉源泉源之派有五曰分水者汶水派也泉百四十有五曰天井者濟河派也泉九十有六曰魯橋者泗河派也泉二十有六曰沙河者新河派也泉二十有八曰邳州者沂河派也泉十有六諸泉所匯爲湖（按大清會典載徐沛山東諸湖在運河東者儲泉以益河之不足曰水櫃在運河西者分

溉以洩河之有餘曰斗門而淮揚諸湖卽爲運道其山東新舊各泉可引以濟漕者派分爲五入汶河爲分水派入泗沂濟及天井閘漕河爲天井派入白馬河及南陽棗林魯橋閘河爲魯橋派入南陽新河爲新河派卽沙河派入邳州河爲邳州派）其浸十五曰南旺（南旺湖在汶上縣周圍一百五十餘里漕渠貫其中西岸爲西湖東岸爲東湖汶水自東北來界分東湖爲二二湖之下北爲馬踏湖南爲蜀山湖又南爲馬場湖各湖通連馬場湖周圍四十里舊有隄歲久沖潰與運河相通河水稍盈卽洩入湖每致淺涸明時築長隄六十里內外植柳更置減水閘五座）東西二湖周百五十餘里運渠貫其中北曰馬踏南曰蜀山曰蘇魯又南曰馬場又南八十里曰南陽（南陽湖在滕縣魚臺縣界內卽獨山湖周圍七十六里）亦曰獨山周七十餘里北曰安山（安山湖在東平州界運河西岸今廢爲民田）周八十三里南曰大小昭陽（昭陽湖周圍八十餘里在滕沛魚臺三縣界內舊設減水閘十四座今存四）大湖袤十八里小湖殺三之一周八十餘里由馬家橋留城閘而南曰武家曰赤山曰微山曰呂孟曰張王諸湖（赤山湖微山湖呂孟湖張莊湖四湖相連長八十里在徐州界由韓莊閘入運河）連注八十里引薛河由地浜溝出會於赤龍

潭並趨茶城自南旺分水北至臨清三百里地降九十尺爲閘二十有一南至鎮口三百九十里地降百十有六尺爲閘二十有七其外又有積水進水減水平水之閘五十有四又爲壩二十有一所以防運河之洩佐閘以爲用者也其後開泇河二百六十里爲閘十一爲壩四運舟不出鎮口與黃河會於董溝河漕者卽黃河上自茶城與會通河會下至清口與淮河會其道有三中路曰濁河北路曰銀河南路曰符離河南近陵北近運惟中路去陵遠於運有濟而河流遷徙不常上流苦潰下流苦淤運道自南而北出清口經桃宿溯二洪入鎮口涉險五百餘里自二洪以上河與漕不相涉也至泇河開而二洪避董溝闢而直河淤運道之資河者二百六十里而止董溝以上河又無病於漕也湖漕者由淮安抵揚州三百七十里地卑積水匯爲

澤國山陽則有管家射陽（管家湖在淮安府城西）寶應則有白馬汜光（白馬湖長三里汜光湖卽寶應湖長三十里）高郵則有石臼甓社武安邵伯諸湖（邵伯湖長十八里在江都縣）仰受上流之水傍接諸山之源巨浸連亙由五塘以達於江慮淮東侵築高家堰拒其上流築王簡張福二隄禦其分洩慮淮侵而漕敗開淮安永濟高郵康濟寶應弘濟三月河以通舟至揚子灣東則分二道一由儀眞通江口以漕上江湖廣江西一由瓜洲通西江嘴以漕下江兩浙本非河道專取諸湖之水故曰湖漕（明史河渠志）

馥案會通河命脈全恃汶水南北分流而尤賴四水櫃以備緩急水櫃不修至引黃以濟則大失初意矣嘉靖中河道都御史王廷奏疏語頗詳略曰宋禮陳瑄經營漕河既已成績乃建議請設水櫃以濟漕渠在汶上曰南旺湖在東平曰安山湖在濟

甯曰馬場湖在沛縣曰昭陽湖名爲四水櫃水櫃卽湖也非湖之外别有水櫃也漕河水漲則減水入湖水涸則放水入河各建閘壩以時啟閉故問刑條例一款凡故決盜決山東南旺湖沛縣昭陽湖蜀山湖安山積水湖各隄岸爲首之人發附近衛所係軍調發邊衛各充軍此見在條例可考仰測累朝嚴禁之意豈不知各湖可閣以與民以取徵賦之入哉蓋以利有大於此遠於此者不可以小害大以近妨遠也臣近巡歷泰安甯陽等處竊見漕河所資止泰山諸泉自新泰萊蕪等縣經流汶上曰汶河雖以河名而實則諸泉之委匯也然諸泉之水濬則流不濬則伏雨則盛不雨則微故汶河至南旺分水南北則水勢益小非有閘座以時蓄洩則其涸可立而待也每年春夏之交天旱水涸而阿城七級之間阿城七級兩閘在張秋之北地勢最高如置水堂坳

之上舟膠而不可行非借安山等湖之水以濟牽輓卽進鮮船隻亦不能依限入京矣故宋禮諸臣議設水櫃誠有見於此耳計今一百六七十年爲國家長久之利豈其微哉今四湖俱在而昭陽湖因先年黃河水淤平漫如掌已議召佃而安山南旺二湖不知何時被人盜決盜種認納籽粒以致河乾水少民又於安山湖內復置小水櫃以免淹漫遂致運道枯澀漕艘不通嘉靖十二三年加以黃河南徙兩湖水澀其時在朝諸臣講海運則迷失其故道修膠萊河又徒費而不成上廑皇上宵旰之憂敕遣兵部侍郎王以旂往視井爲經理以旂至訪究弊源建議修復官河築隄岸建水門閘座以圖永久素嘗盜種盜決之民盡行問遣驅逐不許佃種題奏欽依施行迄今漕河無阻今據各官開報之段湖中水落露出高阜地止四百四十三頃若

再奉例召令佃種則將一家開報數名占種不計頃畝遇水發入湖恐傷禾稼必盡決隄防以滿其望則漕河何所賴哉今鄒滕沂費東平汶上之閒拋荒地土不知幾千百萬頃即安山湖外荒地亦不知幾千百頃而東平汶上之民必欲舍彼而就此者以民田納糧養馬當差湖地止認納籽粒況未必皆貧困之民也昔東平民曾以安山湖地投獻德府隱佔地畝莫能誰何後被查出方歸於湖且安山湖舊稱延袤百里今止量七十三里以此推之甯望其辦納籽粒保全河隄耶今據郎中汪泓等召納租人數計算每畝照今例五分止得銀六百兩有奇若盡湖中高阜地止得二千二百兩有奇亦非有大利也今每年河漕轉輸四百萬之外輸將於京師者又不知幾千百萬焉則其利孰多孰寡而京儲與邊餉孰重孰輕此不較而知也今之欲

種湖地者乃倡爲水入而不能出之說臣近親歷各湖湖高於河殆六七尺春夏水涸尙借各湖之水以濟漕況各湖原設水車各三百五十輛若遇盛旱亦令車水以濟奚謂入而不出乎臣又覽觀地勢詢訪民謠湖櫃之設不但漕河有利而庶民亦有賴焉蓋泰山以西地漸窪下夏秋水發俱奔注此中宋嘉祐鉅野曹濮壽張之閒遂成巨浸是以有梁山水泊之亂今東平去梁山不遠而水旣入湖湖外皆納糧民地也若隄防稍廢則水將漫衍淹沒而嘉祥一帶又成巨浸矣是所利者只數百家而所害者將幾千百萬家事有召釁法有啟奸不尤可慮乎此就其害於下者言之耳若湖廢河乾漕運不通其所關係尤重且大不可不深慮也。（北河續記）

明成祖永樂十年陽武縣言河決中鹽隄二百二十餘丈漫流中

牟祥符尉氏諸縣明太宗實錄

上遣工部主事藺芳按視芳言隄當急流之衝夏秋水漲往往決阤請以新開河岸捲土爲埽樹樁捍禦之庶不至重爲民患從之　九月藺芳言天下之水唯河爲大故水患唯河爲甚今於中灘分導河流使由故道北入於海河南之民免於昏墊誠萬世之利然緣河新築護岸埽座止用蒲繩泥草不能經久臣愚以爲若用木編成大囤若欄圈然置之水中以樁木釘之中實以石卻以橫木貫於樁表牽築隄上則水可以殺隄可以固從之　十二月左副都御史李慶等劾奏河南三司官坐視河決不奏幸蒙恩宥令躬督修治又轉委僚屬而不親行以致軍民勞而無功上曰下不恤民患上不奉君命其治之如法明太宗實錄

按芳策與張信同用木囤則王延世竹落遺法也延世以此成功芳襲之而仍效久矣古人之成法不可不知也河志

是年築海門捍潮隄河渠紀聞

按此卽唐之捍海堰宋范文正修之名范公隄者河渠紀聞

明成祖永樂十一年六月修朝州衞城以河水衝決故也八月河南言遂平縣河決隄岸遂平今河南汝甯府遂平縣治**皇太子遣官撫視修築**明太宗實錄

明成祖永樂十二年八月河溢壞河南土城二百餘丈明太宗實錄

明成祖永樂十三年開清江浦河道明太宗實錄

凡漕運北京舟至淮安過壩度淮以達清河口挽運者不勝勞平江伯陳瑄時總漕運故老言淮安城西有管家湖自湖至淮河鴨陳口僅二十里與清河口相值宜鑿河引湖水入淮以通漕舟瑄以聞遂發軍民開河置四閘曰移風曰清江曰福興曰

新莊以時啟閉人甚便之（明太宗實錄）

是年建淮安五壩（淮安今江蘇淮安府山陽縣治　南河全考）

仁字壩義字壩在新城東門外東北自城南引湖水抵壩口外即淮河遇清江口淤塞運船經此入淮禮智信三壩在新城西門外西北引湖水抵壩口外即淮河遇清江口淤塞則官民商船經此達於淮（南河全考）

陳瑄字彦純台肥人成祖即位封平江伯先是漕舟道海島島人恐多避遷瑄招令互市平其直人交便之海溢隄圮自海門至鹽城凡百三十里命瑄以四十萬卒築治之爲捍潮隄一萬八千餘丈瑄言嘉定濱海地江流衝會海舟停泊無高山大陵可依請於青浦築土山方百丈高三十餘丈立堠表識既成賜名曰寶山（寶山即今寶山縣劃嘉定地立縣）帝親爲文記之宋禮既治會通河

成朝廷議罷海運仍以瑄董漕運議造淺船二千餘艘初運百二萬石寖至五百萬石國用以饒時江南漕舟抵淮安率陸運過壩踰淮達清河勞費甚鉅瑄用故老言自淮安城西管家湖鑿渠二十里爲清江浦導湖水入淮築四閘以宣洩之又緣湖十里築隄引舟由是漕舟直達於河省費不貲其後復濬徐州至濟甯河又以呂梁洪險惡於西别鑿一渠置二閘蓄水通漕漕舟便之又築沛縣刁陽湖濟甯南旺湖長隄開泰州白塔河通大江又築高郵湖隄於隄内鑿渠四十里避風濤之險又自淮至臨清相水勢置閘四十有七作常盈倉四十區於淮上及徐州臨清通州皆置倉便轉輸慮漕舟膠淺自淮至通置舍五百六十八舍置卒導舟避淺復緣河隄鑿井樹木以便行人凡所規畫精密宏遠自理漕河者三十年舉無遺策終明之世漕

運穎之卒封平江侯諡恭襄明史蕃

是年山西解州硝池水溢入鹽池命官修築河渠紀聞

明成祖永樂十四年七月河南開封等府十四州縣霪雨黃河決隄岸沒居民田稼明太宗實錄

是年河經懷遠由渦入淮其小黃河仍由徐州故道入淮二河并行凡三十八年河渠紀聞

明成祖永樂十六年七月大名府魏縣今直隸大名府元城縣西少北四十里言河決隄岸十月行在工部言河南黃河溢決埽座四十餘丈遣官修築明太宗實錄

明成祖永樂二十二年九月仁宗已登極以河南黃河泛溢祥符陳留鄢陵太康陽武原武諸縣多傷禾稼敕免今年稅糧馬草明仁宗實錄

明宣宗宣德元年六七月河南布政司奏六月至七月連雨不止黃汝二河溢開封府之鄭州及陽武中牟祥符蘭陽滎澤陳留封邱鄢陵原武九縣南陽之汝州今河南汝州治河南府之嵩縣今河南河南府嵩縣治多漂流廬舍淹沒田稼明宣宗實錄

明宣宗宣德三年九月河南開封府之鄭州祥符陳留滎陽滎澤鄢陵杞中牟洧川等十縣河水泛溢上命戶部遣人覆視免其租明宣宗實錄

明宣宗宣德六年六月河決開封沒八縣明史五行志

是年命官軍兌運民糧河渠紀聞

成祖建都北京漕江淮粟漕運之規隨時更改初水陸轉漕皆因民運民運不給易以支運支運不常再易民運民運後期更定兌運法屢易而未盡善也初以會通河開造淺船三千分遣官軍就近輓運交淮徐德通四倉名曰支運迨後官軍多所調

治水述要卷二　卆一

遣不敷應用易以民運令江廣江浙南北諸郡之民轉粟於淮徐臨清各倉官始接運至京民運至千里以外道遠愆期往返經年有妨農業復令民兌與附近衛所官軍（衛所官軍即今各衛守備所轄旗丁）（咸豐五年銅瓦廂河決水行山東清河口運道淤阻南漕停運改徵折色惟河南山東有漕光緒末年改衛田為民田屯軍為民籍漕運之事全停惟歲就蘇浙之糧輪船海運百餘萬石而已）運載至京量給耗米及道里費謂之兌運又議定耗米遠近爲差民願兌不願兌者聽又給輕賫銀爲洪牐盤撥費且准附載他物以贍軍民以遠運爲艱亦從兌運此明時漕運之規例也然民運則有盤剝之累交軍則有掯勒之虞軍民授受既有乖政體亦重困民力今易以官兌官收官軍長運至京倉交收優恤視前有加斯不敝之善法也（河渠紀聞）

明英宗正統元年七月開封府奏淫雨連綿河隄衝決（明英宗實錄）

是年兩畿山東河南陝西湖廣廣東大水開封彰德河南衛輝懷慶所屬州縣河隄衝決（河渠紀聞）

是年開金龍口舊渠分引黃水通張秋濟運（明英宗實錄）

時儹運糧儲總兵官及各處巡撫侍郎至京會議軍民利便條陳內載一金龍水接張秋大黃寺鳳池口水接徐呂二洪俱是引水通運之處宜令工部委官巡視遇有淤塞會同河南三司鳩工疏濬（明英宗實錄）按此卽張秋屢潰之由知爲漕運之利而未計及害相因而至也初宋禮分水南旺處北河水小於金龍口建壩分黃河之水以達張秋陳瑄時復修之渠口土壩勢難久安一有疏漏爲患不測宋禮專治會通而防患未周陳瑄知治運而不知治河張伯行謂引黃濟運計利不計害習近忘遠此類是也（河渠紀聞）

明英宗正統二年九月河決陽武原武滎澤，次年又決陽武。明史五行志

是年築江陵松滋公安石首潛江監利沿江決隄。河渠紀聞

按江水發岷山，抵巴東入荆襄，至岳陽與洞庭合，其受決害之大而最甚者惟荆州一郡，夾岸南北凡六縣，北岸則江陵監利，南岸則枝江松滋公安石首，是時洪水所至，決隄無慮數十處，而極受害者枝江之百里洲，松滋之朝英口，江陵之虎渡黄灘，李埠公安之塪頭艾堰，石首之藕池諸隄，衝塌深廣，最難爲力者也。宣德中修江陵枝江南北沿江隄岸，旋修旋決，迄無已時。先時荆州民言城西江水高城十餘丈，霖潦隄壞，水即灌城，請先事修治，至是決口愈多，遣官以次修治，胡在恪江陵隄防議云：自漢晉以來，荆州大水，史不勝書，隄防之功，信有不可緩者。議者謂荆南以開古穴口爲上策，此溯本窮源之論也。江水分流於穴口，穴口注流於湖渚，湖渚洩流於枝河，枝河瀉入於江海。今古穴口如章卜等穴，故道皆爲廛舍畎畝，罕存舊迹，虎渡枝河流注澧江，同入洞庭，江南之溪水俱注之，郝穴枝河流出漢口，與大江復合，江北之溪水俱注之，衆水會合則流行不絶，注瀉有河，則水道不壅，荆南猶幸二穴獨存，可以分大江南北之勢，但二穴枝河多淤，必勤疏浚，使復淤如古穴，荆南皆墊。又非修築隄防之所能治矣。河渠紀聞

明英宗正統四年沁河決馬曲灣，入衞河，沁黄衞三水相通，塞決後始止。河渠紀聞

明英宗正統五年七月河南開封彰德諸府自五月至七月霪雨，河水泛漲。明英宗實錄

明英宗正統八年七月久雨黃河汴水泛溢壞隄堰甚多詔隨宜浚築之明英宗實錄

明英宗正統九年閏七月直隸大名山東濟南河南開封衛輝懷慶各奏河溢明英宗實錄

明英宗正統十年九月河決金龍口陽穀隄張家黑龍廟口上命山東三司亟修完之明英宗實錄

明英宗正統十二年七月河決張秋沙灣在山東張秋鎮南入海壽決滎澤入海工部尚書石璞治之續文獻通考

明英宗正統十三年六月大名河決淹三百餘里壞廬舍二萬區死者千餘人河南濟南青兗東昌東昌今山東東昌府聊城縣治亦俱河決七月甯夏大水河決漢唐二壩河南八樹口決漫曹濮二州抵東昌壞沙灣等隄明史五行志

十二月工部右侍郎王永和修沙灣等隄未成以冬寒停工且奏河決自衛輝八柳樹口宜敕河南巡河及三司官修塞上嫩責之明英宗實錄

是年河溢滎陽縣自開封府城北經曹濮二州陽穀縣陽穀今山東兗州府陽穀縣治以入運河至兗州府沙灣之東決大洪口諸水從之入海明會典

景泰四年河南巡撫王暹奏黃河舊從開封北轉流東南入淮不爲害自正統十三年改流爲二一自新鄉八柳樹決由故道東經延津封邱入沙灣一決滎澤漫流原武抵開封祥符扶溝通許洧川尉氏臨潁郾城陳州商水西華項城太原等處沒田數十萬頃而開封爲患特甚雖嘗於城西沿河築小隄內又築大隄皆約三十餘里然沙土易壞隨築隨決請於不被災府衛

州縣起倩軍夫倍築大隄用防後艱從之明景帝實錄

是年河徙開封西北滎澤縣孫家渡口入汴至壽州入淮七月河又決滎陽東過開封城西南經陳留自亳入渦口亳州今安徽潁州府亳州治又經蒙城至懷遠界入淮蒙城今安徽潁州府蒙城縣治懷遠今安徽鳳陽府懷遠縣治續文獻通考

明景帝景泰三年六月河決沙灣白馬頭七十餘丈明史五行志

明景帝景泰四年春夏河連決沙灣明史五行志

自河決沙灣水徑趨海運河膠淺或言沙灣以南地高水不得南入運河或云引耐勞坡水可灌運河但不免經沙灣宜別開河以避其衝或云引耐勞坡水南去則自此以北枯澀矣或言沙灣水勢湍急石礫沈下若羽非人力可爲宜以戒行僧道設齋醮符呪命大理寺卿石璞往治之按耐勞坡河渠紀聞作耐牢坡明英宗實錄覆案數策無一是者齋醮之語更屬可笑

徐有貞治河時有挽其議者曰不能塞河令不爲患而開之令爲患耶上遣中使問有貞貞出二壺一竅五竅者各一注水而併瀉之五竅者先涸於是使者曉然知疏策之爲良也歸報命而議決明史藁徐武功之得君可謂專矣而謂注水之壺即足徵信於洩水之宜是不盡然無論止水不可喻濁流壺漿不足測洪河也即以爲可洩而洩之洩之過多則淤之更甚始雖通而終必滯惟不各循其軌久自不能安流此所謂名存實亡也楊循吉言武功在張秋求得水源投以物不浮鑄長鐵柱洞釜底貫而下之不踰時遂塞謂鐵汁能蝕珠驪龍神其說以張大築塞之功未必信有徵也異時曹石傾陷即執續禹成功之券辭爲證其不能免於矜伐有由然也龐尚鴻謂河隄築塞多沈鐵其下謂鎮蛟龍大而蛟小龍神物也不爲害蛟屬木屬角宿

金能剋木取五行運化之義張文敏公於高良澗鑄鐵犀以五月五日重陽日鑄十六具分奠各險工犀牛屬丑丑屬土土能制水亦如蘇文忠建黃樓於徐城東北隅取土制水之義無他奇也必指其事以實之則鑿空而不可信史稱武功多智數喜功名功名之心勝御以智數不塞八柳樹而治沙灣病即坐此因不能盡事物之理行爲釜底抽薪之計也（河渠紀聞）

馥案沈鐵鑄牛虛誕毫無實濟惟石隄下當衝常處疏漏鑄牛於隄上以標識之以警巡守者其意固善也

景泰三年五月築沙灣隄成六月復決掣運渠水以東漕道阻塞初王永和通黑洋山西之水由太黃寺資運河東昌置分水牐放水入大清河而八柳樹工未施王暹石璞先後繼治濬黑洋山至徐州以通漕舟而沙灣如故議者言河決沙灣臨清告

涸地卑隄薄黃河勢急故隄完復決臨清至沙灣十二牐水勢甚陡漕過後洩乾牐河於臨清以南濬月河通舟直抵沙灣不復由牐則水勢緩而漕運通又議沙灣抵張秋岸薄故數決請於決處置減水石壩使東入鹽河則運河之水可蓄於是築石隄開月河費修畢工及汛水大至減水壩及南分水墩先圮盡衝墩岸橋梁決北馬頭掣漕水入鹽河軍民糧艘蟻聚臨清牐上下者以萬數艱苦萬狀時復有引沁分流入衞之議明年專命徐有貞治河（徐有貞初名珵字元玉吳人後爲石亨誣其自撰武功伯誥有攢禹成功等句擬不軌志徙爲民）貞至則謂八柳樹不可治專治沙灣先疏下流乃治決決止乃濬淤以次敷治上置水門開支河濬運河三策其略言水性可使通流不可使堙塞沙灣地土皆沙易致坍決作壩作牐皆非善計惟用王景水門法稍加損益於其閘置門於水而實其

底令高長水五尺水小則拘之以濟運水大則疏之使趨於海又言水勢大者宜分小者宜合黄河勢大易衝運河勢小易淺必分黄合運去其害而取其利請相地形水勢可分之處開廣濟河一道下穿濮陽博陵二泊及舊沙河上連東西影及小嶺（明英宗實錄作及舊沙河二十餘里上連東西影塘及小嶺等地）其內則有古大金隄可倚以爲固其外則有八百里梁山泊可恃以爲泄新置二閘以宣節之使黄水大不致泛濫小不致乾淺又言水行地中避高就卑故河道深則蓄水淺則走洩運河自宋禮浚深三丈其水丈餘日久沙淤陳瑄設淺鋪督軍丁兼挑故常通流今河底與岸平走水自易宜浚如舊其立論如此時有請急塞決口者有貞以時方冬令水涸易塞春水漲必決乃治渠起張秋金隄西南行百里踰范暨濮西北經博陵壽張沙河至東西影塘歷澶淵接

河沁凡河流之旁出不順者堰之堰有九長萬丈崇三十六尺厚什之架壽截流橫木絡竹實之石而鍵以鐵景泰六年七月功成河不東衝沙灣而北出濟漕乃浚漕渠北至臨清南抵濟甯又作放水閘於東昌之龍灣魏灣牖有八度水盈過丈則洩皆通古河以入海復於金龍口銅瓦廂等處開渠二十引河水濟運事不中制役以有成當時皆稱其能而事理有未盡者河渠志言沙灣之役實因黄河南決入淮始克奏捷有貞引河沁之水北出若使全河盡入沙灣非魏灣等閘所能分洩運河亦被受衝雖云節其過導其微未必盡使之循軌安流也惟有餘之水仍洩入南河故道斯得奏功沙灣決河垂十年而後塞有貞獨取濁河灌清河雖取效於數年濟運之窮而終未去黄之患故後即有宏治之決黄病而運亦塞勢有必然矣（河渠紀聞）正月

河決沙灣新塞口之南五月復大決沙灣北馬頭以東修渠決詔封河神爲朝宗順正惠通靈顯廣濟大河之神明會典是年命官塞沙灣口乃更作九堰八閘以制水勢復於開封府金龍口銅瓦廂等處開渠二十里引河水東北入運同上

是年四月遷河南原武縣治明景帝實錄

先是黃河決縣治城垣學舍俱淪沒古卷縣址去舊治十餘里地頗高爽乃遷於其處從巡撫王暹請也明景帝實錄

是年八月陝西大雨河決延安綏德等處延安今陝西延安府膚施縣治**城圮**明景帝實錄

明景帝景泰四年濬雲南東西二溝自松華壩黑龍潭抵西南柳壩南村灌田數萬頃河渠紀聞

按史志稱景泰中雲南鎮沐璘言城東有水南流源發邵甸會九十九泉爲一抵松花壩分爲三繞金馬山麓入滇池一從黑窯村流至雲津橋亦入滇池舊於下流築堰溉軍民田數十萬頃霖潦無所洩請令受利之家自造石閘啟閉以時報可明史河渠志

雲南城瀕於滇池城東北松花壩在滇池上流諸水咸會於盤龍山至松花壩分爲二注於滇池水之總匯也雨大則諸河皆漲築壩於南障其泛濫璘撫滇時置閘於壩因水之盈縮而時其啟閉蓄洩有資至是大挑東西二溝自松花壩抵城北七十里之黑龍潭迄西南柳壩南村沾溉益廣河渠紀聞

馥案元史張立道傳有洩昆明泉源得良田萬餘頃之語得官此土者躬視其事乃可興利案牘僅備參考而已

附錄雍正五年議開雲南平定哨南子河案

滇池爲南中巨浸周廣五百餘里合盤龍江黃龍溪諸水匯爲

此池滇池瀦諸川之水西惟一河洩之若咽喉然故名海口大河沿海財賦物產歲以萬計利害由於海口之通塞史記滇水源廣末狹有似倒流故曰滇其爲要津年久沙土淤塞河口至是奏請開濬疏稱昆明之滇池爲呈貢晉甯昆陽等四州縣衆水匯聚之區而海口大河又爲洩瀉池水之要道沿海各州縣田畝每患海水漫溢全賴此河洩瀉稍有淤塞則沿海田畝輒遭淹沒今親歷河干細閱形勢大河南北兩面俱山皆有箐水入河每至五六月間雨水暴漲沙石併流衝入大河而受水處河身平衍易於壅淤如北面有白塔箐腊龍箐二水合流洩入大河名耳宗牐壅淤之患猶小若南面則有瓦泥箐邪家園二水屬呈貢縣轄名普安牐一羅武箐一水屬晉甯州轄名清水牐有天自箐芭蕉箐二水屬昆陽縣轄明新村大牐皆直洩入

河中每年疏濬於農隙之時即壅塞於雨水之後不疏則淹沒堪虞開疏則人工徒費四邑沿海人民重累難堪茲查大河下流水勢漸陡至石龍壩奔流跌注入安甯州大河南面平定牐係雲箐水歸入大河之道正值水陡流急之處相度地勢諮詢輿情咸稱南面宜開一子河引普安清水新村等牐之水同至平定哨牐入河則泥沙石子不能停住一勞可以永逸所有開河宂去地畝給價抵補人夫照例四州縣派用若子河開成則昆明等四州縣可無水患而實獲水利矣（河渠紀聞）

明景帝景泰五年八月山東東昌兗州濟甯三府州大雨（兗州今山東兗州府滋陽縣治濟甯州今山東濟甯州治）河溢害稼（明景帝實錄）

明景帝景泰六年六月河決開封府高門隄二十餘里（明景帝實錄）

明景帝景泰七年六月河決開封河南彰德（今河南彰德府安陽縣治）田廬淹

没明史五行志

治水述要卷二

治水述要

二册

治水述要卷三（自明英宗天順元年至崇禎十六年）　全集七之三

秋浦周馥玉山甫纂　男學淵 學熙 學煇 孫明焯校字

明英宗天順元年六月原武滎澤二縣河溢（明英宗實錄）

是年淮安徐州衛輝懷慶俱大水河決（明史五行志）

明英宗天順三年濬南昌城中三湖（河渠紀聞）

南昌城中之水曰三湖九津三湖者蘇國迤北曰北湖廣濟橋至港思橋曰東湖同仁坊至學宮抵水關牐曰西湖總名曰東湖九津志義取洪範九疇所以洩三湖之水者也廣潤門二津惠民進賢順化永和德勝五門各一津章江門外二津津各引水歸濠水關橋置內外牐湖水盈則放水西達章江江湖俱溢則關外牐使江水不得入開內牐引湖達濠繞廣潤章江德勝永和四門而東注使城中湖水出豫章溝通流不滯范淶理濬二湖檄云舊時設箔於高橋自橋以西及城內水關橋不閉惟外水大漲乃下板築塞城外水關以禦外入去城內水關橋牐口之箔以泄內溢沿湖居民有佃占填湖塞窒水道者皆清出通豫章之溝府城南臨章江江水自南來匯南贛吉袁臨瑞撫建八郡之水至城下折北轉東入鄱陽湖地最窪下獨府城占高踞建瓴之勢統攝眾水江湖四圍環繞三湖九郡之水出入豫章溝流貫血脈此洪都之勝勢非獨為居茲土者疏壅而去淤也（河渠紀聞）

是年開直沽東北新河（新河在天津甯河兩縣界中南通大沽海河北通薊運河中隔十餘里今已淤平土人仍呼為新河　明英宗實錄）

先是直隸大河衛百戶閔恭奏南京並直隸各衛歲運薊州等

衛倉糧三十萬石駕船三百五十隻用旗軍六千三百人越大海七十餘里風濤險惡滯流旬月及有順風開船行至中途忽爾風變船半多被沉溺實非漕運之便臣見新開沽河北望薊州正與水套沽河相對止有四十餘里河徑水深堪行舟楫但中有十里阻隔若挑通之由此儹運則海濤之患可免雖勞人力於一時實千百年之計也（明英宗實錄）

竊案此河嘉靖以後常疏仍時患淤淺鼎革後河形遂平大凡開河須取有源之水朝夕流駛河槽終在此河兩頭接大河而皆通海潮潮漲頂託潮落停淤安能經久明時轉漕爲急常委官疏濬。而猶不免此患若爲民興利切不可創此等工程

明英宗天順五年七月河決開封土城築甎城禦之越三日甎城亦潰水深丈餘周王後宮及官民乘筏以避城中死者無算襄城水決城門溺死甚衆（明史五行志）

維開封城週迴二十里外則繚以隄當宋時近於城者唯汴蔡諸水而黃河流經城之東北以達於海至元時河始南徙逼城流合汴泗入淮正統戊辰亦嘗分決張秋口東北入海其後復東北入淮如故築隄護城其來蓋已久矣夫土疏固易遷徙而流雜泥沙又易淤澱以故水載高地隄日增而城益下也天順五年秋七月四日客水暴至河溢蹦防土城遂決越六日風激浪湧突北門而入平地水深丈餘王府及官衛儒黌廬井市廛無慮數萬區盡浸沒摧圮力能雇筏者僅以身免而老弱往往溺死上特命工部右侍郎瓊臺薛君遠往拯治之乃命官督夫下椿捲埽作截水隄二百四十餘丈浹旬隄就決口絕流而水趨故道首事於是年九月十二日而以明年二月二十六日竣

工（呂原記略）是年河自武陟徙入原武衛輝府之獲嘉縣河流遂絕（禹貢錐指）

明憲宗成化十二年四月陝西涇陽朝邑（涇陽今陝西西安府涇陽縣治）及金縣蘭州（金縣今甘肅蘭州府金縣治）水漲河決漂沒人畜無算（明憲宗實錄）

明憲宗成化十四年七月十三道御史以異災上言南北直隸山東河南等處五月以後驟雨連緜河水泛溢平陸成川禾稼淹沒人畜漂流死者不可勝記事下戶部覆奏上遣官賑濟（明憲宗實錄）

是年春黃河決祥符縣杏花營七月河決延津西夥村泛溢七十餘里又明年徙之縣南（河南通志）

是年河自延津徙入封邱而延津遂無河矣（禹貢錐指）

是年九月河決開封護城隄五十丈（明史五行志）

明憲宗成化十八年五月河南開封府州縣黃河水溢淹沒禾稼（明憲宗實錄）

明憲宗成化二十一年復設總河侍郎以杜謙總理河道浚運道自通州至淮揚（河渠紀聞）

鄭元慶謂謙達於事理自通抵淮揚去淤塞復水櫃修閘壩河乃復舊爲治河司運者之要訣今水學云水櫃之設原以蓄洩濟運遇有淤淺即當開浚而濱水之民貪利占佃庸吏縱令陞科水櫃盡變民田以致潦則水無所歸旱則水無所積蓄洩無由官民交困陞科之法非但不可行於水櫃亦斷不可行於兩河閘之淤灘與水爭地隔礙水道爲利甚小爲害極大即淮北之射陽湖江南之開家湖皆水櫃也皆不可稅而使水無所容也況川陸變徙無常田去糧存反以爲累此亟當清理者也牐漕以泉爲源而汶爲大諸湖輔之水微於春夏之交而灌輸方

盛水溢於夏秋之交而運事已竣則惟有節宣一法秋終閉陡門以蓄水待運春終啟封板以通水濟運斯爲得之若循古法去淤導泉修牐壩歲以爲常而不廢事則無膠舟之患矣（河渠紀聞）

是年議疏平涼利民渠（河渠紀聞）

按陝之平涼郡治壤接涇州土地平衍廣袤數百里涇水經流其間引以灌田易荒瘠爲膏沃以利民裕國有實心而後有實政婁謙平涼利民渠說云圖志所載平涼故無渠堘居民習以成俗舉目前塡淤之水任其奔流置爲棄物成化甲辰屬歲大祲嬀川李公衍鎭撫關中周諏民隱創堰以佐耕疏決河渠弭變興利蓐食平涼率屬荒度土功郡之豪右强粱出而齟齬毅然不恤躬親調度始自府城治北瀹暖泉以灌蔬圃繼分別涇水聯絡成渠南引金龍池白水驛河合流花莊開一大渠又疏百泉王村金池瓦窯等溝西引汭水分流灌注城東地高河下難築堰堘股引木家路家等溝之水接濟計渠六十有二爲里二百溉田三千頃有奇渠之制深十五六尺廣六七尺上爲梁通行旅建石刊木架水槽以接不通壘堰壩以固河防工於是成此於圖志所無之渠堘獨闢利源渠水衍溢土脈漸漬爲利普而費則省宜民之善政也（河渠紀聞）

明孝宗宏治二年五月河決開封黃沙岡抵紅船灣凡六處入沁河所經州縣多災省城尤甚（明史五行志）

是年五月河南守臣奏河決開封黃沙岡蘇村野場至洛裏隄蓮池高門岡王馬頭紅船灣六處又決埽頭五處沁河所經郡縣多被害而汴梁尤甚（明孝宗實錄）

是年河決支流爲三其一決封邱金龍口漫於祥符長垣下曹

濮衡張秋長隄一出中牟下尉氏一氾溢於蘭陽儀封考城歸德以至於宿灦漫四出不由故道田禾盡沒民溺死者衆議者奏遷河南藩省以避其害左布政司徐恪力陳不可乃止命白昂往治之（白昂字廷儀武進人官至刑部尚書）昂舉南京兵部郎中婁性協治乃築陽武長隄以防張秋引中牟之決以入淮浚宿州古睢河以（[illegible]）達之又疏月河十餘以殺其勢塞決口三十六由河入汴汴入睢睢入泗泗入淮以達於海水患稍息昂又以河南入淮非正道恐不能容乃復自魚臺歷德州至吳橋修古河隄又自東平北至興濟鑿小河十二道引水入大清河及古黃河以入海河口各作石堰相水盈縮以時啟閉蓋東北分治而東南注疏云（明紀事本末）

李東陽曰河之爲患自古有之漢以後衝決無常治法亦異有塞有浚有疏而疏之說勝國朝凡四決後爲張秋都堂徐公有貞治之有撓其議者曰不能塞河而顧開之耶使者至徐出二壺一竅五竅者各一注而瀉之則五竅者先涸使歸而議決此白公昂之親得於見聞者也金龍之決山東以爲憂而河南復虞其塞議之弗定亦久矣白公既從其議於是倍增汴隄又疏其下流諸河故兩省之民咸宜之疏之效亦明矣哉（康濟論）

李東陽謂康敏治金龍得疏之效然治無定法因事順導疏以導流而防其旁洩束水而水自刷沙築之乃所以疏之也引溜歸河而得水之力疏之卽所以築之也夫水以氣聚而怒激多穿漕渠洩其氣正流力衰而行遲停淤則就下之性不遂而旁洩之患繼至宋神宗言後世以事治水故常有礙以道治水無違其性陳潢中其說謂以人治水不如以水治水以水之道

治水人力固有所不及也導河者鑿河之形人力所成十之二引河之勢水力所辮十之八故魏灣以下分爲十二河不可持久也康敏治運河開複河於高郵隄東擁土爲隄引舟內行避甓社諸湖之險人懷利涉賜名康濟而於治開封諸決不能安流於數歲之後蓋運河以人治者也黃河以水治者也康敏分水而愈不治殆徒知以智役水而未灼然於以水治水之大而可久其識量猶有閒矣越三年河決張秋渠道淤廢固知分水之不可常恃也河渠紀聞

複案黃河水急則挾沙而行緩則水去沙停分水太多溜行無力自不能免停淤之患河槽愈淤愈高一逢大漲必亂流橫出受害多矣束水攻沙並非束縛逼迫之謂但寬立隄防約攔盛漲使不外溢則河槽常見深通河渠紀聞詞費而理仍晦不若潘季馴靳輔兩公所言明切

明孝宗宏治五年河溢汴梁之東蘭陽鄆城諸縣皆被其患復決楊家金龍等口東注潰黃陵岡下張秋隄入漕河與汶水合而北行明紀事本末

先遣工部左侍郎陳政總理疏浚修築之政未幾政卒曾河郎中陳綺請仍遣大臣總其事上命會薦才識可用者遂以命劉大夏字時雍華容人謚忠宣賜之敕明孝宗實錄是年決張秋東隄奪汶入海決口闊九十餘丈大夏至行視之曰是下流未可治也治上流先導之南行且築長隄以防大名山東之患候河頗循軌而後決可塞也於是發丁夫數萬濬賈魯舊河四十里由曹出徐以殺水濬孫家渡開新河七十餘里導使南行由中牟至潁以入淮又濬四府營淤河四府營在祥符境由陳留至歸德釃爲二一由符

離出宿遷一由亳渦會於淮於是沿張秋兩岸築臺立表貫索綱（明史稿作索網）聯巨艦穴而窒之實以土至決口去窒沈艦壓以大埽合且復決隨決隨築連晝夜不息決既塞繚以石隄隱如長虹又起河南胙城歷滑長垣東明曹單諸縣下盡徐州作長隄亙三百六十里即今太行隄也而漕道復通役歷三時用軍民夫十二萬餘人竹木薪芻不可勝計（南河全考）太行隄外復築荊隆口新隄（荊隆即金龍）起於家店歷銅瓦廂東橋抵小宋集凡百六十里二隄相翼隱若長虹仍於張秋南北各造滚水壩中砌石隄河若東決壩以洩漲隄以禦衝仍導汶水入漕不引黃水濟運黃運分行。黃不衝運。黃陵岡築斷。北流永塞。後之司河者遂專治奪汴入泗合淮入海之河。以爲禹由之故道。元明以來。治河必先治漕。漕既北上。河無北出之理。劉忠宣治績。實出徐武功曰康敏之上。（河渠紀聞）宏治七年十月山東按察司副使楊茂元奏張秋之役官多而責任不專供億甚巨日費百金臣聞各官初祭河神天氣陰晦帛不能燃久之似焚不焚之處宛然人面耳目口鼻皆具萬目咸見眾口駭歎神示此怪豈偶然哉乞取太監李興總兵陳銳回京專任都御史劉大夏責其成功若太監總兵官不可取回亦乞將帶來匠作人等盡行取回量留一二名以備役使（明孝宗實錄）宏治七年十二月築塞張秋決口成帝命行人齎羊酒勞之改張秋名爲安平鎮（明史河渠志）

馥案楊茂元詭詞以諫請擇太監等回京誠爲有見大凡治河與眾權倖共處未有不敗事而遭辱者忠宣亦幸矣哉

顧甯人論張秋河政云河自正統以來決張秋者三而宏治癸丑爲甚諸臣塞決者三（謂徐武功有貞白康敏昂）而劉忠宣爲最迄今百餘

年遠祛河害猶資汶利追溯始末引黃爲利。未有不受黃害者。古黃河自大邳北入海去鎮遠不相及即汶合濟入海亦於鎮無涉鎮上惟汴及北濟之水至漢元光中決瓠子決鉅野逹始中決館陶灌東郡而害始左右波及張秋永平中王景修汴渠河汴分流阿鄄之間（阿東阿 鄄城 濮州）得免河患者幾七百年至五代北宋百餘年間河復南決四決揚劉（在東阿縣北六十里）七泛鄆濮而張秋非正當津口即首受下流被害尤極故李穀治隄則起張秋宋設鄆州六埽張秋居其一自南渡後河益南徙故道遂涸元開會通河而塞於黑洋山之決宋禮等疏復故道遏汶分流濟運然是時猶自金龍口堰黃河支流也資其利。即不能除其害。故正統十三年河決滎陽衝張秋潰沙灣徐有貞治之上接河沁引河入漕強半猶資其利而河決如故白昂治主於疏塞後

不踰三年河復決張秋凡以引河開隙也（河渠紀聞）劉忠宣宏治之役始惟治張秋久而弗績迺開上流孫家渡（滎澤縣地）及導河下流由梁靖口出徐州（梁靖口在曹縣）繼至黃陵岡決而張秋之口自塞可以爲法矣（劉天和問水集）

是年濬廣東潮州三利溪（三利溪指水自海陽負郭而西歷潮陽揭陽逕邐入海三縣利之故名 河渠紀聞）

按三利溪在府城西導濠水西歷潮陽揭陽經三縣境內又有楓溪新溪源出湖山之水來會注於鳳溪達於楓口逕入於海回抱曲折殆數百里而後入海三縣利之下田爲膏腴民省負戴之勞讀史紀要云宋元祐開濬三利溪至明正統以來日就堙塞歲久不濬爲泥沙所堙至是議修迄底於成（河渠紀聞）

明孝宗宏治七年修高郵康濟河成（明孝宗實錄）

高郵運隄西北與甓社諸湖通縈迴數百里每西風大作波濤洶湧沿隄椿石輒壞舟觸岸多覆前此士民議於湖東鑿複河以避風濤不果於行白康敏視運乃亟行之鑿州北三里之杭家嘴至張家溝而止長竟湖廣十丈深一丈有奇兩岸築土爲隄椿木甎石固護河岸首尾有牐與湖通岸東爲牐四涵洞一以殺漲水功成舟經高郵者人獲康濟名其河曰康濟民不忘所利曰白公隄（河渠紀聞）

是年河南撫臣徐恪興修河南水利（河渠紀聞）時河南苦旱徐恪言河南伊洛二渠彰德高平萬全等渠懷慶之廣濟渠方口堰及許州之褁祗河渠南陽之召公渠汝甯之桃陂等堰時勤濬治亦足以資灌溉隨時所宜以次興舉因民之利莫善於是恪能言之能行之（河渠紀聞）

明孝宗宏治十三年六月河決河南李家楊家等口曹單被害（河志）

按以劉忠宣之善治河不能保河安流數年蓋河決者天災人事之所關不能永保於後來亦不可推究於往日（河志）

明武宗正德元年六月陝西徽州（今甘肅秦州徽縣治）大雨河溢漂沒居民孳畜廬舍甚眾（明武宗實錄）

明武宗正德四年河溢皮狐營決曹縣之温家口馮家口等處又北徙至儀封縣小宋集而決衝黃陵岡埽壩溢入賈魯河敗張家口等處縷水小隄循運河大隄東南行而賈魯河下流淤塞亦出張家口合而南注遂決楊家口道曹單二縣城下直趨豐沛命官塞之（明會典）

是年河東決曹縣楊家口趨沛縣之飛雲橋入運工部侍郎崔巖役丁夫四萬二千有奇塞垂成暴漲潰之巖以憂去侍郎李

鏜代之四月弗績盜起而罷（通漕類編）
覆案明武宗實錄正德五年六月崔巖奏長垣諸縣決口修築已漸有緒曹縣外隄梁靖決口未塞者止四丈爲驟雨崩潰乞命內外大臣知水利者與臣共議仍俟秋成施工云云是巖不知忌修工於伏汛之日宜其敗也

是年始製水車於南旺激水濟運（河渠紀聞）

南旺地廣於諸湖水勢寬大惟地形窪下低於漕河數尺不能放水入河前人議築圈隄增高隄岸蓄高水勢束水爲用以地廣工鉅難於防守寢議然當水小漕涸之時南旺通湖之水不可放而可挽故有戽水一法爲不得已之計王寵水車紀聞云今之漕河元鑿之於先宋司空濬之於後至陳恭襄排決爲永利何復有事於南旺水車也冬春旱涸之時守牐之吏積水盈而豪强撓之涸可立待甚至一船敗剝奔走百人爲費已甚正德己巳春予以水部奉使濟上兼督諸泉是時自夏四月不雨至秋七月舳艫鱗次漕卒蟻屯束手無策乃相視東西湖水瀦洄百五十里惟比漕河窪下可挽而不可放乃命漕運官軍置水車每艘以一丁激水激至三日千餘艘可揮而走一艘之中逸者九而勞者一視盤剝之費百計胥壞與其守而待水不如車以激水爰增置車四十輛命兗州濟甯管河通判指揮等官掌其出納葺其廢壞以爲漕河旱涸之一助云陸朗甫言乾隆甲午汶河水小江南邳宿一帶需水尤急急用水車於微山獨山兩湖頗有成效如漕船用卒十八以百船論每船止用一八給車二十輛什二守船什八踏車以挽湖水每車用四八二十車用八十八一車加水七寸二十車則加水一丈四尺逮五十

里之湖水乾則天雨必至矣前明王廷言河高於湖六七尺各湖原設水車三百五十輛若遇盛旱車水以濟是其法自昔行之以此備非常亦爲得策也河渠紀聞

明武宗正德八年六月河決黃陵岡明武宗實錄

是年七月河決曹縣迦西娘娘廟口孫家口二處從曹縣城北東行而曹單居民被害尤甚河防一覽九月總理河道右副都御史劉愷奏河決黃陵岡率衆祭告越二日河南徙山川之效靈祚我國家如此尚書李燧因請遣愷祭河神而愷亦宜獎勵詔賜愷羊酒愷於修河之役束手無策乃歸功於神燧從而獻諛皆可罪云明武宗實錄

明武宗正德十一年九月河決衝沒城武縣明武宗實錄

覆案明會典正德十二年河溢武城縣壞城郭武城屬臨清州管轄城臨運河或運河水漲損及城郭彼時黃河入淮未入運也至城武縣乃曹州屬界在曹單之閒爲黃河入徐正道正德十一年河決沒城武縣載在實錄似尚可信明會典載十二年河溢武城或因十一年河決城武而誤之歟

正德十四年山東御史朱裳奏城武單縣二城近因河漲淹沒乞相地改遷工部覆議從之明武宗實錄

明世宗嘉靖元年七月巳巳鳳陽揚州廬州淮安同日大風雨雹河水泛漲壞廬舍樹株溺死人畜無算明世宗實錄

明世宗嘉靖二年河決沛縣淮安府志

明世宗嘉靖五年六月徐沛河水溢壞豐縣城明史五行志

時遷豐縣治於華山之陽豐縣志

明世宗嘉靖六年河決徐州及曹單城武豐沛等縣楊家口梁靖

口吳士舉等處衝入雞臺沛北皆爲巨浸東溢逾漕入昭陽湖沙泥聚壅運道大阻續文獻通考

是時河流塡運塞沛縣以北三十里水壅流沙疏濬難施議開河昭陽湖中而河水入湖衝沙如故刑部尚書胡世甯疏請於昭陽湖東滕沛魚鄒之中創開新河一道取土築岸爲湖東隄以防河漫水洩而隔出昭陽湖在外爲河流散漫之區是則所謂不與水爭地策之上者　是時漕道沙壅漕舟取道昭陽湖春夏之交湖面淺澀滯運盛應期司河盛應期字思徵吳江人史稱開濬新河於昭陽湖東百四十里刻期六月工未成會旱災修省言者多謂開河非宜上遂令罷役應期請展一切竟其功不聽後三十年朱衡循新河遺迹成之運道蒙利　宗胡世甯前議胡世甯字永清仁和人請於昭陽湖左別鑿新河自姜家口起南至留城百四十里改爲運河北引運河之水東引山下之泉內設蓄水牐旁設通水門及減水壩以時節縮可利永久奏上如其策役夫九萬刻期奏功適河決淤廟道口謬議紛起旋以督役嚴急怨讟上聞罷職停工胡世甯言僨事必責首議首議倡自臣請與同罷其風力有足多者其後策宸濠必反先見類是而臨難毋苟眞不愧南都君子矣河渠紀聞

明世宗嘉靖九年河決曹縣胡村寺衝開一道寬三里有餘東南至本縣賈家壩入古黃河由歸德州丁家道口抵徐州小浮橋入運河又自胡村寺東北衝開一道闊一里有餘又分二支東南支經虞城至碭山合古黃河出徐州東北支經單縣長隄抵魚臺漫爲坡水傍穀亭在山東魚臺縣東二十里入運河明會典

明世宗嘉靖十年河由單縣侯家林決塌場口橫流金鄉魚臺衝穀亭三年水不下洩續文獻通考

時李綝總理河道御史劾綝稱疾杜門坐視河患明年以戴時

宗總理河道時宗請疏孫家渡趙皮寨分洩水勢而以魚臺業經殘破欲委之於水因而導之入昭陽湖於是議者紛起聚訟經年時宗所議皆不果行上疏自劾乞罷河渠紀聞

是年議興復直隸絕隄興濟二閘絕隄今名捷地**置德州閘**明世宗實錄

是年九月巡按直隸御史詹寬言河隄率以草束土累築而成故隄善崩宜及時加土以障其河洪仍興復絕隄興濟二閘以石甃之時其蓄洩又德州當衛漳滹沱下流稍近高津宜便置閘以減水從之明世宗實錄

覆案實錄又載嘉靖十四年御史曾翀奏請於滄州之絕隄興濟之小埽灣德州之四女寺景州之泊頭鎭各修減水廢閘股引諸水以入於海則勢分而不害報可然則嘉靖十年雖奏准未盡興工惟南運減水宜閘而不宜壩閘低能洩底水大小常流減河難淤壩高祇洩浮溜時過時止溜易斷而淤易停以下游減河入海之路太遠地勢平漫故也若北運河如王家務筐兒港減河則宜壩而不宜閘以下游去路建瓴不慮挂淤河渠紀聞曾辨其理而論之不詳故特指明之

嘉靖十四年重建衛河減水四牐洩有餘之水分流東出上不爲害山東下不有妨直隸保運衛民法至善也舊牐創制無考因故蹟修復童承敘爲文以紀其事略云漕渠自臨清而下衛水會漳淇洹溢諸水從西來注之合流七百里逕青縣又滹沱會濡滱高易諸水從西來注之合流三百里逕天津入於海伏秋雨暴川谷沸湧水輒溢決臨清逕北岸高海且遠水猶停東過德滄漸與海近河狹地卑易漫羨故傷運道損漕艘蕩析田廬爲害甚大舊有減水閘四一距德州南四十里一距滄州南

十里一距青縣北二里入海德距海四十里而遥滄青不及其半又一相傳在泊頭南湮沒不可識劉公天和總河事會河徙於徐濟甯迤南道與漕梗輿人徒疏濬之往來魚沛閒復規畫北河以修復四閘宜亟周歷其地指授方略分任其事泊頭址既失擇東光十一淺地而補築之未幾劉天和總制西北以去李公如圭繼至申嚴玆役人吏用命塞者疏溢者平決者固是役惟東光創爲之其三牐率撤舊爲新述其事勒之石用垂不朽云衞河廣十有八丈牐門各丈有六尺積四門可覩河三之一而牐下視地七尺有奇上至岸八尺有奇水溢寸則溢尺而勢常平故淹可無決旱可無涸蓋泉河水微慮水不足而節之以牐北河漲盛患水有餘而洩之以牐德州之哨馬營滄州之甎河青縣之興濟又益之以東光之新閘疏通下流以入於海

此所謂統南北而倂治也（河渠紀聞）是年又建恩縣四女寺減水牐修天和未竟之功也然以牐爲用而致用在洩水歸海之引河漲水擁挾泥沙水過即淤農民悉皆佃種不爲長計故建閘不難而挖數百里易淤之河歲勤畚鍤不易繼事也即廣求分減之法增建德州哨營滾壩及滄州捷地牐青縣興濟牐開挑支河使由老黃河等處歸海而各牐河每年過水溜斷沙停旋即淤墊歲事疏濬所費不支日久河身愈高下壅上淤牐壩虛設此在通全河上下而謀之於豫然後可以計久長也（同上）

明世宗嘉靖十一年六月河溢孟津縣城圮（河南通志）

時遷孟津縣治於舊城西二十里聖賢莊經始於甲午春二月訖工於夏五月（河南通志）

明世宗嘉靖十三年河決趙皮寨入淮蘭儀及歸德睢夏永等州

縣被淹（蘭儀今河南開封府）議遷夏邑城以避水河南向亳泗歸宿之流驟盛東向梁靖之流漸微梁靖岔河口出穀亭之流絕自是南徙者十餘年（河渠紀聞）

時劉天和總河（劉天和字養和麻城人謚莊襄著有問水集其濬淺深泥淖器具及築隄平準高下取土用水夯杵之法植柳分六則皆爲後世師法）周迴相度深知導河濟運之弊疏言國家財賦取給東南建牐設官疏泉積水遇天旱泉微輒行阻滯自黃河入魚沛數十年牐座不煩啟閉漕舟不苦盤剝直達濟甯但洪流所經且決且淤如宏治六年決黃陵岡則安平淤嘉靖六年決雞鳴臺入昭陽湖則廟道口淤當時皆竭左藏疲民力是藉河以濟漕猶以很兵止寇也天和以趙皮寨至梁靖口抵穀亭一帶淤成平陸乃濬魯橋至徐州二百里之淤修復牐壩加築北岸長隄上自原武迄曹單豐沛七八百里俾河不北入

魯橋通漕時治河以漕爲急潘希曾開趙皮寨之河以瀉黃分流入穀亭濟運頻年施功及至功成逾年河即由趙皮寨南決而穀亭流亦絕如失所倚昔所早夜經營而惟恐不達者反似爲決河導其先路至孫家渡一河自宏治至是凡十餘濬費數百萬緡卒莫能通希曾濬百五十里功已告成終至一淤而平已敗於前復踵於後天和鑑孫渡新河之覆轍恐與趙皮寨河合流入渦二洪涸竭防及陵寢立議閉塞舍岔河已棄之故道專浚漕河識亦卓矣（河渠紀聞）凡創築隄必擇堅實好土毋用浮雜沙泥必乾溼得宜燥則每層須用水灑潤必於數十步外平取尺許毋深取成坑致妨耕種毋近隄成溝致水浸沒必用新製石夯每土一層用夯密築一徧次石杵次鐵尖杵各築一徧復用夯築平隄根宜闊隄頂宜狹俾馬可上下謂之走馬隄毋太

峻水易衝嚙凡幫隄必止幫隄外一面毋幫隄內恐新土水漲易壞路口之隄必兩箱各築闊厚斧刃戧隄俾車可上下隄面邊箱路口各限以橫埋丈餘圓木上覆以土守隄者每遇踐踏木露即仍以土覆之凡築隄以高阜或平地高若干爲準然必逐段用平準法打量因地勢高下而低昂之俾隄面遠近高下一律否則貽患非小也但平準極難須水面浄板拼於上兩端小橫木拼前木表橫板之厚薄長短廣狹皆極其均停端正而打量之人目力詳審且再三試果無差忒而後可憑也開河面宜廣俾伏秋水漲有所容底宜深而狹僅可四之一形如鍋底俾冬春水落流迅可免淤塞疏濬河泥必遠置河岸四十步外平鋪地上免妨耕種用隄者即以之成隄毋仍臨河免致雨水衝洗仍歸河內植柳六法一曰臥柳凡春初築隄每用土一層

即於隄內外邊箱各橫鋪如錢如指柳枝一層每一小尺許一枝毋太稀疎土內橫鋪二小尺餘土面止留二小寸毋過長自隄根直栽至頂不許間少二曰低柳凡舊隄及新隄不係栽柳時月修築者俱候春初用小引橛於隄內外自根至頂俱栽柳如錢如指大者縱橫各一小尺許即栽一株亦入土二小尺許土面亦止留二小寸三曰編柳凡近河數十緊要去處不分新舊隄岸俱用柳樁如雞子大四小尺長者用引橛先從隄根密栽一層六七寸一株入土三小尺土面一尺許卻將小柳臥栽一層亦內留二尺外留二三寸卻用柳條將柳樁編高五寸如編籬法內用土築實平滿又臥栽小柳一層又用柳條編高五寸於內用土築實平滿如此二次即與先栽一尺柳樁平矣卻於上退四五寸仍用引橛密栽柳樁一層亦栽臥柳編柳各二

次亦用土築實平滿如隄高一丈則依次栽十層卽平矣以上三法皆專爲固護隄岸蓋將來內則根株固結。外則枝葉綢繆。名爲活龍尾埽。雖風浪衝激。可保無虞。而枝梢之利。亦不可勝用矣。北方雨少草稀歷閱舊隄有築已數年而草猶未茂者切不可輕忽四曰深柳。前三法止可護隄以防漲溢之水如倒岸衝隄之水亦難矣衝隄之水搜刷隄根深至數丈深柳禦之根株胥拔未能得力然可稍緩其勢人力得以建壩作埽以禦之不至迫遽茫無措手凡近河及河勢將衝之處隄岸雖遠俱宜急栽深柳將所造長四尺長八尺長一丈二尺數等鐵裹引橛自短而長以次釘穴俾深然後將勁直帶梢柳枝如根梢俱大者爲上否則不拘大小惟取長直但下如雞子上儘枝梢長如式者皆可用連皮栽入卽用稀泥灌滿穴道毋令動搖。上儘枝梢或數枝全留切不可單少其出土長短不拘然亦須二三尺

以上每縱橫五尺卽栽一株仍視河勢緩急多栽則十餘層。少栽則四五層數年之後。下則根株固結。入土愈深。上則枝梢長茂。將來河水衝嚙。亦可障禦。或因之外編巨柳長樁。內實稍草埽土。不猶愈於臨水下埽。以繩繫岸。以樁釘土。隨下隨衝。勞費無極者乎。嘗於睢州見有臨河四方土岸水不能衝者詢之父老輩云農家舊圃四圍柳株伐去而根猶存彼不過淺栽一層況深栽數十層乎及觀洪波急流中週遭已成深淵而柳樹直立略不爲動益信前法可行郡邑治水之官能視如家事圖爲子孫不拔之計卽可望成效將來捲埽之費可全省矣但臨河積年射利之徒殊不便此治水者止知其爲父老土著之民惟言是聽而不知機緘之有爲也捲埽斧刃隄後遠近適中之處尤宜急栽多栽數層此法黃河用之運河頻年衝決深要去處

亦可用五曰漫柳凡波水漫流之處難以築隄惟沿河兩岸密栽低小檉柳數十層俗名隨河柳。不畏淹沒每遇水漲既退則泥沙委積即可高尺餘或數寸許隨淤隨長每年數次數年之後。不假人力。自成巨隄矣。如沿河居民各分地界築一二尺餘縷水小隄上栽檉柳尤易淤積成高一二年間。隄內即可種麥。用工甚省。而爲效甚大。黃河用之六曰高柳。照常於隄內外用高大柳樁成行栽植不可稀少黃河用之運河則於隄面栽植以便牽挽（劉天和問水集）

明世宗嘉靖十七年河決開封金相寺口（明李攀龍滄溟集）

明世宗嘉靖十九年河決睢州野雞岡由亳入渦二洪告涸漕舟膠阻命兵部侍郎王以旂同河道漕運二都御史周金郭持平築塞野雞岡濬李景高口由蕭縣以達小浮橋（蕭縣今江蘇徐州府蕭縣治）**凡六百餘里於是渦河湮而河之全力皆入於徐矣**（蕭縣志）

萬表字民望定遠人襲世職歷漕運參將至南京中軍都督僉書嘉靖庚子二洪水涸漕舟並阻議者謂黃河改流公著論折之力言漕河惟用汶沂泗諸泉（沂水其源有二一出曲阜尼山西南流與泗水合分爲二支一西流金口閘入天井一南流會泗入師家莊河者也其一出沂水縣會蒙陰沂水諸泉合流至邳州入淮者也明開伽河邳州之沂導入駱馬湖出董陳二溝入河至國朝康熙二十年開皁河二十六年復開中河二沂水入中河濟運）足以濟正統十二年黃河決滎陽入漕河潰沙灣入海景泰四年都御史徐有貞塞之乃分流自蘭陽東至徐入漕必疏濬而黃水始來稍稍與清合至正德六年黃始盛來漫漫衝決方黃河來衝時清河狹淺水涸易盈沿河設淺鋪每年轉運無滯也今二洪舊隄宛然可見但向者黃河漫漫一旦水落石出清河淺涸人心乍見不能無異其實則故河也蓋自洪。達濟自會通至衛。

河一路隄防原備河衝入爲漕害今二洪以下反用黃河之水而忘其故及水不來至疏濬以引之此所謂以病爲藥也渦河在淮之南商船皆自淮入渦至祥符銅瓦廂以達陽武去衛河六七十里議者欲鑿而通之直至白河則會通河可罷公議會通河之塞自濟甯至臨清計三百八十里尚書宋禮發山東丁夫十五萬鑿河建閘爲費不貲以彼棄七十里之易而事三百八十里之難此無異故葢鑿而通之則黃衛二水合二水合則衝決非常誰能障之此會通之運誠永利不可易也若以衛輝置倉歲以鳳陽諸衛之卒部鳳陽諸郡之糧令由渦河達陽武歷七十里輸於衛輝其勢甚易如昔山東流賊之變運道中梗又可爲備變一策海運雖極險遠第浙中海船於遠番皆能通之松江與太倉通泰州有沙船淮安有海鵰船嘗由海至山東

蓬萊貿易云離天津不遠若以松江太倉近海歲糧應與屢直量運三四萬石使海道漸諳爲事變之備亦一策也太倉則例每糧一石耗七升至槩斛若輕齎之羨以還運卒故卒有餘力運無徭期後官悉收之朘削四出人不聊生公憤曰此其患不獨在貧軍而且移之國計矣大者疏小者議累累百千萬言詳具國史漕運志中且極陳本末通融爲國長利而又欲開河北山東圻內一帶荒田重農薄賦爲漸減歲漕之地尤根本至論識者韙之焦太史澹園集

總理河道侍郎王以旂條陳事宜疏稱國初漕河惟導徂徠諸泉及汶泗諸水至景泰宏治年間黃河始自至於時督理大臣如徐有貞白昂劉大夏猶極力挑塞不資以濟運也以其勢猛水濁來則衝決去則淤塞且遷徙不常害多利少耳今幸黃河

南徙諸閘復舊其野雞岡新開河道宜浚山東諸泉入之以濟徐吕二洪沛縣南仍築長隄聚水如閘河制務在有司利漕運而已明世宗實錄

明世宗嘉靖二十年黄河東決大清口南竭四十里淮安府志

嘉靖二十一年又鑿野雞岡上流李景高等口支河三導河東注以濟二洪明會典次年命周用以工部尚書督理河道用言今之黄河與古無異所以有徙決之變者未入於海霖潦無所容也溝洫之用以備旱潦容水而已天下有溝洫天下皆容水之地黄河何所不容天下皆修溝洫天下皆治水之人黄河何所不治水治而利自興此與蔡石岡之論相似石岡云黄河南徙國家之福運道之利也當衝郡邑作隄障之不壞城郭已矣被災軍民免其租役不至流徙已矣劉天和謂石岡睢人睢河患爲甚而其言若此公天下爲心與用之治溝洫容水同一公天下之心顧甯人嘗言黄河爲中州患其間亦有利存諺云北人水旱聽命於天使近河之民效南方水車以挈之又分區築港可通百里之遠未必不爲利也無已則倣古井田之制每田百畝四隅及中各穿一井每井可灌田二十畝四圍築長隄深闊各丈餘旱則挈井之水以灌田潦則放田之水以入溝余嘗試爲之穿井築溝費不逾百金即可一勞永逸再鑿井亦有灸法未及泉可預知水味其法先除去浮土二三尺取平地用艾如卵大灼火炙之視煙迹起地上者其色黄則甘黑則苦白則淡屢試不誣剏穿井灌田利更有大焉者諸說皆通論其理而事勢所値之適用與否有未盡也南方厥土塗泥豬水不漏田塍宜稻河湖港汊之水匯流頂託水如衡平隨所導引無不適用

中州土疏易滲水不能久存黃河急湍未可輕易開放北地土高井深乾隆甲辰中州連年不雨赤地千里所在試挖井泉掘深丈餘多不及泉地勢使然也至周用謂作溝洫備旱潦必先。使大河之水有去路。然後溝洫有所歸。禹決九川距四海濬畎澮距川注云先決九川之水使各通於海。次濬畎澮之水使各通於川。宋人分河則濬川距畎澮矣。史氏謂其竭尺寸之力以治河而無益。今不能決川距海而修溝洫言大而無實。不可爲訓也。河渠紀聞

明世宗嘉靖二十四年河由野雞岡決而南至泗州合淮入海泗州今安徽泗州盱眙縣北一里遂溢蒙城五河臨淮等縣五河今安徽泗州五河縣治臨淮今安徽鳳陽府東少北二十里明會典

明世宗嘉靖二十五年河決曹縣溢入城武金鄉魚臺單縣漂溺甚眾命總理河道都御史會同南北直隸山東河南撫按官議築曹縣等處不果明會典

明世宗嘉靖二十六年七月曹縣河決城池漂沒溺死者甚眾明史五行志

河先南徙時給事中趙漢言黃河變遷無定卽橫流南出亦宜防其北徙勿廢宏治中故隄總河于湛不聽以河南徙奏裁原設守隄夫一千八百名折銀貯庫至是河復北決總河詹瀚力圖分水且言利不當與水爭智不當與水鬬請於趙皮寨口穿支河以分水勢皆急於漕而非以河爲事也時盜起曹單瀚挈河夫與鬬滅之而決水橫流不止給事劉大直巡按龔承賜交章奏瀚及張九敘隄防失策詔奪瀚俸九敘逮問河渠紀聞是時河流橫出詹瀚以不任事謝去胡松受代松初議開孫渡瀚主開

趙寨趙寨自不如孫渡之省而可久也及莊安新城當河衝時時潰版築松謂河不易抗宜徙而入海後卒用其議以濟槽不及治事而邊罷御史陳其學疏請久任漕河都御史非無見也前乎松者韓士英以不逾月而罷後乎松者方純代不逾年以汪宗元代宗元督河有法漕道通流以不附嚴嵩而罷復命何鰲總理旋改漕運司河易置如馳急傳視河事同兒戲河無淤而不決之事亦無決而不治之理時事至此不特河之修廢不恤並職河之去留亦不計曷與言修築之宜也。同上

明世宗嘉靖三十年大河忽衝開草灣其淮城北西橋至正河遂淤役久不得塞未幾自塞復歸故道河渠紀聞

按大河由淮城北西橋地方入海此故道也由草灣入海此新衝也新衝之渠不敵舊河之寬深久必復故者勢也而改流至數年之後正河水涸墊淤不能安其常者亦勢也至萬曆十六年河水仍歸草灣而故河復淤河防一覽云或有問於馴曰河由草灣入海何如應之曰河水仍歸草灣淮城之民恃以安枕矣草灣六十里至赤晏廟復歸正河正河面寬三百餘丈草灣闊僅三分之一譬之咽喉狹小吞嚥不及徐沛之水滯消爲可慮耳今欲挽歸正河人力亦有可施惟清江一帶居民方恃正河之塞爲安人情難於重拂而以水勢度之二三年當復歸正前輩慮事當事不可爲亦隱默以需時然其識力所到自不可易厥後議開草灣開而復塞蓋斷之於理而知有不能容納之勢非有他異也。河渠紀聞

明世宗嘉靖三十一年八月河決徐州自徐州房村至邳州新安等處運道淤阻五十里明世宗實錄

明年二月大學士嚴嵩李本言頃徐邳水患挑濬幾成一夕水湧澱淤前功盡棄其或湧或淤若有神使請遣太常官齋香帛往授各巡撫官祭大河泰山沂山金龍廟等神從之明世宗實錄

明世宗嘉靖三十七年河淤新集趨段家口析為六支入運河又由碭山趨郭貫樓析為五支出小浮橋會徐州洪明會典

是年曹縣新集淤新集地接梁靖口歷夏邑丁家道口馬牧集韓家道口司家道口至蕭縣薊門出小浮橋此賈魯河故道也自河患亟別開支河出小河以殺水勢而本河漸淤至是遂決趨東北段家口析而為六曰大溜溝小溜溝秦溝濁河胭脂溝飛雲橋俱由運河至徐洪又分一支由碭山堅城集下郭貫樓析而為五亦由小浮橋會徐洪而新集小浮橋故道二百五十餘里遂淤不可復自後河忽東忽西靡有定向水得分瀉者數年不至壅潰然分多勢弱淺者僅二尺識者知其必淤明史河渠志

明世宗嘉靖四十四年七月河決沛縣上下二百餘里運道俱淤全河逆流自沙河至徐州以北至曹縣棠林集而下北分二支南流者繞沛縣戚山楊家集入秦溝至徐北流者繞豐縣華山東北由三教堂出飛雲橋又分而為十三支或橫絕或逆流入漕河至胡陵城口散漫湖坡達於徐州浩渺無際河變極矣明史河渠志

時命朱衡為工部尚書兼理河漕朱衡字士南萬安人史稱衡性強直遇事不撓任工部尚書頗抑負倖多政績又以潘季馴為僉都御史潘季馴字時良烏程人四任總河前後二十七年綜理纖悉靡遺以與人議河事不合罷歸卒萬曆四十七年子祭四疏造墳安葬禮部與諸臣奏請卹典未遑議謚至本朝順治三年總河楊方興奏請崇祀奉旨陳瑄宋禮潘季馴等六人准從祀禹王廟兼理河道明年二月復遣給事中何起鳴往勘河工衡巡行決口舊渠已成陸而盛應期所鑿新河故迹尚在其地高河決至昭陽湖不能復東乃定

計開濬而季馴則以新河土淺泉湧勞費不貲留城以上故道初淤可復也由是二人有隙明史河渠志先是河決沛縣議者請修復運河故道乃勘議新集郭貫樓等處上源已而朱衡上言古之治河惟欲避害而今之治河又欲資其利故河流出境山以北則閘河淤出徐州以南則二洪涸惟出自境山至徐州小浮橋四十餘里間乃兩利而無害自黃河橫流碭山郭貫樓支河皆已淤塞改從華山分爲南北二支南出秦溝正在境山以南五里許此誠運河之利也惟北出沛縣西及飛雲橋逆上魚臺爲患甚大聖慈不忍沛縣魚臺之民橫罹水災拳拳欲開故道臣等仰體聖心亦有開議上源之請但考之地形參之輿論其不可者有五自新集至兩河口皆平原高阜無尺寸故道可因郎欲濬深無異穿井郭貫樓至龍溝一帶頗有河形又係新淤無可駐足譬諸取飴於罌隨取隨滿其不可一也黃河所經鮮不爲患由新集則商虞夏邑受之由郭貫樓則蕭碭受之今改復故道則魚沛之禍復移蕭碭其不可二也黃河西注華山勢若建瓴又無涯涘欲從中鑿渠挽水南向必當築壩橫截遏其東奔於狂瀾巨浸之中築數里之壩爲力甚難其不可三也役夫三十三萬曠日持久勞民於既疲之餘徼功於難必之地騷動三省其不可四也大役踵興工費以數百萬計匱乏之後措置無策一有不繼前功盡廢其不可五也臣以爲上源之議可罷惟開廣秦溝使下流通行修築長隄以防奔潰可以甦魚沛昏墊之民工部請從衡議上曰可明穆宗實錄衡乃開魚臺南陽抵沛縣留城百四十餘里而濬舊河自留城以下抵境山五十餘里由此與黃河會又築馬家橋隄三萬五千二百八十丈石隄

三十里過河之出飛雲橋者趨秦溝以入洪於是黃不東侵漕道通而沛流斷矣方工未成河復決敗馬家橋隄論者交章請罷衡未幾工竣帝大喜賦詩四章誌喜（明史河渠志）夏鎮新河成於隆慶元年先是盛應期於昭陽湖東別鑿新渠通漕功垂成而中止及此將四十年矣朱衡以決河潰入昭陽湖淤運仍踵前功議開新渠力排羣議懲不用命者濬河自南陽至留城凡百四十里留城以下仍濬舊河又引鮎魚諸泉及薛河沙河注之築馬家橋隄遏黃河入秦溝工未成會河復決論者謂衡故興難成之役以倖功給諫吳時來言新河受費嶧鄒滕諸水以一隄捍羣流豈能不潰宜分之以殺其勢衡乃開支河四洩其水入赤山湖而運始安功於是成于慎行鎮山朱公行狀云公念新渠在昭陽湖東河即橫決得湖而止勢必不來規以為渠宜

無河患上疏得請廬於河旁晝夜調度明年功垂成諸故河隄市人以渠他徙賈販不通流言新渠不便勘實仍如初議渠成萬艘流通頌聲大著蓋實錄也三十餘年未竟之功至是底績人事之湊合亦有因時而起者矣（河渠紀聞）衡與季馴同理河事衡意循盛應期之舊迹季馴思復賈魯之故道其說皆是而意各有主衡以治漕為先季馴以治河為急明時帑藏空虛一有不繼前功盡棄衡言是矣衡當橫流奪運之時而能循故迹闢後來之先路其功亦偉自有不可少者惟衡所見在近季馴所見在遠治黃而運在其中堅持前議以持大體必求濟事而後已是不可以相衷之常理論也（同上）

明穆宗隆慶三年七月河決沛縣自考城虞城曹單豐沛至徐州（考城今河南衞輝府考城縣治）壞田廬無算（明史五行志）

是年河水溢自清河抵淮安城西淤者三十餘里決方信二壩出海平地水深丈餘寶應湖隄崩壞山東莒郯諸處水溢從沂河直河入邳州人民溺焉明紀事本末

是年黃河及南直隸山東河南俱大漲秋復海嘯南河全考

總河翁大立言陛下念濱河之民重罹水災特下蠲租之令更發內帑以賑之不勝大幸顧閭閻窮苦之狀宮禁邃遠有不盡見聞者臣謹繪圖十二以獻一曰水次兌軍二曰漕河築隄三曰黃河驟漲四曰昏夜守隄五曰糧船過洪六曰黃河捲埽七曰茶城撈淺八曰洪水衝城九曰風雨異常十曰海湖嘯溢十一曰災民避水十二曰糧船漂沒險阻艱難備載之矣陛下惠然省覽知大官之膳餼皆軍民膏血必有惻然傷之者且今時事可深慮者五東南財賦之藪而江海泛濫粒米不登鞭撻雖加徒隕民命此京儲可慮一也邊鎮關隘洪水衝激墩堡傾頹何恃以守此虜患可慮二也直隸山東河南皆股肱之郡霖雨既久城郭不完積貯空虛振貸無策卒有寇盜何以備之此內地可慮三也海徼之間颶風鼓浪兵船戰士悉被漂沒此海防可慮四也淮浙產鹽之場鹹泥盡衝團竈盡廢此國課可慮五也願陛下以此五患十二圖召公卿輔弼之臣與共計之求所以消弭變異者無爲文具上以圖留覽下其章於所司河渠紀聞

是年開湖廣竹筒河以洩漢江河渠紀聞

按漢水故道自漢中流至漢陽大別山出漢口與江水合二水頂阻迴環瀦蓄多塡泥沙自古遷徙不常鄖陽以上山阜夾岸江身甚狹不能溢襄樊以下景陵以上原隰平廣故多遷徙潛沔之間大半匯爲湖渚復合流至乾鎮驛中分一由張池口出

漢川一由竹筒河出劉家隔分流殺勢湖渚爲之壑三流爲之瀉故先年安襄一帶雖遷徙而無大患明自正德以來潛沔湖渚漸淤爲平陸上流日以壅滯嘉靖初年安陸石城故道既淤沿山灣水壅更甚數決荆門沙洋鎮紅廟等隄至四十五年大決襄陽郡西老龍隄宜城故道改徙鴉灘新河而竹筒河淤塞十餘里下流又日澀阻水患多在荆襄安陸潛沔閒矣金世隆徐學謨先後條議估修踰二年功成漢江之水始有所洩河渠紀聞

明穆宗隆慶四年九月河決邳州自睢甯白浪淺至宿遷小河口淤一百八十里明穆宗實錄

時總河翁大立言邇來黃河之患不在河南山東豐沛而專在徐邳故先欲開泇口河以遠河勢且言從馬家橋經利國監入泇口出邳州則可避秦溝徐河徐呂二洪之險云云徐州百步洪在城東二十里呂梁洪在城東南六十里皆巨石齒列波流洶湧列子所謂懸流三十仞者即此三代時水流甚峻五代時曾堰以攻敵明嘉靖時以不利運道將山石鑿平後遂通行無阻至泇河開後糧艘不經此道矣工部令熟計以聞明穆宗實錄

明穆宗隆慶五年四月河決邳州自靈璧雙溝而下北決三口南決八口散溢睢甯出小河口匙頭灣八十里正河悉淤河渠紀聞

時河變已極前後濬治無功議欲棄幹河而行舟於曲頭之支河而支行阻淺又欲棄黃運而從膠河泇河海運人異其說遂再起潘季馴任事馴惟求復故道言老河自新家集歷趙家圈出小浮橋安流無患後因河南水患別開一道出小河口以致本河沙淺漸至河徙故道遂成陸地今河勢直趨潘家口中間止隔丁家道口十餘里迤下河形尚在嫩沙新淤見水即可衝刷修而復之建瓴直下河身淘刷深廣曹單虞夏豐沛永無昏

墊河從南去離運甚遠，無虞秦溝復衝，茶城亦免淤塞。奏報可。役丁夫五萬，先開匙頭灣，盡塞十一口，大疏八十里之淤，故道漸復。馮敏功記云：公至治，博訪羣情，多以故道不可復，有欲因決勢而疏導者。公謂河流夾帶泥沙，急則沙隨水滾，緩則水漫沙停。比年因水勢散漫，河底墊高，容受漸少，每一泛溢，輒便爲患。今舊河廣且百餘丈，深且不測，若仍復舊河，中開小渠引水衝刷，兩隄夾束，水勢歸槽，淤淺漸去，河身自可復舊。若就新衝，水勢散漫，湖坡平淺，不能復深，伏秋水至，必壅不下，徐邳之間將沈水底，此必不可。羣議乃定。公乃畫地課工，六月工咸畢。先是淤泥深，人立輒陷，公命以木横沙面，決牛溷水，左右互倒，水盡沙乾，乃得施工。決口懸溜數尺，噴沫成雷，負土入水，輒便消去。公命以大埽截流，綝以巨纜，旁植巨樁。其當衝之處湍猛溜急，樁折埽滾，勢難猝就，乃復相視緩急，偃仰合度，卒復壓以厚土，勢若岡陵。築隄捍水，浮沙既不能堅，而實土又爲比年流沙所壓，掘至尋丈及遠取民間空基與隔河山土，竟日不能數筐。公命囊土，程衡唱籌課役，土工乃集。於是兩岸屹然，河流受束，濬刷淤沙，深廣如舊，四百萬漕艘飛帆直上，雖伏秋水三至，懷襄徐城，而曲頭以下凡公經理之地皆安流如故。公隨地制宜，實心宣力，具詳於記中，蓋皆能人之所不能，忍人之所不能忍，非有誠心貫注於其間，未易言宏濟之略矣。（河渠紀聞）時潘公指示方略，畫地課工，羣工齊奮，逾月渠成，縱水歸壑，淤沙漸刷，河流乃通。時築決之工，張擺渡、曹家二口已完，曲頭、馬淺、王家三大口亦已有緒。翌日風雨輒作不止，兼以黄河桃花水漲，會山東諸泉並至，水復大溢，新舊隄防潰決殆盡，復決閻家口、油房口曲頭舊口之東王家舊口之西房家青羊白浪淺與諸小口凡四十三羣情大駭役夫懼且潰公時患背疽乃裹瘡而出撫慰勞來身自督率示以必成衆志復定晝夜率作工料濟用於是諸口漸合而縷水之隄亦漸成四月七日麥黃水又大至狂風挾水勢復衝決閻家口之西及半戈山之左右公督率益勵親守築口六月三日堵築之工咸畢上同時禮科左給事中雒遵自邳河勘工回還爲上言運船漂沒之故始於漕司缺船併糧太重故一遇水發相隨而敗又官旗侵冒者多度不能償輒妄引船壞自解此則漕臣陳炌等之罪也至於王家口初決之時黃水盡從漫坡經流南出小河口藉令季馴稍緩築隄一月則漕船可以盡出漫坡避新生之險乃計不出此反驅舟以就新溜坐視陷沒方復騰章報功罪滋大矣今炌雖回籍未盡其辜而季馴尤不宜獨免乞併賜罷遂罷季馴炌冠帶閒住明穆宗實錄

申時行言潘公塞決時霪雨連旬水輒至幾沒公趾不爲避萬衆野處公往來撫慰不憚劬勞嘗乘小艇行河風雷大作震撼波濤中幾覆絓樹杪乃脫父老神之爲潘公再生議其處季馴復任年餘塞十一口築隄三萬餘丈大疏匙頭灣八十里之淤使河克復故道迴瀾安流可謂盡瘁不違著有成績者矣糧艘行黃溜中逆挽而上鮮有不覆敗者我　朝司河諸公開河避溜由泇而阜由阜而中積日累勞始保安全具言逆流挽運之艱耗折之多歷載志傳不獨季馴司河始創有其事也且糧舟逆行黃溜必資風帆風帆轉折變起倉猝若擱淺膠舟司河職咎既行新溜水深可知終明之世徐州而下皆以黃爲運河從未聞有逆流覆舟而重譴者有之自季馴始若從雒遵曲說謂季

馴築塞過早以致船行新溜如緩一月漕船可由王家口漫坡南出小河口蓋是時邳州河決舟皆由小河口行高栅至徐官屯復入黄河故遵主是説掩别出小河之失而陰揀復故道之議夫船不行已浚深通之大河而行決口百八十里之漫坡淺深高低篙工無從辨識況築塞大事時至不能少停其理易明而反棄囘河之大功信師心之曲説使河終不得復由其道論者惜之馴通達河事雙溝之役一試輒效而排擠若此馴與衡不相能馴去而衡來後之人不能無遺憾於當時之秉成者矣河渠紀聞

明穆宗隆慶六年請均派兩直隸山東河南河夫於各州縣毋偏累瀕河地方明神宗實錄

是年總河朱衡奏定管河官陞階明神宗實錄

時吏部覆朱衡等守河事宜一議官守一議久任言管河官員防守修築必經歲月駐信地方便責成新築河隄計長三百七十里每六十里用官一員俱以州判縣簿領之又添設府同知一員與管河通判均分調督如遇有急互相協理其每年修守著有成效者年終薦舉紀錄次第遷秩如管河主簿則陞管河縣丞縣丞陞州判州判陞州同州同陞通判其係科目者管河通判則陞同知同知陞僉事遞陞參議副使參政按察使布政使累著成效則直以總理河道大用之久其任則河務愈精久其官則河臣益勸衡等所陳誠爲確論詔行之明神宗實錄工部尚書朱衡言治河不過濬淺築隄二策濬淺有漕黄交會之異濬漕黄者或爬或撈或逼水而衡或引水而避此可人力勝者茶城與淮水會則在清河茶城清河之淺無歲不然蓋二水互爲

勝負黃河水勝則壅沙而淤及其消也淮漕水勝則衝河而通雖用人力水力居十之七八築隄有截水縷水之異截水之隄可施於閘河不可施於黃河蓋黃河負湍悍之性挾川潦之勢所向何堅不破顧可以一隄當之乃縷水之隄不然河由淮入海運道實資之故於兩岸築隄不使從旁潰溢始得遂其就下入海之性蓋以順爲治非以人力勝水性故至今百五六十年永賴不變查清河之淺應照茶城例每遇黃河漲落時宜挑河潢導令淮水沖刷則雖遇漲而塞必遇落而通惟清江浦水勢最弱出口處所適與黃河相值比因民船往來不閉遂至沙淤壅塞既有妨運道復貽患淮郡宜於淮水盛發時閉各閘惟鮮貢船隻聽令經由探有帶入沙淤隨即爬撈毋使停滯（同上）十一月以河工告成賞尚書朱衡侍郎萬恭銀幣及郎中吳自新銀

兩有差萬恭言國家財賦仰給東南黃運轉輸全賴河道徐州以上河廣廣則水有所匯而瀠洄徐以下則河狹狹則水無容而泛溢故欲河不爲暴莫若令河專而深欲河專而深莫若束水急而驟束水急而驟使由地中舍隄別無策前都御史潘季馴議開一百里故道給事中雒遵議築二百里長隄人情洶洶謂隄費且無益於河獨荷先皇俞允臣等督司道等官申畫地之約下募夫之令期以九十日竣工止六十期以六萬兩而費止三萬隄工遂成河流順軌臣等復念築隄如築邊守隄如守邊又會題設官布夫建鋪編號沿隄修守以此今年黃水大發而三隄竟不敗河卒無虞北運無一水阻南還無一水阻因陳各官勞勩請加敘獎工部覆從之（明神宗實錄）

是年始築黃河南岸大隄（河渠紀聞）

按此南岸築隄之始也黄河經行故道出大河南岸之北河入不呼北隄呼南老隄自陽武大決河徙於南隄出河北即以舊時之南隄爲北隄而南岸未設有隄也郡國書云黄河南岸舊隄自開封境至蘭陽趙皮寨止趙皮寨東經丁家道至茶城五百里未有隄自雒遵奏築始遵言茶城以西至開封府界爲黄河上源兩岸長隄多缺北徙則張秋堪虞南徙則二洪告竭北岸築防接窰頭古隄遏北上之衝南岸自趙皮寨續舊隄絶南射之路鳩工起蘭陽至虞城武家莊二百三十里有奇副使章時鸞督數萬之夫七十日竣事隄虞城以上俾上源水有所束得衝刷之宜不隄碭山以下俾下流水有所容無汎濫之患治水筌蹄云河南上源地勢南高北下南岸多强北岸多弱水趨其所下攻其所弱有倡南隄之議者是偪河使北也北不能勝必攻河南之銅瓦廂則徑決張秋攻武家壩則徑決魚臺若南攻不過溺民田一季耳南決之禍小北決之禍深權衡於緩急輕重斯爲通論非偏見也北決穿運爲大患數百萬天庾豈容少滯患連三省不能久待隄北地低數丈一決則建瓴下注塞決則急溜難同決水衝出深潭下至水泉活沙浮動土埽到底難以閉氣往往棘手歷來銅瓦廂金龍工塞決皆遲至數年之久其明驗也然明昌至今大河不北去而南來南岸亦重未有舍南隄而不設者惟畫地分守修防之功倍嚴於北隄爲急務耳南隄不可偏廢也河渠紀聞

明神宗萬歷元年河決萬家口決房村續文獻通考

是年河決房村工部題將沛縣窪子頭至秦溝口築隄七十里接古北隄徐邳新隄外别築遥隄而河稍安運道亦利全河備考是

年淮南北大水徐州黃水溢壞房村隄南下合淮截漕河東出水漲彌月方消河督萬恭塞之（萬恭字肅卿南昌人著有治水筌蹄史稱强毅明達一時稱才臣治水三年言者劾其不職罷歸家居垂二十年卒）仍列國初以來治河之法及今所探水深淺之處以聞（河渠紀聞）

萬恭著有治水筌蹄語多切要今摘錄於左

余以唐張仁愿搶築受降城之法築邳宿三百七十里不用翻工舊制卽布五萬夫聯絡於三百七十里之中分爲信地編定字號萬杵齊鳴分之則爲各段合之則成長隄火爨蓬居遲速勤惰不令而嚴始以十萬金計終三萬成之便法也　築隄有三禁毋掘房基毋掘古冢毋剗膏腴　淮安隆慶中水萬歷壬申又水或云海口淤宜濬之郡有司爲探海口則廣三十里望之無際冬中州渚微見海中潮長則煙霧波濤極目耳舟從何

繫人從何依工從何施且清河之流甚駛海口卽淤清河當上行矣古無濬海者有由然哉而怨淮水罪海口者謬矣　河隄之法有二有截水之隄有縷水之隄截水者遏黃河之性而亂流阻之者也治水者忌之縷水者因河之勢而順流束之者也治水者便之夫水之爲性也專則急分則緩而河之爲勢也急則通緩則淤若能順其勢之所趨而隄以束之河安得敗惟河欲南而截之使北河欲合而截之使分以逆天地之氣化而反天地之血脈河始多事也已　徐邳順水之隄其始役也眾譁以謂黃河必不可以隄笑之其中也隄成三百七十里以謂河隄必不可守疑之其終也隄鋪星列隄夫珠貫歷隆慶六年萬歷元年運艘行漕中若平地河漲則三百里之隄內束河流外捍民地邳睢之間波濤之地悉秋稼成雲此隄之餘也民大悅

衆乃翕然定矣智者覩效於未然衆人定議於覩效諒哉　沿河夫役出之農家徹骨矣猶冀商賈助之也有司者復迫之鋪行官價市且散矣濱河蕭條奉旨厲禁四省之苦鋪行者追其牌册而焚之商賈乃安關鎮漸復宏正之風而河夫始有裹糧有甯宇矣　河南屬河上源地勢南高北下南强北弱水趨其所下而攻其所弱有倡南隄之議者是逼河使北也北不能勝必攻河南之銅瓦廂則徑決張秋攻武家壩則徑決魚臺此覆轍也若南攻不過溺民田一季耳是偪之南決之患小而北決之患深且隄北地低數丈一決則建瓴下注塞決則急溜難囘決水衝出深潭下至水泉活沙浮動土埽到底難以閉氣往往棘手歷來銅瓦廂金龍工塞決皆遲至數年之久其明驗也

有隄無夫與無隄同有夫無鋪與無夫同邳徐之隄爲每里三

鋪每鋪三夫南岸自徐州青田淺至宿遷小河口止北岸自呂梁洪城起至直河口而止爲總管府佐者二爲分管信地州縣佐者六南鋪以千字文編號北鋪以百家姓編號按信地修補隄岸澆灌柳株遇水發各守信地遇水決則管四鋪老人振鑼而呼左老以左夫帥而至右老以右夫帥而至築塞之不勝則二總管以遊夫五百馳而至助此常山蛇勢之役也　黃河之驟急如風雨智者失其謀勇者失其力唯有桑土之徹而已故勢亟重也語夫則以千計語料則以萬計乃有備無患與防邊同而防河又腹心與防邊四肢之患異今防邊大司農歲發數百萬而防河則否故隄防稍緩者一年備一年可也若河南陶家店銅瓦廂煉城口乞泥河滎花樹山東武家壩徐州曲頭集房村口則椿草蘇麻柳梢宜兩年之備可也總之黃河要害以

頭年下埽爲次年之防一年積料爲兩年之用事預則立陰雨無虞愼之哉　往日治河者以刻削工料爲能以文移往返爲事不知惜小費者妨大計操散權者無專功涓涓不塞遂成江河壞也久矣善治者二言以蔽之曰毋惜費毋掣肘　徐州參將營屬總河而總理督兩直隸山東河南四省軍務皆始於隆慶四年一爲護運一爲聯絡中原也先是四省多盜一省擒之則逃散三省兵權不一以故中原多盜且刼掠運艘輕齎歲飢則殺越而奪之糧往往見告矣乃以總河兼制之盜發則檄四省十二兵備會擒之隆慶末萬歷初盜亡得脫者自是衰息而又以山東管河副使兼濟甯兵備屬兵二千徐州參將正二三四月運盛行則提徐州軍壯八百名駐於徐以護運爲左哨五六七八月提歸德卒一千駐於商邱以備高秫之匿盜者爲右

哨九十十一十二月提宿州卒七百駐於宿以右控河南左制江北爲中軍盜小發則分營三擒之大發則合營總擒之而十二兵備之兵睢潁翼於西徐揚振於南濟沂犄於東濟曹臨津大名之兵角於北數千里響應蓋朝廷有深意矣　總理經費歲用六百餘金併輿皁門快金鼓軍民諸役餼食舊偏累濟甯萬歷元年如各邊軍民例派之四省濟民力紓矣經費僅六百餘金可謂儉矣後之人其能之否乎（行水金鑑注）　諺云胸有全河而後能治河又云以圖御者不盡馬之情夫圖猶不盡矣況無圖乎余故令善圖者乘傳一自孟津二千里達於海口圖之命曰黄河圖一自張家灣二千八百里達於瓜儀命曰漕河圖皆州載而縣紀之渠志而灣書之且布沿革之故於上端勒石於總河之四思堂後來者按之其以爲全河乎其以爲圖御乎　行

水之法治有餘先下流治不足先上源　治黃河之淺者舊制列方舟數百如牆而以五齒爬杏葉杓疏底淤乘急流衝去之效莫覩也上疏則下積此深則彼淤深彼則隄此乃運河遏水之法與黃河無涉奈何以人力勝黃河哉虞城生員獻策爲余言以人治河不若以河治河也夫河性急借其性而役其力則可淺可深治在吾掌耳法曰如若深北則南其隄而北自深如若深南則北其隄而南自深如若深中則南北隄兩束之衝中堅焉而中自深此借其性而役其力也功當萬之於人又其始也假隄以使河之深其終也河深而任隄之毀余曰此深河之法也欲淺河以爲洲法若何曰反用之耳其法爲之固隄固隄待水漲踰頂須用草工亦運河放淤之法令漲可得而踰也漲衝之不去而又踰其頂漲落則隄復障急流使之别出而隄外水皆緩固隄之外悉淤爲洲矣余試之爲茶

城之洲爲徐邳之河無弗效者故曰以人治人以事處事以將選將以兵練兵　山東河南黃河之北大隄若阜起修武及沛縣之窰子頭緜亙五百餘里曰泰皇隄河人呼曰南老隄夫隄屹黃河北十餘里不呼北隄而呼南隄蓋先年河行泰皇隄之北始皇隄之南始皇隄土人亦呼爲金隄則泰皇固南隄也今河循銅瓦廂武家壩則又藉泰皇爲障矣隆慶末復尋曹單豐沛跨戚山華山爲之縷水隄二百里是泰皇以縷水爲膚縷水以泰皇爲骨南北相峙犄角之勢也而又續窰子頭之大隄培戚華之縷水則魚沛可安枕而南陽至黃家閘永無黃河侵陵之患矣　始皇隄二屹壽張范縣之中南北相距數里厚可三十丈崇可五六丈始皇築以象天之二河東人言起咸陽迄登萊一以障河之南徙一以爲馳道從咸陽至東海求神仙輦馳南隄屬車馳

北隄子路問津河亦湮之爲隄焉今視之皆粉土所成東人呼始皇隄又云萬里隄蓋萬古雄隄也傳曰爲馳道之盛至於如此後世子孫曾不得蓬纍而託足焉今黃河乃穿隄南行三百里豈徒子孫不得託足蓋河伯亦不得託身也已　黃河盛發照飛報邊情擺設塘馬上自潼關下至宿遷每三十里爲一節一日夜馳五百里其行速於水汛凡患害急緩隄防善敗聲息消長總督者必先知之而後血脈通貫可從而理也　凡黃水消長必有先幾如水先泡則方盛泡先水則將衰及占初候而知一年之長消觀始勢而知全河之高下舊日識水高手者唯黃河之濱有之　四防中風防尤宜慎之房村決風濤鼓擊不已黃呂粱以巨舟數十障於決口風濤遽淨亦奇事然河隄千里舟不及也古有黃河風防之法如遇水漲濤擊下風隄岸則以秫稭粟藁及樹枝草蒿之類束成細把徧浮下風之岸而繫以繩隨風高下巨浪止能排擊細把且以柔物堅濤遇之足殺其勢隄且晏然於內排擊弗及丁夫御於隄外幫土此防風之要訣也細把仍可貯爲捲埽之需蓋有所備而無所費云　河決口之患二一如上有所決下無所洩者曰溢決不必闗水搶築俟漲落水出直塞之耳若上決而下洩者曰通決此不可少需搶築可也否則流衝勢洩恐成河身則正河流緩而淤矣　多穿漕渠以殺水勢此漢人之言也特可言之秦晉峽中之河耳若入河南水匯土疏大穿則全河由渠而舊河淤小穿則水性不趨水過則平陸耳夫水專則急分則緩河急則通緩則淤治正河可使分而緩之道之使淤哉　黃河清聖人生此史臣之言也彼蓋謂五百年王者興說也非河渠說也夫王者興非臣

所當言而今拘儒每以黃河清爲上瑞誤哉夫黃河濁者常也清者變也欲其常濁而不清彼濁者盡沙泥水急則滾沙泥晝夜不得停息而入於海而後黃河常深常通而不決清則水澄沙泥不復行不能入海徒積墊河身與岸平耳夫身與岸平河乃益弱欲衝泥沙則勢不得去欲入於海則積滯不得疏飽悶偪迫然後擇下地一決以快其勢此豈待上智而後知哉夫河決矣餉道敗矣猶賀曰上瑞非迂則愚故曰黃河清變也非常也災也非瑞也　漢唐以前至春秋戰國大江由六合遡邗溝取道於高郵寶應諸湖之西北達長淮江南之漕俱由邗溝而苦淺阻陳平江乃隄揚州以及於淮西遏諸湖之水遂匯爲一湖港相通三百七十里達於黃河餉道大通邗溝遂絕今不必泥古妄圖恢復惟濬之洩淮則可　高郵諸湖西受七十二河

之水歲歲苦溢乃於東隄建減水閘數十洩水東注閘下爲支河總會於射陽湖鹽城入海歲久悉湮宏治中乃開儀眞閘苦不得洩治水者歲高長隄而湖水歲溢隆慶初水高於高寶城中者數尺每決隄節高寶興化悉成廣淵隆慶六年萬歷元年建平水閘二十一於長隄又加建瓜州閘併儀眞閘爲二十三湖水大平淮漲不能過寶應又復淺船淺夫但許深湖不許高隄舊制初建瓜州花園港通惠閘得故金焚韓世忠船板改廣惠閘又得故閘基樁石樁大四圍基因之則花園港故閘道也而或恐二十三閘洩高寶八百里七十二河之水欲閉瓜儀蓄諸湖利餉道誤哉　高郵湖宏治三年白公以七十餘萬金成康濟河商誠便也第不當東繞圍民田一萬八千畝康濟與湖通水如城田若盂不得已於月河之底沈三涵洞穿月河而東

洩船行洞之上方未七十年松板洞窒不復能穿月河水匯田中是老隄之東又益一萬八千畝之田湖也左哉左哉老隄如綫浸萬頃中八面受敵而大隄壞中隄故卑弱大湖擁田湖濤擊之而中隄壞二隄俱壞則康濟東隄直弱縞當萬石之弩耳豈不危哉今議固老隄塞金門決康濟裍湖田乃循老隄之東去十丈爲之東隄一護老隄一成月河歲加修築則運與民與商船萬世之利也　寶應湖隄袤三十里軍民船由湖中西風大作歲溺湖中以數千人運之險道也今爲東護隄如議高郵新月河之制東隄成則月河成一舉兩得之計了此不過十萬金省中隄故也視白公縮費六十萬金歲加修築可保數百年無事謀國者各有見乎　天妃口自陳平江開清江浦六十里由此入黃河官民便之嘉靖中黃水泛入清江於河臣費十萬

開新河以北接於淮其說以爲接清流勿接濁流可不淤不知黃河非安流之水也伏秋水盛則西擁淮流併灌新開河夫天妃口一黃水之淤耳若淮黃會於新開口是一淤也乃歲役千夫濬淮黃交會之淺而患愈博矣余於天妃口建石閘直出黃河黃水盛則閉閘謝絕黃水以杜淤黃水落又啟閘以利官民新開口勿濬可也新河焉用哉　夏秋高寶諸湖水溢瓜儀二閘宜洞開之　閘之啟閉宜以水爲則不宜以日爲則水盈板而不啟則溢不及板而啟之則洩視水而疏數焉可也　閘漕下流通河者必留一淺長數丈戒勿濬以蓄上流以一淺省多淺若棄之與啟閘等而上流諸淺見矣此以淺治淺也閘漕一里藉令舟滿漕可容九十艘舊治魚貫三十艘而過之余令之九十艘盈漕焉漕盈則水溢且上閘之水不得直遂也而善停

蓄水可逆灌上閘矣此以漕治漕者也　河道夫役以類從焉
一曰隄夫若高寶邳徐閘崖從事笆鎌修築者是也二曰淺夫
若高寶湖之用船篦閘漕之用五齒爬杏葉杓水刮板者是也
三曰閘夫若諸閘之啟閉支篙執犂打火者是也四曰溜夫若
河洪之拽溜牽洪諸閘之絞關執纜者是也五曰壩夫若奔牛
之勒舟淮安之絞壩者是也而今白河以淺夫改爲引夫高寶
以淺夫併爲隄夫失制久矣今悉改正之　淮南建閘舊取石
江南綱運殊爲勞費不貲萬歷元年高寶諸閘余令石工鑿徐
州山第給匠氏之餼耳而令回空糧船順載之每歲約回空八
千餘艘每艘載石者三則每歲當得石二萬四千可建二十閘
矣勿勞舟費勿擾商舶便計也而何苦江南之官民爲　國家
造黄册之法若奇零不可窮詰且滋弊藪也爲之法曰逢三丟

逢七收蓋如以分計者如遇三釐則損之爲一分如遇七釐則
益之亦爲一分善數也今乃推之以至於不可盡之數吏緣爲
奸余令估河工隄如百丈者止於尺千丈者止於丈萬丈者止
於十丈銀如百兩者止於錢千兩者止於兩萬兩者止於十兩
糧如百石者止於斗千石者止於石萬石者止於十石椿灰如
百觔者止於兩千觔者止於觔萬觔者止於十觔假令不盡奇
零則三丟而七收之分數明吏弊絶黄運兩河估計皆同　瓜儀天妃各
閘啟閉不定期限以江河消長爲候如江河清則啟板以通舟
悉令由閘使商者省盤剝之艱如江河長則閉板以障流悉令
由壩使居者得挑盤之利若水長閘閉願候水落由閘者不强
之使由壩水消閘啟自願過壩者亦不强之使由閘則壩閘俱
安商民兼利　閘河水櫃凡八一曰馬場湖隷濟甯周四十里

有奇俱水占可櫃不可田二曰南旺湖隸汶上周七奇可田者三百七十四頃六十畝可櫃者一千六百畝三曰蜀山湖可櫃者一千五百三十九頃五十畝四湖隸汶上隆慶元年均地踏丈陞科者爲官占不經陞科民占可櫃者無幾方稽核而未報也五曰大昭陽湖隸沛縣額五百頃可田者三百九十七頃可櫃者一百三頃六曰小昭陽湖隸沛縣原額二百一十八頃有奇可田者一百八頃可櫃者一百一十頃七曰安山湖不可櫃八曰沙灣湖可櫃夫可櫃者湖高於河不可櫃者河高於湖故也然而昭陽可櫃不能大濟蓋洪溝之出涓涓耳無足恃也若獨山赤山微山呂孟原非櫃也新河障田成湖而馬家橋諸口決之大濟運無櫃之名有櫃之實盍捐田稅毋病民而櫃焉以益運乎余蓋嘗請之不報

運河之存也以隄隄之固也以民自張家灣南迄瓜儀延袤二千四百餘里河臣鄙懼民居之毀隄也而逐之余大召民之居隄者與約法三章耳商賈輻輳者爲上隄歲輸地租如例民集而商賈不停者爲中隄三載量征之若野曠民稀者爲下隄直令世業也永勿征蓋半稔而來者三千廬焉循是行之則二千四百里閒童叟往來樹木掩映舟行兩隄之中亦天下之至安至適也已是全隄也爲用逐

治閘漕之淤有二法遇淤泥之淺利用爬杴不利於刮板遇沙淤之淺利用刮板不利於爬杴

坎河口者其運漕之橐籥乎旱則止汶以濟漕澇則洩汶以全漕石灘天壞俱弊可也後來者時爲橐時爲籥有權存焉酌而用之存乎人

閘河水平率數十里置一閘水峻則一里或數里一閘爲舊制漕淺即濬夫數十里濬深一尺勞費則何

益一板爲則數十里水深尺半餉耳故救急莫如加板　理閘如理財惜水如惜金糧艘入水深不踰三尺五寸濟至四尺則水從下過廣不踰一丈五尺濬至四丈則水從旁過皆非惜水之道也故法曰凡濬法深不得過四尺博不得過四丈務令舟底僅餘浮舟之水船旁絕無閒曠之渠所謂以少淺治多淺以下水東上水　啟閉諸閘法若潮信爲如啟上閘即閉下閘啟下閘即閉上閘節縮之道也不然將恐竭又啟板時上下水舟俱泊五十步之外每啟一板輒停半晌命曰晾板則水勢殺舟乃不敗若通閘若頂閘是竭河毀舟之道也漕大忌之　山東水惟汶最大伏秋暴漲出南旺南奔濟甯者勢盛則衝過沂泗之水天井閘咽不得下而濟甯東偏數萬頃膏腴悉爲廣川溢南陽則斷諸隄且左偏獨山諸湖不得疏洩右奔入昭陽二湖

魚沛滕成淵東南射茶城則黃河得汶十之一助爲虐也萬歷元年謹備南旺七月淫雨連旬汶暴發丈餘余亟閉柳林寺前二閘斷南流而令全汶上源多北歸鹽河即山東大清河入青州之海下悉北歸張秋入天津之海其流於濟甯南陽出茶城者特沂泗二水耳流細而力薄通天井閘咽之裕如也東全膏腴數萬頃南陽諸隄其若常山之蛇爲獨山諸湖徐徐入新河而新河特涓涓者入昭陽魚滕沛曠昔之爲湖者今皆成膏腴秋大稔矣而射茶城入黃河者一衣帶之多黃河亦少失所助乎其樞在南旺其機在柳林寺前二閘蓋南旺地勢制之固形便勢利也汶平則柳林寺前復開汶發復閉不言所利大矣哉　南陽新河隄三空減水閘湖水盛則從空中衝對岸之隄隄多毀河水盛則從空中奔沿隄之湖運舟吸入空中多敗余益之小閘

十數口僅僅六尺許。夫閘多則水勢大殺。口狹則水力大弱。亡吸舟決隄之患矣。 閘河無源非眞無源也。蓋合徂徠諸山二百八十泉者尺疏而丈導之。合則流，散則否，有似於無源耳。故閘河之水以深三尺爲制。 祖宗法運舟載不過四百石，入水深不得過六拏拏字借用蓋用人之大指與食指直之謂之一拏一拏者五寸也六拏則三尺矣 六拏者三尺也。故船力勝米力，水力勝船力。若不務足船而徒搭運以省船，河力安能勝船而漕大困矣。歸罪無源之河何益哉。

南旺脊水也。閉諸北閘則南流，閉諸南閘則北流。水如人意者莫如汶。故命之左則左灌濟甯，命之右則右灌臨清。萬歷元年臨清稍滯運。余以尾幫入南旺。閉之南閘，令全汶趨臨清。一日而出板閘者七百。十日而出運艘六千有奇。此所謂役水者也。

諸閘漕以汶爲主而以諸湖輔之。若蜀山、馬蹹、南旺、安山、沙灣諸湖皆輔汶北流者也。獨山、微山、昭陽、呂孟諸湖皆輔汶南流者也。顧汶水微於春夏之交而轉輸方盛。湖水溢於春夏之交而運事已竣。要在節宣。諸湖秋終則悉閉之以待運。春終則漸發之以濟運，則得之矣。 江南運道自萬歷元年始屬總理，自杭州以達於鎮江凡八百餘里。遡杭及常之七墅堰，大勢地卑且多湖蕩。即崇德、吳江、長洲之閒淺不甚也。唯自常之白家橋以至鎮之京口，地勢漸聳，河止一經，更無支河可引。每旱乾秋冬水涸輒淺滯不可舟。而洋子江復下丈許。此京口所以冬築春開。今建瓜洲二閘，大挑常鎮諸湖，遂使臘月初旬京口可開千艘並入，誠二三百年僅見，江南百世之利也。顧自白家橋抵京口僅三百里，濬之以漸而下，引七墅堰以南之水注之北流，如南旺北河故事，則京口永無患矣。常州以北三十里爲犇牛閘又二十里爲呂城閘官夫故在雖作新而用之此事半功倍者也每歲犇牛築壩兩浙回空皆由江陰下江口歷青陽出無錫之高橋抵蘇杭此其捷徑也但青陽一帶河身狹淺阻塞商賈不通今濬之不惟江陰運舟徑可抵城而每京口大挑此其閒道也經略江南三策一曰處工費以備修濬江南河道宜兩年大挑如北河故事爲費甚鉅取之屬邑是以杯水救車火也則病官取之丁田是以公家累私室也則病民取之以河銀是漕渠廢水利也則病農取之商賈是以水累陸也則病商取之協濟是欲舍己田耘人田也則病鄰今查蘇松常鎮杭嘉湖漕糧二百萬石每石雇船抵瓜壩腳米七升瓜洲閘成淺船悉抵江南水次交兑而悉蠲雇船米余請於七升之内免去六升以利民量徵一升以利河名曰運河銀分貯各府鎮江河工獨多

貯亦以多常次之蘇次之嘉又次之杭又次之大挑雇役辦料諸費悉資於此一切亡累也夫民免六升省二百年額内之舊派修河一升亡八百里額外之偏累以瓜閘所省江南之費爲江南運道通融之用便計也二曰設江渚以避風濤七郡運五千餘艘俱出京口渡江以入瓜洲閘河風濤不利則艤於大江之濱後舟鱗集欲進不得欲退不能至危事也則於京閘之外藏風處濬而深之可容五六百艘固樁築隄若湖蕩焉而以一口通出入南北渡江者乃即安矣三曰改閘座以免阻塞犇牛呂城二閘底石頗高而運河深七尺以平江水則閘底限之故深河宜深閘底乃利涉爾　夏春運盛之時正汶水微弱之候南北分流之則不足併流之則有餘特爲番休之法如運艄淺於濟甯之閒則閉南旺北閘令汶盡南流灌茶城逆舟屯於汶

之上源以待北決如運舸淺於東昌之間則閉南旺南閘令汶盡北流灌臨清此役汶全力者也萬歷元年始用此法漕大利

明神宗萬歷二年八月淮安揚州徐州河溢傷稼明史五行志

是年七月二十四夜風大巽雨如注次日夜益猛拔樹撤屋東海大嘯河淮併溢淮安府志是年決邳州婁兒莊等處南河全考決鄒家館續文獻通考

明神宗萬歷三年八月河決高郵碭山及邵家口曹家莊明史五行志

是年河從崔鎭等口北決淮從高家堰東決徐邳以下至淮南北漂沒千里南河全考

明神宗萬歷四年正月高郵清水隄決九月河決豐沛曹單十一月淮河交溢明史五行志

是年十二月禮部類奏災異言今年自二月以來河水斷流地

震雨雹頻形章奏豈聖世所宜有乞敕大小臣工革心勵行明神宗實錄是年河決曹縣韋家樓又決沛縣縷隄豐曹二縣長隄徐豐沛睢金魚曹單八州縣皆淹水灌蕭縣城崩遷縣治於三台山之陽河復南遷自崔家口歷北陳鴈門集等處至九里山出小浮橋其一支自誼安山歷符離出小河口河流齧宿遷城鳳陽巡撫吳桂芳請遷縣治築土城以禦之河渠紀聞

覈案河自崔家口出小浮橋明會典載入萬歷五年

明神宗萬歷五年閏八月徐州河淤淮河南徙決高郵寶應諸湖隄明史五行志

是年八月河復決崔鎭明會典

是年河決曹縣韋家樓碭山縣張家屯續文獻通考

時總河潘季馴上兩河經略疏云據司屬裳臣牌行看得水性

就下以海爲壑向因海壅河高以致決隄四溢運道民生胥受其病故今談河患者皆咎海口而以濬海爲上策則誠然矣第海有潮汐茫無著足不得已而議他闢豈知海口視昔雖壅然自雲梯關四套以下闊七八里至十餘里深皆三四丈不等縱使欲另開鑿必須深闊相類方便注放則工力艱鉅必不能成矧未至海口乾地猶可施工及將入海之處則潮汐往來亦與舊口等耳且海之舊口皆係積沙人力雖不可濬水力自能衝刷乃若新闢之地則土壤堅實不特人力難措而水力亦不能衝故職等竊謂海無可濬之理惟當導河以歸之海則以水治水卽濬海之策也然河又非可以人力導也欲順其性先懼其溢惟當繕治隄防俾無旁決則水由地中沙隨水去卽導河之策也顧頻年以來無日不以繕隄爲事亦無日不以決隄爲患何哉卑薄而不能支迫近而不能容雜以浮沙而不能久隄之制未備耳是以黄決崔鎮等口而水多北潰爲無隄也淮決高家堰黄浦等口而水多東潰隄弗固也乃議者不咎隄制之未備而咎築隄爲下策豈得爲通論哉又有所未盡者上流既潰隄已旁決矣至於下流復或歧而分之其趨於雲梯關正海口者譬猶強弩之末耳蓋徒知分流以殺其怒而不知水勢益分則其力益弱水力既弱又安望其能導積沙以注於海乎職等故謂今日濬海之急務必先塞決以導河尤當固隄以杜決而欲隄之不決者必眞土而勿雜浮沙高厚而勿惜鉅費讓遠而勿與爭地斯隄於是乎可固也如徐邳桃清沿河各隄固矣崔鎭等口塞矣則黄不旁決而衝漕力專高家堰築矣朱家口塞矣則淮不旁決而會黄力專淮黄既合自有控海之勢又懼其

分之則力弱也則必暫塞清江浦河而嚴司啟閉以防其內奔
姑置草灣河而專復雲梯以還其故道仍接築淮安新城長隄
以防其末流盡令黃河全河之力涓滴悉趨於海則力強且專
下流之積沙自去下流既順上流之淤墊自通海不濬而闢河
不挑而深矣此職等所謂固隄卽所以導河導河卽所以濬海
也猶慮伏秋水發暴漲傷隄職等查得呂梁上洪之磨臍溝桃
源之陵城清河之安娘城等處土性堅實可築滾水石壩三座
若水高於壩任其走洩則水勢可殺而兩隄無虞矣至若寶應
石隄之當復與夫下流支河之當疏揚州運河之當濬皆今時
之切務所宜次第併舉而不可緩者也但前項工程自豐沛徐
淮以至海口其長千有餘里自清江浦以至儀真其長三百餘
里地勢遙遠工程浩大一時錢糧未措人夫難集除前請發銀

二十萬兩并截留漕糧八萬石一面先將豐沛縷隄太行遙隄
及徐邳一帶縷隄酌量幫築桃清南隄並接淮安新城長隄乘
時創築高家堰兩頭水勢稍緩先行築塞寶應湖先用椿笆修
築土隄其餘各項工程相應大加修舉者一面請發錢糧調集
官夫買辦物料次第興舉務保無虞等因到臣臣卽會同江一
麟躬親督率沿海荒度南遡維揚看得儀真東關歷石人頭揚
子橋三汊河直抵高廟止一帶運河水淺寶應一帶湖隄圮壞
黃浦決口淹及數邑高家堰水射淮揚清江浦長隄卑薄柳浦
灣至高嶺無隄障禦西窮鳳泗看得全淮不下清口日益南徙
北抵清桃看得崔鎮諸決水從旁洩一望瀰漫正河淤淺徐沛
以上崔家口新河淺阻北陳一帶水行陸地僅盈尺餘東抵海
口看得新桃草灣尋復淤塞今自清口至西橋一帶河流復通

但不及故河十分之一自安東以下河身漸廣雖有淤淺未復全河然河水東下亦無阻礙隨處患害一一查閲明白去後今據前因該臣會同右侍郎江一麟議照事師古者罔愆知不鑿者乃大孟子論智一章首以禹之治水爲喻而論爲政則曰爲政不因先王之道可謂智乎是大智者事必師古而不師古則鑿矣故治河者必先求河水自然之性而後可施其疏築之功必先求古人已試之效而後可做其平成之業黄水來自崑崙入徐濟運歷邳宿桃清至清口會淮而東入於海淮水自洛及鳳歷盱泗至清口會河而東入於海此兩河之故道即河水自然之性也昔元歲漕江南之粟由揚州直北出廟灣入海至永樂年間平江伯陳瑄始隄管家諸湖通淮河爲運道然慮淮水漲溢東侵淮郡也故築高家堰隄以捍之起武家墩經小大澗

至阜寧湖而淮水無東侵之患矣又慮黄河漲溢南侵淮郡也故隄新城之北以捍之起清江浦沿鉢池山柳浦灣迤東而黄水無南侵之患矣尤慮河水自閘衝入不免泥淤故嚴啟閉之禁止許漕艘鮮船由閘出入匙鑰掌之都漕五日發籌一放而官民船隻悉由五壩車盤是以淮郡晏然漕渠永賴而陳平江之功至今未斬也後因剝蝕既久隄岸漸傾水從高家堰決入一郡遂爲魚鼈而當事者未考其故乃謂海口壅塞遂穿支渠以洩之蓋欲亟拯淮民之溺多方規畫以爲疏導之計其意甚善而其心良亦苦矣詎知旁支暫開水勢陡趨西橋以上正河遂至淤阻而新開支河闊僅二十餘丈深僅丈許較之故道不及三十分之一耳豈能容受全河之水下流既壅上流自潰此崔鎮諸口所由決也今新開尋復淤塞故河漸已通流雖深闊

未及原河十分之一而兩河全下。沙隨水刷。欲其全復河身不難也。河身既復面闊者七八里狹者亦不下三四百丈滔滔東下。何水不容。若猶以爲不足。而欲另尋他所別開一渠。恐人力不至於此也。以臣等度之非惟不必另鑿一口即草灣亦須置之勿濬矣故爲今之計惟有修復平江伯之故業高築南北兩隄以斷兩河之內灌而淮揚昏墊之苦可免至於塞黃浦口築寶應隄濬東關等淺修五閘復五壩之工次第舉之則淮以南之運道無虞矣堅塞桃源以下崔鎮口諸決而全河之水可歸故道至於兩岸遙隄或葺舊工或𠜳新址或因高岡或塡窪下次第舉之則淮以北之運道無虞矣淮黃二河即無旁決並驅入海則沙隨水刷。海口自復而桃清淺阻。又不足言矣。此以水治水之法也。若夫扒撈挑濬之說。僅可施之於閘河耳黃河河

身廣闊。撈濬何期。悍激湍流。器具難下。前人屢試無功。徒費工料。但恐伏秋水發淫潦相仍不免暴漲致傷兩隄故欲於崔鎮口陵城安娘城等處再築滾水壩三道萬一水高於壩。任其宣洩。則兩隄可保。而正河亦無淤塞之患矣。徐州以南之工。如此而已。或有難臣者曰臣等欲順水性今淮水欲東而乃挽之使北黃河欲北而乃挽之使東無乃水性之未適乎臣曰水以海爲性也決水乃過顙在山之水也非其性也或又曰昔禹治河播九河同爲逆河入於海今臣等乃欲塞諸決併二瀆而不使之少殺耶縱有滾水壩僅去浮面之水百一耳亦烏能殺其勢也臣應之曰九河非禹所鑿特疏之耳蓋九河乃黃河必經之地勢不能避而禹仍合之同入於海其意蓋可想也況黃河經行之地惟河南之土最鬆禹導河入海止經郟縣孟津鞏縣三

處皆隸今之河南一府其水未必如今之濁今自河南府之閿
鄉縣起至歸德之虞城縣止凡五府河已全經其地而去禹導
河之時復三千餘年流日久土日鬆土愈鬆水愈濁故平時之
水以斗計之沙居其六一入伏秋則居其八矣以二升之水載
八升之沙非極湍急卽至停滯故水分則流緩流緩則沙停勢
所必至者臣等不暇遠引他證卽以近事觀之草灣一開而西
橋故道遂淤崔鎮一決而桃清以下遂澀去歲水從崔家口出
則秦溝遂爲平陸此眼前事也又何疑哉謹題請旨　又條陳
六事一曰塞決口以挽正河二曰築隄防以杜潰決三曰復閘
壩以防外河之衝四曰創滚水壩以固隄岸五曰止濬海工程
以免糜費六曰寢老黃河之議以仍利涉　又上河工事宜疏
一議支放照得鳩工聚材出納甚瑣收掌銷算頭緒煩多稽核

不嚴必滋冒破臣與撫臣百責攸萃兼以閱視不常無暇躬親
經理合無比照昔年邳工事例將請發銀兩俱解淮安府貯庫
各工應給工食應買物料府佐等官開數赴各該分督司道覈
實給票付兩淮巡鹽衙門覆覈挂號方許關支每季終該府將
票類送巡鹽衙門比對號印數目相同發回附卷通候工完類
覈造册奏繳如有姦弊按法追究庶臣等得以專心河工而錢
糧亦易於清楚矣　一議分督照得河工浩繁道里遙遠若非
多官分理不免顧此失彼分工之後錢糧出入工程次第皆其
首尾遇有陞調等項若聽其離任則本官所分之工又須另委
補稽文移往來便至逾月及到工所茫然無措何以望其竣事
而底績也合無俯念河工重大如遇前項相應離任官員各臣
等暫留完工稽其勤惰別其功罪請旨處分方得離任庶人心

專定覲覦不萌而事易責成矣。

一議責成照得州縣正官職專親民故民易驅而事易集也奈何相沿之弊視河患爲秦越視管河官如贅疣卽以分司部屬臨之蔑如也妨工僨事實由於此目今大工肇興諸務叢脞若非責成各掌印官鮮克有濟合無興工之後一應派撥夫役買辦物料俱以責之各掌印正官躬親料理仍選委賢能佐貳管押夫役赴工不許將陰醫等官搪塞如有仍前玩愒派辦失宜以致夫役逃散物料稽遲該工司道官卽時參呈以憑奏治事完之日仍與管理河工諸臣一體分別題請施行庶事權歸一人無退避而大工自易矣

一議激勸照得各工委官除府佐縣正外其州縣佐貳府衛首領及雜職陰醫義民等官或管領人夫或措辦樁埽或運取甎石或打造器具衆務紛紜如臂使指但各官出入泥淖櫛沐風

雨艱辛畢萃殊可矜憫有功而薄其賞誤事獨重其罰此人心之所以懈弛而事功之所以隳墮也合無工完之後容臣等逐一精覈如有實心任事勞苦倍常者俯賜破格超擢中閒閒有劣陞王官等項准與改擢其陰醫等官原有部劄冠帶者厚加獎犒如係義民准照題給冠帶榮身仍與陰醫等官一體免其本等差徭庶人心爭奮而百事易集矣

一議優卹各夫計工者每方給銀四分計日者每日給銀三分而本籍本戶幫貼安家銀兩有無聽從其便兹亦不爲薄矣但貧民自食其力衝寒冒暑暴雨露日艱苦萬狀縱使稍從優厚亦不爲過合無每夫一名於工食之外再行量免丁石一年容臣等出給印信票帖審編之時許令執票赴官告免州縣官抗違許其赴臣告治如此則惠足使民民忘其勞矣

一議蠲免照得淮揚河患頻仍

民遭昏墊稱最苦者如淮安所屬山陽清河桃源宿遷睢甯安東鹽城鳳陽所屬泗州揚州所屬興化寶應徐州所屬蕭縣十一州縣者一望沮洳寸草不長凋敝極矣適今大工興舉用夫頗多舍近取遠鄰封未免有詞而此中流移貧民亦賴做工得食少延殘喘應派夫役既不容已應輸賦稅復加責辦實爲繁苦合無軫念災極民窮姑將前十一州縣本年見徵夏秋起運錢糧特蠲一半行臣等揭示周知俾催科稍寬人樂趨役　一議改折照得大工肇興費用不貲帑藏虛空既難搜括閭閻窮苦又難加派臣等反復思維惟無可爲處萬不得已輒有非分之請而非所敢必也臣等竊聞太倉之粟可備八九年之食積愈久則粟愈朽故官軍之情有不願本色而願折色者稍加變通未爲不可合無暫將今歲漕糧除淮北及河南山東照舊兌

運外其淮南幷浙江等省姑准改折照例正兌每石連耗米輕齎折銀七錢改兌每石連耗米折銀六錢即以五錢給軍正兌尚餘銀二錢改兌餘銀一錢兌運停止官軍應得行月糧俱可免給以正額解京而以餘銀幷行月糧留發河工支用總計可得九十餘萬兩以運軍應得之數而濟國家大工之需在內帑無支發之煩在閭閻無徵派之苦在朝廷爲不費之惠在河工免缺乏之虞而在工諸臣亦得悉心疏築無顧此失彼之慮所謂兩利而俱全者也臣等非不知近該科臣建議奉有明例但錢糧浩繁時當細乏舍此則惟有請發內帑耳故敢冒昧陳瀆伏望敕下該部再加查議如可允行河工幸甚臣等幸甚　一議息浮言竊維治河固難知河不易故雖身歷其地猶苦於措注之乖舛而況於遙度乎但勞民動衆之事怨咨易興而往來

絡繹之途議論易起至於將迎之間稍稍簡略則以是爲非變黑爲白者亦不可謂其盡無也憂國計者以急於望成之心而偶聞必不可成之語何怪乎其形諸章牘也而不知當局者意氣因而銷沮官夫遂生觀望少爲搖奪隳敗隨之勉强執持疏遡難達其苦有不可言者伏望皇上俯垂鑒照容臣等殫力馳驅悉心料理寬臣以三年之期如有不效治臣以罪　又奏復故河其利有五河從潘家口出小浮橋則新集迤東一帶河道俱爲平陸曹單豐沛之民永無昏墊之苦一利也河身深廣受水必多每歲可免泛濫之患虞夏豐沛之民得以安居樂業二利也河從南行去會通河甚遠閘渠可保無虞三利也來流既深建瓴之勢導滌自易則徐州以下河身亦必因而深刷四利也小浮橋之來流既安則秦溝可免復衝而茶城永無淤塞之

慮五利也臣等以爲復之便至於復故道難仍新衝易復故道勞仍新衝逸則臣等計之熟矣然舍難就易趨逸避勞慮日後未可必之身謀而不惜將來必致之大患皆非臣等之所以盡忠於陛下也伏望特差素識水性科臣一員前來候秋深水落會同勘議如果可復卽便估計錢糧會本題請施行奉旨工部知道　河工告成疏題爲恭報兩河工成仰慰聖衷事竊照我朝建都燕冀轉輸運道實爲咽喉自儀眞至淮安則資淮河之水自清河至徐州則資黃河之水黃河自西而來淮河自南而來合流於清河縣之東經安東達雲梯關而入於海此自宋及今兩瀆之故道也數年以來崔鎮諸口決而黃水遂北高堰黃浦決而淮水遂東桃清虹泗山陽高寶興泰田廬墳墓俱成巨浸而入海故道幾成平陸臣等受事之初觸目驚心所至之處

子遺之民扳輿號泣觀者皆爲隕涕然議論紛起有謂故道當棄者有謂諸決當留者有謂當開支河以殺下流者有謂海口當另行開濬者臣等反復計議棄故道則必欲乘新衝新衝皆住址陸地漫不成渠淺澀難以浮舟不可也留諸決則正河必奪桃清之間僅存溝水淮揚兩郡一望成湖不可也開支河則黄河必不兩行自古紀之淮河泛溢隨地沮洳水中鑿渠固不能別尋他道又不得況殺者無幾而來者滔滔昏墊之患何時而止不可也惟有開濬海口一節於理爲順方在猶豫而工部移咨叮嚀臣等親詣踏看臣等乃乘輕舠出雲梯關至海濱延袤四望則見積沙成灘中間行水之路不及十分之一然海口故道則廣自二三里以至十餘里詢之土人皆云往時深不可測近因黄淮分流只餘涓滴入海水少而緩故沙停而積海口

淺而隘耳若兩河之水仍舊全歸故道則海口仍舊全復原額不必別尋開鑿徒費無益也臣等乃思欲疏下流先固上源欲遏旁支先防正道遂決意塞決以挽其趨築遥隄以防其決建減水壩以殺其勢而保其隄一歲之間兩河歸正沙刷水深海口大闢田廬盡復流移歸業禾黍頗登國計無阻而民生亦有賴矣蓋築塞似爲阻水而不知力不專則沙不刷阻之者乃所以疏之也合流似爲益水而不知力不弘則沙不滌益之者乃所以殺之也旁溢則水散而淺返正則水束而深水行沙面則見其高水行河底則見其卑此既治之後與未治之先光景大相懸絶也每歲修防不失即此便爲永圖借水攻沙以水治水臣等矇昧之見如此而已至於復閘壩嚴啟閉疏揚河之淺亦皆尋繹先臣陳瑄故業原無奇謀密策駭人觀聽者偶倖成功

殊非人力實皆仰賴我皇上仁孝格天中和建極誠敬潛孚而祇靈助順恩威並運而黎獻傾心念轉輸乃足國之資軫昏墊切徵予之慮宵旰靡遑絲綸屢飭其始也併河漕以一事權假便宜以任展布故臣等得效芻蕘之言其旣也逮媮惰以警異議折淆言以定國是故臣等得竟胼胝之力俯從改折之議國計與民困咸紓特頒賞賚之仁臣工與夫役競勸致兹無競之功遂成一歲之內今兩河烝黎誦帝德而祝聖壽者且洋溢乎寰宇矣臣等何敢貪天功以爲已利哉謹將完過工程總數開明請旨奉旨該部知道潘季馴河防一覽

明神宗萬歷十年四月金州大雨河溢金州當是甘肅蘭州府屬之近河金縣與奉天金州無涉明洪武二年改甘肅金州爲縣成化十三年仍改屬州至奉天金州初爲衛旋廢城盡沒明神宗實錄五行志同

是年六月新開永濟河成長四十五里建牐三座費銀六萬餘兩

總督尚書凌雲翼以聞上以其費省而工速賞銀幣有差明神宗實錄

先是凌雲翼言清江浦河隄夾鄰黄河邇來水勢南趨淤沙日被衝刷恐黄河決嚙運道可虞欲於城南窰灣自馬家嘴歷龍江至楊家澗出武家墩另闢新河以通運道在司道張譽等初議則從武家墩折而東仍合通濟閘出口於是兵科給事中尹瑾議清浦之河其來已久河隄之外一望平田並無岡阜遮隔雖楊家澗新開河渠相距亦不過十餘里必清浦之隄無虞而後淮安無虞一河兩岸無虞而後楊家澗之新河無虞設清浦一決其害不止清浦而已且糧船經由淮城則夾帶違禁易以稽查若經由窰灣入馬家嘴則中有一河之隔又有大湖之遥脱有頑軍梗悍作奸犯科失誤糧運咎將誰歸至武家墩出口尤爲可慮蓋本墩地勢高亢天將設之以屏藩淮河者墩内地

高難爲挑空墩外湖闊難以灣泊冬春之交糧運緊急則苦淺涸伏秋之候淮水泛濫又苦奔沖且武家墩與高家堰共爲一隄相去甚近開武家墩卽開高家堰則又害全河矣無已則通濟閘合流之議爲可從耳已而雲翼請遣官往勘給事中李廷儀吳俏云今日治河之事宜開新河以避黄流守舊隄以固清浦武家墩不可開新壩不可築事勢昭然遣官覆勘徒滋道旁議耳部覆給事中言皆是上令雲翼計永利以聞明神宗實錄

給事李廷儀吳俏言宜開新河以避黄流守舊隄以固清浦議遂定鳩工興挑三閱月永濟新河成建閘三避黄河嚙隄之險及清江作隄運艘仍由城西故河出清口而永濟並存賚以灌溉民田中有涵洞十餘處歷年修復無廢事亦便民之渠也河渠紀聞

是年七月清河縣河溢壞民田舍傷人畜無數清河縣志

是年徐蕭河溢水衝沒符離橋蕭縣志

是年總漕凌雲翼以徐州戚港溜急運艘難行開新渠建閘境山曰梁境新河中閘曰内華外閘曰古洪設官啟閉又築東邵壩於薛河中遏水使盡歸沙河由彭口入運河渠紀聞

明神宗萬歷十三年閘寶應越河工成明神宗實錄

先是寶應有氾光湖素稱重險國初平江伯陳瑄築石隄於湖之東蓄水以爲運道上有所受而下有所宣因決爲八淺匯爲六潭則興鹽諸場皆沒而淮水又閒從周家橋漫入洵湧挑空萬歷十年一日而斃者千八十二年糧艘溺者數十總漕李世達按臣馬永登鹽臣蔡時鼎議於石隄之東開越河以避其險乃命工科給事中馮露往視之河身長一千七百七十六丈凡

爲石閘三減水閘二爲隄九千二百四十丈石隄三千三十六丈子隄五千三百九十丈費公帑二十餘萬民不知役總河王廷瞻以聞賜名宏濟明神宗實錄

萬歷十二年十一月禮部儀制司主事陳應芳奏頃見漕臣開越河一疏其稱論方取土以丈計之約用工銀九萬六千有奇而木石之費十二萬其派夫必得五萬人而後可竊意夫以五萬每名日工食二分則當一日千金矣是所謂九萬六千者止可供五萬人三月之費借曰更番迭用亦止足供六月之食大約計之則九萬六千者可足一年夫役之募乎其不足者撫按自有處乎抑令民自爲賠也臣往見河工之舉撫按下之司道司道下之州縣州縣下之里甲里甲不足於是以家貲之上下爲出夫之等第籍名在官而趣之役牌票追呼之擾徧於閭閻

叫號怨謗之聲達於道路其狀有不可勝言者此籍名之苦一也及其不可脫而爲之辦夫一夫遠者月有一兩二錢之値近者月有九錢之値有稱是而計月以安家之値以一家爲率辦夫五名則月幾十金之費矣往往傾貲以償其費否則鬻產又賣子女數月之閒閭閻一空此雇夫之苦二也及其以應雇之夫而往即工所也多方影射百計索求一不遂則撻鞭之夫往往多逃去則以逃夫呈而移檄州縣逮之原籍名之人則又雇夫以補其額而就逮之費亦復如前是重困也至如官銀即使盡所議者給之猶不足以償十分之一而況所給者受値之人非出値家也以故不才佐貳通同胥役恣意侵剋以故官徒有募夫之名而害歸於籍名者之家利入於管工者之手此赴役之苦三也請以三策籌之與其使當事諸臣陽爲節省之虛名

而閭閻小民陰受包賠之實害則孰若照糧起科明爲加派而以九年十年拖欠存留錢糧酌爲蠲免其舊而加派其新人情未有不樂從者至於東南孔道各省協濟之銀撥之事理必不可無昨撫臣議五萬臣以爲少奈何不允而使獨累淮揚赤子也夫錢糧足則官操其値以募人如各驛遞等夫則非以累民而且養民此理之正策之上也瓜儀巨商大賈往往有建寺修橋者向倭夷之變揚州外城俱係鹽商倡築不期月而集或懸旌表之令開事例之門或授以冠帶或給以旌匾必有應之者而往來商船除鈔關外量於湖口抽其稅課以佐急此事之權策之次也如其不責名實而曰加派不可協濟不可事例抽稅又不可而忍聽民自爲賠焉此則可爲無策矣明神宗實錄

覆案宏濟河奏疏載萬歷十三年漕撫王廷瞻等奏越河工成疏稱夫役用銀募招未嘗派擾里甲木石差官採買亦不干及有司云云是當時並未派夫於民治河者須知派夫之苦甚於開捐抽課而派夫之費且多於和雇也故錄此奏爲戒

是年廣東肇慶大水肇慶府在宋徽宗以前名端州其出水之峽長約二十里寬不過三四十丈如四川巫峽故水流壅滯爲患**決隄九十餘口卽塞之**河渠紀聞

按西江源自益都經流三千餘里鬱林桂繡臨賀之水奔湧西下無支流疏播又經端峽縮轂其口秋水時至百川灌河江流不能瀉洩載於高地故有崩隄決岸渰沒田廬之患守土之官亟起捄患遣縣人治墉鄉人築隄候人戒舟援溺館人居溺者發倉廩賑饑民工賑並作至竣事而後卽安葉春及言布氣者天建利者地定傾者人旱而貸溉水而爲防治事之恆也端州自春徂夏淫雨不絕及秋西潦大至江水濫溢督府須桴而入

城中水從地起漂蕩宮室若泛梗天時地勢使然而裁成輔相則在審所宜以左右民也農田倚水爲命粵東西四大江匯於廣州出海皆引以灌溉自南雄合郴水北來者曰北江自江西安遠流經惠州者曰東江自西甯經連州南來者曰南江惟自肇慶西來之水大而陡急匯爲巨浸民田下者爲基圍高者爲水車轉輪激水以上高原資水之利尤必防水之害歲修隄堰其可忽乎哉（河渠紀聞）

明神宗萬歷十四年五月河決范家口水灌淮城全河幾奪又決天妃壩福興漸淤上厪宵旰遣科臣常居敬督塞之續又加築范口石隄全河復故（南河全考）

明神宗萬歷十五年七月開封及陝州靈寶河決（明史五行志）

是年河決祥符劉獸醫口決蘭陽銅瓦廂復決封邱原武又決長垣之大社集毛家口茶城亡何又報淤（續文獻通考）

按是時總河廢不設以漕督兼理河務河決荆隆衝長垣決水漫散申時行言黃河衝決多在河南餘流所及又在直隸若衝安平曹濮又在山東河漕所經分屬各巡撫管理事權不一易生推諉遣給事中有風力者一人行河旋以常居敬往（河渠紀聞）

次年御史喬璧星奏河道衝決爲患請率舊典復設專官以一事權蓋自古治河止於除害我國家仰給東南歲輸四百萬石自淮至徐賓藉河利顧潰決淺澀之患往往有之永樂九年分設部司督理或命部院大臣往視事已輒罷正德四年乃議專設憲臣爲總理河南之開封歸德山東之曹濮臨清北直之大名天津南直之淮揚徐穎咸屬節制建牙如督撫重河防也然理河者不復慮漕而理漕者亦不復慮河萬歷五年偶因兩臣

意見相左遂并河於漕在河南山東北直者以巡撫兼領之責分而官無專督故修濬之功怠於無事急於臨渴河患日深頃者勘科常居敬亦有專設大臣之議非直備官要在得人試按嘉靖以來河漸北徙濟甯以下多淤而劉天和之修復魯橋朱衡之開通南陽潘季馴之濬刷崔鎮河道賴之此專設得人之明驗疏下部覆如議上命督河再設以老成才望者任之 給事中梅國樓薦原任刑部尚書潘季馴向有築濬功堪總河時季馴已鐫職爲民會李棟董子行蔡宗周常居敬亦先後薦之故部覆起都察院右都御史總督河道兼理軍務上諭之敕明神宗實錄 時潘季馴四次總河

是年沁決入衛自木欒店蓮花口而東浸獲嘉新鄉衛輝尋塞之河渠紀聞

時沁水決入衛督河楊一魁有因決濟運之議謂沁水方決其勢悍塞之難而導沁入衛其勢便而助運易都給事中常居敬疏稱據汲新輝獲等縣社里老告稱衛水發源在輝縣蘇門山其水陡峻通流灌田不過些須並無淤阻其沁水河身寬一里有餘衛水河身寬不過三四丈先年曾遭沁水衝開木欒店蓮花池隄附近地方俱受淹沒且流入獲新二縣城門用土堵塞漂流民舍淹沒民田一百二十餘里衛輝府關廂巷口行舟衝倒民房八千餘間壓死男婦百十餘口等情沁水沙多善淤一入漕渠淤墊閘座恐利未得而害且隨之仍應堅築隄壩務使南行庶爲長策至於漳衛上源天旱泉微誠有之但民間灌溉壅遏泉流致妨運道合將一應私壩悉行拆毀詔從之河防一覽

明神宗萬歷十六年奏停營家營支河工程河渠紀聞

按河道之患有二曰淤曰溢淤則必溢水無所洩而旁溢也溢則必淤決水奪河而塡淤也至淤不能下則又多開支河以收分殺之功分之而淤轉甚溢可待也此訾家營支河之工所必當議停與播季馴疏略云論天下之大事者創其始必先究其所終成天下之大計者圖其利必先慮其所害若漫然嘗試舉事未幾而廢隨之工以十萬計時以年計費以六十萬計勞費重大咎將誰歸訾營與清口相對地平無崎嶔中間黑墩湖羅家口二處水漫難濬由此至顏家口歷赤晏廟復與大河會分大河之流殺泗州水勢於二百里外固不可得原估濬河不及築隄依例與築取土於一二里外視五十餘萬濬河之估又當加倍計土論方濬至一丈下地泉迸出工亦數倍費更不貲姑不具論惟是河喜深廣避淺隘今以闊四十丈深二尺三尺之河欲與闊二百四五十丈深三四丈者並駛日後難保不淤河不兩行自古戒之先年劉大夏劉天和王以旂諸人有開孫家渡以殺水勢者有濬趙皮寨以濟二洪者有開李景高口引水出徐者皆不久卽淤可爲明鑒舒應龍常居敬皆言訾營經黑墩羅家口恐有散漫之虞亦未敢爲必然之畫今鮑營新衝之口在王營之上訾營之下既非運道經行之處又無損害民田原以爲分殺暴漲之地雖水落勢必復淤與慮訾營無異而漫流廣闊淤不甚高水漲勢必復通淤則平時無奪河之患通則臨漲有分殺之功亦如崔鎮以下之減水四壩也蓋議開訾營支河本欲別求一策以殺泗州水勢爲不得已之計既無益於泗而鮑營新衝入海徑直非若訾營之迂繞不煩工力非若訾營之勞費訾營支河非惟不當開亦不必開矣（河渠紀聞）

明神宗萬歷十七年河決雙溝單家口於是專議築趙皮寨至李景高口遥隄築將軍廟至塔山長隄築羊山至上山橫隄河防幸無事明紀事本末

時給事中張養蒙因季馴奏報河工上言曰二十年來河幾告患矣當其決隨議塞當其淤隨議濬事竣輒論功夫淤決則委之天災而不任其咎濬塞則歸之人事而共蒙其賞及報成未久懼有後虞急求謝事而繼者復告患矣其故皆由不久任也夫官不久任其弊有三先後異時也人已異見也功罪難執也請倣邊臣例增秩久任斯職守專而可責成功帝深然之明史

明神宗萬歷二十年河決淮安狼旋磨腸二口蒙陰馬陵諸山水發邳宿安東安東今江蘇淮安府安東縣治悉沈釜底淮安府志

是年潘季馴上隄防告成疏略曰古稱治水者莫過於禹禹貢曰九澤既陂四海會同先臣蔡沈釋之曰九州之澤已有陂障而無決潰四海之水無不會同而各有所歸陂障即隄也神聖如禹而猶不免致力於隄則舍隄之外別無以防河者矣臣於萬歷六年奉命治河即請築遥隄以防其潰築縷隄以束其流八九年間河流順軌故道晏然業有成效矣而歲久官更弊滋法弛以河防為末務視隄工為贅疣一簣莫加萬夫間曠而車馬之蹂躪風雨之剝蝕河流之汕刷高者日卑厚者日薄又何怪其東潰西決哉荷蒙皇上授臣以總理之權謬承俞命督率南直隸河南山東司道等官躬親荒度舊有而今圮者則議加幫舊無而宜有者則議剏築遥隄約攔水勢取其易守也而遥隄之內復築格隄蓋慮決水順遥而下亦可成河故欲其遇格即止也縷隄拘束河流取其衝刷也而縷隄之內復築月隄蓋

恐縷遥河流難免衝決故欲其遇月卽止也防禦之法頗稱周備較之己卯告成之功更爲詳密但畚土成隄原非鐵石稍不修葺便至傾頹歲歲修之歲歲此河也世世守之世世此河也伏望嚴諭地方司道等官查照臣愚節次題奉欽依事理每歲務將各隄頂加高五寸兩旁汕刷及卑薄處所一體幫厚五寸年終管河官呈報司道躬親驗覈不如式者指名參究庶河防永固而國計民生俱有賴矣河防一覽潘季馴上併勘河情疏云臣領河事凡四任矣壯老於斯朝暮於斯耳聞目擊稽往驗來總之水性不可拂河防不可弛地形不可强治理不可鑿人欲棄舊以更新而臣謂故道必不可失也人欲支分以殺勢而臣謂濁流必不可分也去秋霖霪雨漲物議遂騰甯知漲必有消乎謹述人言之惑衆病河者詳解於後一謂黃水暴漲何不多濬

支渠以殺之臣曰分流誠能殺勢然可行於清水耳黃水沙居其六分則勢緩沙停河不兩行自古記之藉勢行沙合之所以殺之也又議水漲暫開決口水落復塞豈曰無見但塞決難而費浩築洩水石壩於桃源與地平水浮則洩與開決無異而水不能嚙石更無塞決之患不須另開矣一謂舊河沙墊底高不若別覓新河爲得臣曰沙易停亦易刷卽一河中溜處深緩處淺水合自刷必無俱墊之理此淺彼深亦無妨運之事倘遇底高則冬春水落當膠舟矣全棄故道卽使得地鑿河力能闊二百丈深三四丈如故河否況數年而新者亦舊豈舊淤而新不淤乎禹治水曰疏瀹排決亦第去其壅塞耳徐邳故泗沂道也禹貢導淮東會泗沂宋神宗時河決澶州合南清河會於淮南清卽泗沂行之六七百年謂非黃河故道不可矣一謂禹治水

以導而今治水以障臣曰逆水性以壑鄰謂之障順水性以闢其溢謂之防水漲無隄必泛溢不循軌隄者正導之以入於海也禹貢九澤既陂四海會同何嘗不以隄哉或疑水愈高則隄愈增不知水雖漲亦只丈許且無旬日不消者則隄之高不過踰丈而已一謂徐呂二洪怪石浮水面湍激如雷今皆無聲得非沙掩臣曰二洪體甚高沙能掩之是無徐州矣徐洪爲主事郭昇呂洪爲主事陳洪範劇石志記具存其時黃河決而二洪涸竇天假以成諸臣之功也若云石平而水不能刷沙則河長幾二千里豈盡二洪激水所刷耶甚爲諸臣冤耳一謂海口沙塞以致河蓄不流臣曰黃河萬里删無分洩滔滔迅溜何嘗稍停大約伏秋長多消少冬春長少消多上源雨多則長雨霽則消今海口塞則消於何往耶臣委勘親閱並無淤梗一謂黃高於徐淮高於泗可不爲之所乎臣曰自開歸以至安東地皆卑於河不獨徐泗湯遷亳仲丁遷囂亶甲遷相祖乙遷耿盤庚遷殷以避黃也豈不憚煩景祐中泗州張守曾築護城隄三丈三尺以捍淮矣河之不能使卑如是去國之臣心猶在河亦自盡其犬馬之忱而已（明神宗實錄）

一築隄凡黃河隄必遠築大約離岸須三二里庶容蓄寬廣可免決齧隄之高卑因地勢而低昂之先用水平打量務取眞正老土每高五寸卽夯杵三二偏若有淤泥與老土同第須取起候晒晾稍乾方加夯杵其取土宜遠切忌傍隄挖取以致成河積水刷損隄根隄式貴坡切忌陡峻如根六丈頂止須二丈俾馬可上下故謂之走馬坡

一塞決凡隄初決時急將兩頭下埽包裹待水平卽須接築如水勢洶湧頭裹不住卽於本隄退後數丈挖槽下埽如裹頭之法刷至

彼必住矣此謂截頭裹也如又不住卽於上首築逼水大壩一道分水勢射對岸則塞工可施矣塞將完時水口漸窄水勢益湧須用頭細尾麤之埽名曰鼠頭埽俾上水口闊下水口收庶不滚失　一下護根乾埽凡隄係埽灣須預下乾埽以衞隄根此埽須土多料少簽樁必用長壯入地稍深庶不坍墊　一栽柳護隄臥柳長柳須相間栽植臥柳須用核桃大者入地二尺餘出地二三寸許柳去隄址約二三尺密栽俾枝葉搪禦風浪長柳須距隄五六尺許既可捍外且每歲有大枝可供埽料一栽茭葦草子護隄凡隄臨水者須於隄下密栽蘆葦或茭草俱掘連根叢株先用引橛錐窟深數尺然後栽入隄根至面再擇草子密種雖雨淋不能刷土　四防一曰晝防每遇水發急溜埽灣若不卽行修補則漸坍塌宜督人夫每日捲土牛小埽

聽用隨刷隨補少暇則令取土堆積隄上　二曰夜防守隄人夫夜倦未免睡熟須置立五更牌面分發南北兩岸照更挨發各鋪傳遞如天字鋪發一更牌至二更時前牌未到日字鋪卽差人挨查係何鋪稽遲卽時拏究餘鋪仿此　三曰風防水發之時多有大風猛浪須督隄夫綑紮龍尾小埽擺列隄面如遇風浪大作將前埽用繩樁懸繫附隄水面隨起隨落足以護衞　四曰雨防守隄人夫每遇驟雨淋漓若無雨具必各投人家或避鋪舍倘有刷埽何人看視須每名各置斗笠簑衣　二守一曰官守黃河盛漲該管官一人不能遍巡兩岸須添委協守官分岸巡督每隄三里設鋪一座每鋪夫三十名計每夫守隄十八丈宜責每夫二名共一段於隄上搭一窩鋪置鐙籠一箇二曰民守每鋪雖有夫三十名仍恐調用無常宜照舊規於

附隄鄉村每鋪添鄉夫十名水發上隄水落回家量時去留不妨農業　各鋪相離頗遠倘一有警別鋪不聞須令每鋪豎黃旗一面上書某字鋪三字鐙籠一箇晝則懸旗夜則挂鐙仍置銅鑼一面一鋪有警鳴鑼爲號併力齊赴救護　守隄最防盜決或決洩坡水或決淤磽瘠或仇家決灌相傾或鄰隄伺便盜洩巡警稍怠即被下手矣防禦者不可不知　河防全在歲修歲修全在物料而州縣河官視爲奇貨歲估既定冒銀入己今議於十一月間司道官估計停當各掌印官領銀收買法固善矣又須特委廉能一二員專管收支工完之日將捲築過埽壩收支過物料開報總河衙門查考庶幾事有責成而錢糧無冒破矣節錄河防一覽

明神宗萬歷二十一年五月河決單縣之黃堌口乃賈魯舊開處在山東單縣境緊接河南虞城界　**一由徐州出小浮橋一由舊河達鎮口閘**南河全考

按萬歷二十三年三月總河楊一魁會禮科給事中張企程幷撫按各院會題分黃導淮明年行委郎中詹在泮等闢桃源黃壩新河自黃家嘴起至五港灌口止分洩黃水入海以抑黃强導淮闢清口沙七里建武家墩涇河閘洩淮水由永濟河達涇河下射陽湖入海又建高良澗洩水石閘子嬰溝周家橋減水石閘洩淮水一由岔河下涇河一由草子河寶應湖下子嬰溝俱過廣洋湖入海仍恐淮水宣洩不及南注各湖爲患又挑高郵茅塘港通邵伯湖開金家灣下芒稻河入江以疏淮漲南河全考

萬歷二十三年九月督漕褚鐵議導淮總理河道楊一魁議先分黃次導淮御史牛應元議合行之又爲祖陵計黃堌口決當制小林口淤當挑歸仁隄當培上從之括帑五十萬役夫二十

萬分黃導淮自黃江舊導河分趨五港灌口徑入海以殺黃勢毋盡入淮導淮則自清口闢積沙數十里又於高堰旁若周家橋武家墩稍引淮支流入於湖爲預浚入江入海路以泄之祖陵水漸退而水患息（明紀事本末）

明神宗萬歷二十二年九月韓莊新河成（明神宗實錄）

舒應龍字時見全州人嘉靖戊辰進士萬歷二十年以工部尚書兼右副都御史總理河道河決汶上灉徐邳潰漕隄幾二百里應龍求通洩之途於微山湖東得韓家莊其地在性義嶺南不經葛墟嶺可引湖水由彭湖注之乃疏請開支渠四十餘里凡五閱月工成此開泇之首功也二十二年以河工告成加太子少保（山東全河備考）

明神宗萬歷二十五年河復決單縣之黃堌口溢於河南之夏邑永城界經宿州之符離橋（宿州今安徽鳳陽府宿州治）出宿遷新河口入大河半由徐州入舊河濟運而二洪告涸（南河全考）

按黃堌口乃賈魯舊開處也先是河決事聞朝廷奪總河舒應龍官而以楊一魁代之一魁以河雖南出符離淹沒民田無幾而河水一半由舊河下徐州足以濟運議不治又二年一魁入掌部事代之者爲劉東星亦守舊議但河日益南而黃堌之下李吉口澱淤益高北流遂絕東星每至冬即其地開一小河春夏則引水以下徐州濟運然亦至秋即淤不能久也若是者三年而彭城呂梁之間古所謂懸水三十仞者可褰裳而涉矣於是江淮當事者建六閘於河中節宣山東汶濟之水聊以通漕而漕舟至京往往後期（南河全考）

明神宗萬歷二十九年開歸大水河決蕭家口等處（蕭家口商邱地　明神宗

錄實

按是時全河南注南岸蒙牆寺徙北岸黄堌斷流決水入洪澤湖爲泗州患乃治總河楊一魁不塞黄堌致衝祖陵之罪斥爲民河渠紀聞六年分設河漕專官以曾如春爲都御史總理河道議開虞城王家口自歸徐至宿遷六百餘里工用浩繁京外度支已竭括發至六十萬之多剋日計工浙河開未及半塞而注之慮不任受獻策者曰河流既回勢若雷霆藉其勢衝之淺者可深也如春遂令放水流勢稍緩下已淤半矣一夕水漲決單縣蘇莊衝魚單豐沛閒如春憂怖卒黄河開渠引水其力全在塞決蓋決口漸收漸窄逼水入渠以次收束兩壩水遞加長至河流行遠而合之借水全力刷沙則力專勢猛沙隨水去如春知濬而不圖塞以十丈之渠而無壩以逼之淤可立待也至濬渠欲其深深則能引溜渠底欲其平平則出水迅利而河濬至底每有流沙稍淤工力倍費承辦之員弁夫役利其淺而不利其深至將及底灘土未淨高低不平輒放水掩蓋以希偷減而河流往往不暢此積弊也如春不知獻策之人即陰爲偷減之計使如春墮其術而漁其利以致全河潰敗南北橫衝悔無及矣同上

明神宗萬歷三十年河決蘇莊衝入沛縣太行隄灌昭陽湖入夏鎮橫衝運道南河全考

是年閏二月河州蓮花寨黄河涸河州今甘肅蘭州府河州治明史五行志

是年陝西河州黄河水漲將河橋遥墩院房屋衝去蓋河水自閏二月二十五日流絶見底至是日矣漲明神宗實錄時禮部言河瀆之行地猶元氣之周身而貨財流布天下也今天下閭閻貧

府庫竭獨礦稅監使及參隨土豪之家富耳神河天險源涸流徙而中更挾百川之勢以衝祖陵扼運道此脈竭財殫之象也伏乞皇上罷礦稅撤中使人心既悅天意自回在一念轉移間耳不報（同上）

是年河決荊隆口山左撫臣建議以天下莫非王土決南則見北決北則見南河不能兩據也今河趨於宋但遷民而避之賑其貧者即以宋為河纖毫不費而河已大治矣河南撫臣賈豐抗疏爭之廟堂憂及陵寢卒就豐議濬新河六百里強之北徙大工之役破中人之產數百萬家大工之後繼以瘟死者又數百萬家（賈開宗治河議）

按是時河工屢築屢潰河道視為畏途沁州知州俞汝為條陳數事允議施行其言亦有可採者如沿河責任宜均一節河東

鳳陽巡撫兼管河務恐事權不一設總河都御史節制顧秦越其心夤任獨歸總河以致物故病廢削奪者後先相繼一年數易總河遂為陷阱分防之員弁或以時勢難圖物力匱詘擇輕避重圖易辭難又或窺瞷意嚮以決進止成則居功敗則道咎應請有河地方大吏分任其責功罪一體同官治事自不得分藩籬當事著肩自不暇騰口說汛員畫地程功事可共濟又審河工緩急之勢治漕治淮原非兩事疏濬築三法本自相資淮水氾濫為祖陵患黃水匯入淮水不出湧而起耳往時淮安舖口水漲則築水涸則啟年來規制廢格黃水倒灌入淮遂成巨浸宜修舊制先斷淮安舖文塞蒙牆口使黃水不入再疏下流如芒稻射陽湖河引淮出江出海使有所歸而淮泗之閒安流矣又辨山脈河水之性黃河以南大江以北山脈由陝入嵩過

曹縣起泰山盡於蓬萊三島左一支自桐柏分水曰淮右一支自河南分水曰汴黃河北流入天津此禹故道也自宋熙甯開引河入汴勢遂入淮貽患迄今然水本就下帶土而行急則深緩則淤可合不可分沙尤與土異不可聚而可囊揚之則浮刷之則去凝之則堅識沙之性借水刷之堅土難立致借囊沙築之識水之性欲塞上口必疏下流欲通故道必塞決口因其勢而利導之俾全河在目庶不致漫嘗徒費又言治河簡便之法決口施工兩岸築入先用柳條單土隨宜築之次用囊沙之法中流最急處用船各處運糧船拆造每拆一船除蓬桅外估價不過二三十兩宜於糧船回空過淮時查該拆卸者留用似省而便囊沙不必用布江南米包用蒲草爲之價廉可用再加草繩二條卽以開河夫裝貯沙土每包定以六斗以草塞口以繩緊束一人可負而走運至工所俟釘樁一定以埽捲邊運沙運包入水時日可集至中流急處方用舊糧船先期令夫船運土石或沙草滿載攜駕河濱每船用木樁三四根下釘以篾簡相挽以鐵貓扎定然後加土鑿沉一時幷下水自阻塞更開通水道使黃水湧入故道自然深闊費省而事可速成此因蒙牆諸口未塞思濟一時之急洋洋灑灑至數千言其均責成審緩急辨山脈河水之性審囊沙物土之宜皆有條理至中流用船築塞卽賈魯沉船法而無魯之精思大力固難襲用然亦可存其說視楊一魁之修築汴隄徒託空言疏浚小河口終歸無策者固不侔矣河渠紀聞

明神宗萬歷三十二年總河尚書李化龍挑泇河李化龍字于田直隸長垣人明兵部尚書諡襄毅自直河口起至李家港止開拓二百六十里南河全考

是年正月工部題覆李化龍疏請亟開泇河尚復故道大要言河自開歸而下合運河入海其路有三由蘭陽道考城至李吉口過堅城集入陸座樓出茶城而向徐邳是名濁河爲中路出曹單經豐沛出飛雲橋泛昭陽湖入龍塘出秦溝而向徐邳是名銀河爲北路由潘家口過司家道口至何家隄經符離道睢甯入宿遷出小河口入運是名符離河爲南路南路近陵北路近運惟中路旣遠於陵亦濟於運前督臣排羣議以興茲役竟以貲用乏絕不得竣事然自堅城以至鎭口河形尚爾宛然故爲今之計惟守行隄開泇河泇河二源一出費縣南山谷中循沂州西南流一出嶧縣君山東南與費泇合南會彭河水入邳州境合蛤鰻連汪諸湖東會沂水從周湖柳湖接州東直河東南達宿遷之黃墩湖駱馬湖從董陳二溝入黃河隨地開闢或因渠或就隄塹山劇石引泗合沂濟運道以避黃險其善有六其不必疑有二泇河開而運不借河有水無水聽之善一以二百六十里之泇避三百三十里之黃河善二運不借河則我爲政得以熟察機宜而治之善三估費二十萬金開二百六十里比朱尚書新河事半功倍善四開河必行召募舂芒以役興麥熟人散富民不苦賠窮民得以養善五糧船過洪必約春盡實畏河漲運入泇河朝暮無妨善六爲陵捍患爲民禦災無疑者一徐州城向苦洪水暴至泇河旣開徐民之爲魚者亦少無疑者二題請遵照施行從之明神宗實錄

三十三年李化龍奏臣以過大行虧禍延臣毋蒙皇上憫其憂苦亟黜新臣又以河漕事重命臣料理候代臣思泇河業已通漕但直河一帶沙淺韓莊臺莊郗山一帶尚多淺狹因行司道官督率各府佐於直河之南另挑支河三十里於王市等處建閘三座於彭家口韓莊等處各加展浚至一萬二千三百丈足行全運臣之料理泇河者如此又念徐

邳之閒黃水大溜至不通舟因行司道官督率各府佐將塘池馬家淺高家灘各挑月河一道栲栳灣大加疏浚牛角灣張孤山范家山等處俱大加開闢令黃水順流南下不復舊年景象矣臣之料理黃河者如此又念南陽西隄頻年爲黃水壅激湖水嚙蝕已多恐湖身漸高黃水漸北因而穿漕是又一李家口矣因令各官集料鳩夫將南陽運河西岸釘樁下埽實土築隄以遏湖波又將單縣陳燦樓決口堵塞以絕來源臣之料理南陽一帶漕隄者如此蓋臣身雖不能出而心則不敢不盡體雖已抱病而力猶不敢不竭今已得代敢備述上聞少釋南顧之懷報聞同上

薈蕞云明運道廢興不一盛思徵既開新河被論中輟越四十年而朱少保卒成其功潘宮保開南陽河經夏鎮道留城出鎮

口以避黃水之衝功亦偉矣乃迦河議興則以三難二悔之說進因此去官尋濬河之役亦報罷越三十年而李少保公然奏績甚矣哉天下事成功遲速蓋有時數存焉迨至　本朝靳文襄公與今相國遂甯公稟承　聖訓開成中河遂至東南歲漕數百萬貢稻絲淮度黃僅十五里挂帆如駛安瀾無恙三百年來運道盡善盡美之數公者功不在宋尚書陳平江下矣行水金鑑

是年八月河決朱旺口及太行隄數處民舍漂沒蕩漾三載河從牛溝始定明史

明神宗萬歷三十三年總河侍郎曹時聘題準大挑朱旺發河南山東直隸丁夫挑濬由堅城集出徐州小浮橋河長六萬丈至明年工完於是河回故道民生奠安時請於朝發部寺濟折馬價等銀八十餘萬以冬十月興工自蘇莊至徐州幾二百餘

里悉州縣正官受役分地而濬之州縣官急欲竣事其私派夫役謂之跨夫河垂成惟徐州之上有八九里許未及濬而蘇莊逼近黃河隄土單薄忽從地下穿入新渠震撼東下不待放水也流至未開處稍梗塞遂汎濫於新河之外三四十里然大勢已定可以隄約束之而魚沛單濟全鄉之水悉歸大河民免魚鼈矣未及論功行賞竟以憂去（南河全考）凡挑河首尾固築界壩濬渠務至深遠將成時尤須加意防守稍見滲漏即時築實並收束決口俟有引滿之勢然後開壩放水日夜塞合以足其勢則建瓴直下沛然莫禦河工夫役積弊每濬至將深未足之時輒思引水掩蓋盜開頭壩殊不知渠必濬深而後能引溜必掣大溜而後能回河否則引入之水皆浮水餘流平緩無力不能刷底一有阻隔即停蓄不進轉而旁潰蘇莊一決全河北注者三

年初泛豐沛繼沼單魚捐八十萬國帑於財匱力竭之時發數州丁壯於晨正農殷之日以役二百里就下之河貟數十年難遘之機會乃功屆垂成水潰新渠千餘丈未浚之工橫梗中路當春水未盛之時猶循故道順流下行及至汛水大發非郭貫樓之決而安歸也（郭貫樓明史作郭暖樓　河渠紀聞）

明神宗萬歷三十四年六月河決蕭縣郭暖樓八字口北支至茶城鎮口（明史河渠志）

萬歷三十五年總河曹時聘以河工告成請敘勞績吏科給事中姚士慎曰往者蘇莊河決議大挑朱旺口使水歸故道用帑八十萬然朱旺之役甫罷而彭家樓之決旋報即云築塞新工舊料可藉然皆國家積蓄安知今歲築責明秋泛漲不又爲彭家樓之續也且河上之役上原下隰廬處客宿嘗其甘苦者甯

有幾人潰決則幕流維職受其罰隄成則高牙大纛享其功往時大決故議大挑大挑故議大功使河再決而再挑再挑而再議功是歲歲敘功無已時也御史黄吉士查勘回奏亦言去歲坍城放水卽有人字河之溢今歲勘閱正值秋水泛漲四望瀰漫楊家集以下陳家樓以上兩旁隄岸衝決多口徐屬州縣匯爲巨浸迨至勘後黄堌口復決業經築塞時日非久而趙家圈壘土新城洪水隨至勢甚危岌工程繁多水更散漫不可稱全功自吉士之疏出而議者隨起工科給事中孫善繼言總一河也徐州以上必南不害陵北不害運中不害民徐州以下必我欲濟黄則黄欲濟泇則泇如是者功成而後議敘則恩不濫如竭有限之財驅重勞之民假便宜之權需歲月之久而東衝西決有如漏卮方河臣飲氷之時奈何爲元圭告成之會疏上而廷議益遲久之不得論功（明神宗實錄）

明神宗萬歷三十五年河決單縣東南水勢洶湧灌入城北四十里一望汪洋民舍漂流（山東通志）

明神宗萬歷三十九年六月河決徐州狼矢溝（在徐州東岸南去十餘里　明史河渠志）

明神宗萬歷四十年九月河決徐州三山水灌睢甯等處出白洋小河口入黄總河都御史劉士忠檄中河司道吳大山袁應泰開挑引河水復故道明年塞之（南河全考）

時御史田生金言三山口決據報闊深若干丈矣乃河臣劉士忠不言淹沒人民屋舍幾何作何查邮而第曰無傷於泇無礙於運而已豈惟甯邳睢宿之衝其民皆巢居山處者哉聞決口迤東不知幾千萬遽登鬼錄乃不一奏報猶徐徐然誇挽回之

有機侈韓壩爲天授時邳睢河水陡耗議開韓家壩隄外小渠引水歸河挽回水十分之三非惟不仁亦不忠矣請賜罷斥實錄明神宗

明神宗萬歷四十一年河決邡店口城南胥溺徐州志

時大學士葉向高疏言河道爲南北咽喉漕運命脈臣劉士忠既已予歸請亟爲黜用上報允　至萬歷四十五年工部奏河臣自劉士忠解任推補未奉俞綸歷今多年而總漕則陳薦久已堅志乞歸今且奉旨致仕上無實政下有玩心百事隳頹諸方決裂伏望卽就王佐陳禹謨黜用一人刻期赴任明神宗實錄　萬歷四十二年劉士忠卒總河闕三年不補四十六年六月始命工部侍郎王佐督河明時紀綱廢弛至河道不能備官積弊日久振興愈難知河者亦窮於知計況其無可藉手而圖功也河渠紀聞

明神宗萬歷四十三年河決猑矢溝工部郎中王命禹督塞之江南通志

是年濬秦淮河道河渠紀聞

按東南利便書云三國吳時建康古城近北覆舟山去秦淮五里漕運必資舟楫濠塹須水灌注故孫權引秦淮名運瀆以入倉城今斗門橋以北是也開潮溝以通江水今北門橋至珍珠河是也又開瀆引後湖六朝因之楊吳改築跨淮立城自今通濟門至石城門其城之東塹皆通淮水其西南邊江以爲險然春夏積雨淮水泛溢經冬水涸河流乾淺至是鳩工疏濬秦淮正河自東水關入經府治自鎮淮新橋入江分派爲青溪穿淮清橋經四象橋自內橋出柵塞門入江宋時水西旱西二門外本有土也石城下郎臨江柵塞門近地屬有力者築斷青溪水

口創爲花園每久雨暴至正河不能急洩水勢於是泛濫城內居民被害江甯守張孝祥言潮溝青溪運瀆河身皆爲居民占塞欲復塞門使青溪徑直入江以甦城內水患後守汪澈亦言水流入城凡過一橋皆爲水石岸堰束扼及居民築土侵狹故水失常橫流惟脊塞門分洩其勢開西園古河道通柵塞門爲便奏上如議開濬自宋以來皆以開柵塞門爲急至是復議開河經居民占久清理多不如式能通水而不能通舟疏通後水微緩力薄不能衝刷沙泥近河民居貪便取積存穢雜傾入河中不久淤復如故河渠紀聞

明神宗萬歷四十四年八月河復決狠矢溝水由蛤蟆周柳等湖入泇河蛤蟆湖周湖柳湖俱在邳州今廢出直口復與黃會明史河渠志

明神宗萬歷四十七年九月河決河南脾沙堤水由封邱曹單至

考城復入舊河總河王佐命河南管河道於本年十一月築塞之南河全考

明熹宗天啟元年河決靈壁縣雙溝黃浦由永姬湖出白洋小河口仍與黃會故道湮涸總河侍郎陳道亨役夫築塞時淮安霪雨連旬黃淮並漲而山陽裏外河及清河決口甚眾匯成巨浸水灌淮安民皆蟻城以居舟行街市久之漸築塞明史藁

明熹宗天啟二年四月河決徐州郭家嘴平地水深七尺徐州志

明熹宗天啟三年睢甯河決明史五行志

是年決徐州青田大龍口徐邳靈睢河並淤明史藁

明熹宗天啟四年六月河決徐州魁山隄淹死人畜甚多明熹宗實錄

是年六月初二日奎山隄決水由東南水門入頃刻丈餘官廨民房盡沒百姓溺死無數六七年城中皆水議復舊城徐州志九

月兵科給事中陸文獻條上徐城不宜改遷六議一爲運道不當遷二要害不當遷三就淤增高不必遷四倉庫不當遷五府治不當遷六民生不當遷從之明熹宗實錄

馥案明史載遷州治於雲龍山時置河事不講蓋暫遷逾三年水退官民仍歸舊城

是年九月河決豐縣西洋廟口及十七鋪徐州志

明熹宗天啟六年秋河決匙頭灣倒入駱馬湖自新安鎮抵邳宿民居盡沒明史五行志

是年七月初九日黄河決匙頭灣洪流倒入駱馬湖左右自新安鎮以下邳宿城外週圍皆水蕩然大壑田廬淹沒數月稍減淮安府志

是年議濬淮安正河復開通濟新河運船改由陳口淮安府志

時總河李從心言連年運船到宿遷崔溇磨兒莊等處挽拽艱險議改濬一河通入駱馬湖抵泇六十里遂從馬頰口至陳家溝達宿遷縣北西出大河以上接泇流下避劉口等險募夫如議加修並塞張家等溝數十道束水歸漕工成名通濟新河即駱馬湖也復開陳溝地十里以竟前功運船改由陳口河渠紀聞

明熹宗天啟七年以太監崔文昇總督運河道明熹宗實錄是年正月特命原任司禮秉筆太監崔文昇總督漕運疏通河道查覈京通等倉前去會同該部科道及漕臣河臣等官將天下地畝等項額數銀兩及漕運歲到糧儲數目於出納之際本折若干存發若干各揆册籍細加查核必盡翻窠臼徹底澄清朕既各委親近內臣亦必重其事權專其責任而後可以責其成功其各用敕諭關防所司各行擬給使振刷夙弊丕變新猷以復我

祖宗京通漕運等倉之初意（同上）按崔文昇先被廷議已放南京嗣作三朝要典魏忠賢引用之文昇至官清查河工積逋自天啟元年至六年止爲數二十七萬六千有零勒限嚴追日事搜括而河之塞決不問也運之通塞無間也河漕大事寄於閹堂一手職河者事權不屬河道廢壞日甚輕朝廷而羞當世直以河爲戲矣此張九德之疏辭新命避而思去也（河渠紀聞）先是天啟五年以閩撫南居益總理河道不及受職給事中黄承昊劾其依傍門戶躐躋通顯削籍爲民魏忠賢因居益在閩撫任靖彭湖之患敘功不及己故黜之使去遂以李從心總河嗣後改用張九德丁啟睿崔文昇李若星至崇禎三年又改用朱光祚六年之內六易總河席不暇暖焉能通歷河干察河之形練河之事朝廷視司河若無足輕重之官視河事若盡人可爲之事知之不審而輒用用之不適而遂黜至黜而更易其人每況愈下河事至此雖有善者亦無如之河朝政棼如亂絲衰竭之象見矣（同上）

明莊烈帝崇禎二年春河決曹縣十四鋪口（明史稿）**四月決睢甯辛安口沒及女牆**（睢甯縣志）**又決徐州郭家嘴灌石狗湖由下洪入黄河**（徐州志）

時御史范良彦言河流自潼關入汴延袤千里開封以西多山水行地中未甚爲患至銅瓦廂而東盡皆平野沮洳下溼潰決不時故羅家口蘇家林王家壩諸處歲築塞無虛日而其所需一應埽料若柳梢樁草檾麻等項例招商運買緣官價太少未及其半故商人不承遣累里甲兼之行水之地樹木凋殘咸市之數百里外腳力有費雇船有費搬運有費交卸上納又有費

台計歲發官銀一萬兩百姓必賠五千餘金而遼餉等額外之
輸不與焉中州腹心之地困苦至此若不講求長策兩河赤子
何有見天之日因思河南各府原有額定河道歲修錢糧有司
征解不時拖欠數多夫此項錢糧卽使在民若無拖欠係別項
借支亦當速抵原數聽河臣湊手卽發如臣所言柳梢等項招
商辦買一一准之民間公平價值或使稍沾利息人自樂就濱
河小民其有瘳乎旨命飭行崇禎長編

明莊烈帝崇禎四年夏河決原武湖村鋪又決封邱荆隆口敗曹
縣塔兒灣太行隄明史藁

是年河決荆隆口趨張秋六年始塞河南通志

是年六月河決淮安府山陽縣建義新溝蘇家嘴三口數百餘丈
下灌興化鹽城決勢懸水千仞建瓴直注數日之內水深二丈千

村萬落漂沒一空河渠紀聞

是年六月河決建義諸口下灌興化鹽城水深二丈村落盡漂
沒逡巡踰年始議築塞興工未幾伏秋水發淮黃奔注興鹽爲
壑而海潮復逆衝壞范公隄軍民及商竈戶死者無算少壯轉
徙丐江儀通泰間盜賊千百嘯聚至六年鹽城民徐瑞等言狀
帝憫之命議罰河漕官而是時朱光祚方議開高堰三閘淮揚
在朝者台疏言建義諸口未塞民田盡沈水底三閘一開高寶
諸邑蕩爲湖海而漕糧鹽課皆害矣高堰建閘始於萬歷二十
三年未幾全塞今高堰日壞方當急議修築可輕言開浚乎帝
是其言遂寢明史藁

是年九月河決西洋廟口及十七鋪口邑大水蕭縣志

是年十月給事中常自裕上言今歲災異疊見黃河橫決淹沒

原武陽武封邱延津四縣盡成湖沼詎意昊天不弔夏旱秋霖河水懷襄載胥及溺致產賦之區一望灌莽淪陷之後大半逃亡詩曰民靡有黎具禍以燼哀恫中國具贅卒荒言念及此不覺潸然爲民父母者於此敬天之怒毋敢戲豫憫民之艱不遑啟處拯溺救焚恤災捍患朝夕皇皇猶慮弗及而尚畏考成之令嚴催科之條恐此二三子遺非垂而就斃則挺而走險耳兩河之間不又爲秦晉之續乎（崇禎長編）

明莊烈帝崇禎五年六月河決孟津口橫浸數百里（明史五行志）

時總河朱光祚以建義等口未塞逮繫崇禎六年以劉榮嗣總河新河蘇嘴建義三口次年堵築完竣荆隆決三年未塞至是始塞之（河渠紀聞）初劉榮嗣以駱馬湖運道潰淤創挽河之議開新河起宿遷至徐州二百餘里估值五十萬而其所鑿邳州上下

係黃河故道濬尺許下皆流沙挑掘成河經宿沙落河坎復平如此者數四迨引黃水入其中波流迅急沙隨水下率淤淺不可以舟及漕舟將至而駱馬湖之潰決適平舟人皆不願由新河榮嗣乃自往督之欲繩以軍法有入者輒苦淤淺弃卒多怨巡漕御史倪于義劾其欺罔誤工南京給事中曹景參復重劾之逮問坐贓父子皆瘐死獄中胡連分工獨多亦坐死其後駱馬湖復潰舟行新河無不思榮嗣功者當是時河患日棘而帝又重法懲下李若星以修濬不力罷官朱光祚以建義蘇嘴決口逮繫六年之中河臣三易給事中王家彥嘗切言之光祚亦竟瘐死而繼榮嗣者周鼎修泇利運頗有功在事五年竟坐漕舟阻淺用故決河防例遣戍煙瘴給事中沈允培刑部侍郎惠世揚總河侍郎張國維各疏請寬之乃獲宥免（明史河渠志）

崇禎六年五月吏科給事中吳麟徵疏言河決之患於今三年總河朱光祚望洋而歎幾倖於神河之時徙識者已知其不能矣然以運道言則亦漕臣事也以地方言則又撫臣事也今督漕而兼撫者李待問也待問安得晏然已乎按黃河之勢如歸仁隄決以泗州爲壑而祖陵有汎濫之憂睢甯河決以淮揚爲壑而州縣被吞嚙之患今蘇家嘴新溝口各決數百丈河水不東歸海而從決口南下灌山鹽高寶興泰數州縣淮揚淪溺則鹽課不與運道堙塞則京師坐困此孰非漕臣之憂而度外置之矧此二決去河臣千里去漕臣僅六七十里乃坐視昏墊之民了無纓冠之救使百萬生靈無半菽之果腹無寸椽之棲身田廬冢墓陸沈海底登城而號仰天而泣誰司民命而曰治河非我事也兩淮爲南北咽喉國家以重臣鎮之轉運之外俾以

軍務責之撫綏非尋常節鉞可比今民生日見死亡盜賊日見生發彼紅袍黃巾出沒於江淮湖海間者儼然與撫臣爭衡邇處人莫敢問至若通泰之鹽徒蕭徐之妖孽古今竊據奸雄往往出此倘河工無告成之期災黎絕更生之望聯翩四起滔天之勢不在淮黃而在封疆待問何從而委卸乎章下所司崇禎長編

又淮安民徐瑞上疏言淮揚兩郡自四年河決建義諸口下灌興鹽等縣懸水數仞勢若建瓴數日之內水深二丈千村萬落漂沒一空至五年四月始議築塞費金錢數萬止完新溝一處延至七月黃淮奔流下注尤可異者四月海潮迅發衝開范公隄鹽竈屋廬俱壞與大海混合爲一至小民流離死徙之苦前兩年尚有稍裕之家竭資盡力從事南畝不謂支祈著孽兩肆稽天將春熟稻田盡付陽侯處處村舍悉爲蛟窟而人與財俱

盡矣今年水積不退浩瀚仍前自去歲七月以來如江如海併往日水澤之利魚鰕荷藻之屬一望茫茫何處尋覓今二麥未種三春不耕欲采樵而無路欲煮海而無鹽欲貨女而無受買之家欲鬻田而無交易之主衣裳無典質之具富室絕稱貸之門身衣鶉結之衣人食犬彘之食以故老弱僵臥道殣相望少壯轉徙飛鴻滿路乘桴流丐於江儀通泰之境而其力不能移餞不能支者或夫妻引頸雉經樹梢或子母投河葬身魚腹而最可傷者新任教官王明佐無俸可支欲歸無計忍餓經旬自縊衙署官尙如此而況民乎怨號之聲上震天地水熱交蒸結爲癘疫而死亡者又不可以數計也嗟乎使人止於死亡則亦已耳而無奈閭左惡少城市不逞之徒莫肯忍饑待斃甘心爲盜東西嘯聚千百成羣以棹楔爲矜戟以帆檣爲戰馬殺人如

麻膏血川原如近日沙家莊湖北莊等處所過殘滅其來也千人爲隊勢同席捲其去也湖天爲家任其出沒而海外巨寇以千萬計飄忽無定縱橫任意新興上岡一帶幾同戰場臣等有不忍言者逃亡之家反作寇盜之寨蛟龍之窟盡爲豺虎之塲致河道阻絕糴販不通市無米肆廚絕烟炊比之晉豫慘毒萬倍按戶口圖籍民之死者十三逃者散者及聚而盜者十四僵臥孤城難保旦夕者十存一二耳有司雖賢慈母不能撫斷哺之子循吏豈能保垂死之民惟我皇上惻然而爲之計臣等雖死爲餓鬼亦感天恩不朽矣得旨淮揚屬邑淪沒朕甚憫之河漕各官不繕治隄防致兹流離其議處以聞（崇禎長編）

是年御史吳振纓言河患已極祈簡才臣責成功且言河上歲修二十萬使以二十萬金每年處處巡督實實修濬河患必不

至此而前總河李若星何邀捐助之名以歲修輸十餘萬也不於稽覈務實修而借惦惜爲撙節於是以補苴塗目前以虛應消故事醖釀決裂今節省者何在乎請飭後地方有節省捐錢糧即留爲地方之用奉旨河漕國儲甚重決口未塞公私交害竄誤諸臣已經分别示警嚴飭責成如再不効自當重論至河防積壞總由各官竄泄豈得以捐助節省藉口該部知道吳侍御奏

疏吳侍御名振纓烏程人疏中所言捐助之銀不由天降不從地出豈果出之私囊節省錢糧無非浮估於前實銷於後巧立名色愚弄朝廷此乃明末之敝政乎行水金鑑

明莊烈帝崇禎七年六月河決沛縣之滿壩及陳岸水口崇禎長編

明莊烈帝崇禎九年河決長山隄塞之八月豐蕭河溢大水徐州府志

時以周鼎總河已塞長山決口復因豐蕭河溢道聽分别降處鼎懼豐蕭溢水決入會通北築太行隄西起虞城東抵沛復築縷隄護太行西起虞城東抵徐之張村又上至茶城下歷三山抵雙溝兩岸長隄之上每二里一鋪設夫守之更設游夫巡邏協力防守河防賴之鼎具有條理時稱才能河渠紀聞

是年總河周鼎重濬泇河成河渠紀聞

時莊烈帝急於漕運少稽即予罰譴周鼎專力於泇河旁及麥支等河築王母山前後壩以東水挑艮城抵徐塘六千餘丈之河又以東河水淺於徐洪上流創開月河北與舊運河接連運得無滯舊運河即汴泗交流所經之故道也初泗水至徐州城北出鎭口牐受汴水合流歷二洪下接於淮自泇河復通避黃河衝突由宿遷陳溝口合大河而徐之舊運道廢專事東河浚劉呂莊至黃林莊百六十里以利運行去南旺彭口沙礓孜孜

於通運利漕不遺餘力凡所以爲糧運計者無不曲至而是時黃淮漲溢日甚倒灌淤漕鼎在事五年卒以運阻削籍論者惜之河渠紀聞

明莊烈帝崇禎十一年大旱漕流涸濬諸水以通漕河渠紀聞

時張國維爲總河張國維字玉笥東陽人史稱其爲人寬厚歷著禦賊通漕濬塘賑饑諸善政明亡赴水死設泉司於衛源之輝縣浚衛渠察漳沁淇洹丹滏能否入衛時洪牐停留則苦撥運黃河衝塞則苦推移臨德屢聞烽警而公調劑其閒委曲備至莊烈雖急於漕運有鐫級住俸之罰而終念其治河之功亦其誠之所感者深也河渠紀聞

明莊烈帝崇禎十三年濬慶都縣龍泉河慶都今直隸望都縣以資灌溉河渠紀聞

畿志稱龍泉河源發房山縣大安山下西南流與琉璃河合經

慶都縣北居民股引溉田獲利甚廣歲久砂石彌望高卬之地畝不及三斗民以爲病至是慶令趙季合量度地里經營畚插因舊迹疏之深如昔設砷碣置斗門啟閉蓄洩合度河渠紀聞

明莊烈帝崇禎十四年總漕史可法史可法字憲之大興籍祥符人明末督師揚州城破死大濬南河河渠紀聞

是時漕運愆期孟秋過半糧艘抵通者杳然公代朱大典督漕周咨輿論思救運渠之涸以淺阻多在南運大濬南河疏陳董口一帶機宜於舊設隄牐外復造兩岸高隄長千丈又於通河溜口倣月城創造圓牐長四十丈當河溜暴衝之時有此層層攔攩得免衝決又言漕糧遲誤之故由回空未到雇船驛騷年歲災荒米糧踴貴運口淤阻亦由各糧道拘執舊規不思權變因循玩誤劾罷督糧道三人增設糧儲道一人理漕數年大有

成效糧運倚以克濟時以賊氛方盛議轉樞府而科道競稱漕務方亟宜俟報竣及督師淮揚邳宿告警倘以公欲敘河防將士之功何其舛也河渠紀聞

明莊烈帝崇禎十五年六月汴水決九月壬午河決開封朱家寨癸未城圮溺死士民數十萬明史五行志

時李自成圍汴五閱月不下先欲坐困城亡恣取金帛子女後聞秦兵出關恐盡力迎敵則圍汴必疏又得援兵掘河陷營之信先即移營高岸乃令其黨黑虼劉都古驅難民數萬決馬家口灌城崇禎長編時御史黃澍疏言臣見給事中陳燕翼國賊未除一疏蓋爲臣守汴奇苦之疏而發也臣讀竟歎曰燕翼爲皇上發奸至於稱引祖宗申明賞罰其氣壯其辭激其理直可謂不愧諫臣不顧私交然借燕翼借題則是吠影則非也立議似正

排陷則非也顧守汴一案亦大矣河決一案亦重矣天下至大且重之事須要天下人明目張膽言之以求一當誰敢隻手蔽天臣請就其疏一一應之疏云決河灌之乎臣應之曰黃河之不遑修築者五年矣崇禎十四年七月二十八日河從黃金壩朱家寨等處決進七八里朱家寨在馬家口上三十里衝入土隄周王發銀錢數千連夜招人堵塞撫臣高名衡以下皆半夜出城修築當時賊未圍汴約以次年春閒大興版築至十二月而賊又攻汴矣狠攻二十晝夜而賊去竭兩月之久僅修完城垣而賊又來自四月二十八日賊圍城下消息不通七月閒賊謠言決河以淹我衆然自七月至九月初旬城下俱無水九月十四日水到城下十六日四門齊壞洪流萬丈臣等方痛哭求死遑知水所自來乎閣撫臣嚴雲京曾疏請決河劉源清亦自認決河皇上

惟飭二臣從實回話並責舊督師侯恂河北巡道楊千古各陳當日確聞確見仍一面敕問周王及汴梁當日渡河士民果否十四年有決之事則臣言可復燕翼說謊之罪自見矣疏云河水驟至豈復艤舟城中以待臣應之曰水自十六日灌城臣絕火城頭者五日臣募死士十餘人內有善浮水者十七日泛一木於水上飄流渡河三晝夜始達大隄臺臣王燮正在隄上雇船運糧見臣血書搥胸大哭駕舟進城先覓周王以次漸渡王燮見在可召而問也疏云百萬生靈俱死而撫按何以獨生撫按要緊官獨生而么麽不急之佐領何以偏死臣應之曰臣七月初以點保甲為名實在人丁三十七萬八千有零至九月初旬再一查點祇存奄奄待斃者三萬餘人耳城中白骨山齊斷髮地滿神號鬼哭天日為昏蓋死於餓者十之九至撫臣及臣

等所以不死者皆分信城頭以城垛為家也按臣嚴雲京所以不死者在河北也蘇同知彭通判原未專守信地且以久餓之身歸衙與妻子同聚餓死所以水到不救也疏云決河避賊未有高名衡不是倡而嚴雲京敢是和者也未有心腹推官不預謀於兩臺而能以一人一時獨主之者也臣應之曰當賊之久困城下也凡五閱月撫臣且不識按臣之面而倡和當從何來臣自六月過河至封邱縣親請按臣輕騎渡河彈壓按臣畏縮不前臣切齒而去此後左兵失利內外隔絕血書不通臣能飛身預謀乎臣有異術能起白骨驅餓鬼而用之乎疏云臣以三年餘推官借題速化臣理開封時未及三年前兩番禦寇七晝夜失而復得二十晝夜萬死一生他人即不知之今科臣劉昌臺臣鄭封先後同患難者試以問之臣之苦見臣之心見矣況

臣此番業蒙恩行取已出城而復入速化者豈如是乎燕翼以臣僥倖得官皇上以私行賞又何以示臣民垂久遠乞收回成命並褫臣職以俟論定（崇禎長編）河之決也開封推官黃澍脫身抵京進守汴奇苦疏帝令議敘擢御史給事中陳燕翼攻之謂決河灌賊皆其謀澍以巡按御史嚴雲京嘗疏請決河具疏申辨給事中李永茂因劾雲京而其同官充時亨劉昌先後言河決有因請治首事乃命巡按確核於是河南巡按御史蘇京核奏始末言雲京爲禍首會國亡雲京竟獲免（明史稾）

馥案守汴而不能守河使賊據河以扼我命已屬非計況朱家寨崇禎十四年決口祇草草修補大水驟至即無賊決亦難保其不潰嚴雲京決河灌賊之計誠屬大錯而當日守汴諸公於城沒時尚不知水從何來河爲誰決城內無糧城外無兵此輩才力焉能守城禦賊及至城沒人亡黃澍疏陳奇苦陳燕翼攻訐皆瑣瑣無關大計明季寇亂皆由於督師不得其人及得其人又不得久於其任莊烈帝賞輕罰重信任不專故至於此明運尚可爲哉

明莊烈帝崇禎十六年四月塞朱家寨決口修隄四百餘丈馬家口工未就忽衝東岸諸埽盡漂沒（明史河渠志）

時總河周堪賡請停東岸而專事西岸帝令急竣工六月堪賡言馬家決口百二十丈兩岸皆築四之一中間七十餘丈水深流急難以措手請俟霜降後興工已而言五月伏水大漲故道沙灘壅涸者刷深數丈河之大勢盡歸於東運道已通陵園無恙疏甫上決口再潰帝趣鳩工未奏績而明亡（明史河渠志）

治水述要

四册

治水述要卷四〔自順治元年至康熙三十六年〕　全集七之四

秋浦周馥玉山甫纂　男學淵 學熙 學煇 孫明焯校字

順治元年夏黃河自復故道秋温縣河北埽三十里時村落盡沒〔河南通志〕

順治元年夏黃河自復故道由開封經蘭儀商虞訖曹單入碭山縣北又東逕豐縣南又東逕沛縣南其南岸則蕭縣又東逕徐州府治北又東逕靈璧縣北又東南逕睢寧縣北其北岸則邳州又東逕宿遷縣又東逕桃源縣北又東逕清河縣南與淮水合流又東逕淮安府治北又東逕安東縣南歷雲梯關東北入海〔河渠紀聞〕按此卽老黃河故道明季河行開歸徐沛之地遷徙無常潰壞至不可治至是河忽自温縣埽北岸衝射直北刷埽三十里改瀠東行水勢從高注下開歸沛諸流俱湮全河悉出徐州合泗同入於淮〔同上〕是年設河道總督駐濟寧設管河道分理南北部司定地分駐協理〔同上〕

順治二年河決考城之流通口次年隨塞之〔淮安府志〕

順治三年河復北徙決水自流通口徙午溝豐縣至徐州河流涸竭總河楊方興〔楊方興明廣甯生員國朝隸鑲白旗順治十四年乞休康熙四年卒賜祭葬〕會同豫撫吳景道疏築並用導水東行逾年決口塞敘疏導功〔河渠紀聞〕

順治四年河溢餘流自單入豐注太行隄深丈餘〔豐縣志〕

順治五年河決蘭陽〔河南通志〕

順治七年河決封邱朱源寨築荊隆口隄〔河南通志〕

是年河決荊隆朱源寨注沙灣由大清河歸海旁注曹單兗濟以北皆罹害總河楊方興逾年塞之〔河渠紀聞〕

馥案是年水泛張秋淤平安山湖荆隆決口屢塞屢潰至順治十三年始塞費銀八十萬兩

順治十四年河決祥符之槐疙疸淮安府志

順治十五年河決山陽之柴溝姚家灣隨即堵塞淮安府志

按山陽境內太行老隄延袤三百餘里爲淮揚七州邑保障自前明以來均係民修民守中間頂衝埽灣諸險工鹽城各縣出夫協濟順治九年黃河北決淮屬士民控免鄉夫因卽阻格數年未修以致洪流衝漫幾成大患至是修築完竣議定仍照舊例按籍分修惟隄內五險工歲修難緩崇禎年間塞蘇嘴建義兩口會挑宮家營引河十里暫殺水勢於是復有收流之議總河朱之錫言朱之錫字夢九號梅麓浙江義烏進士年四十二以勞瘁卒官乾隆四十五年追封助順永甯侯又敕加佑安宮家營引河久經淤塞河不兩行恐所挑深廣不及正河

旋挑旋淤今河身闊者數里狹者亦不下數百丈兩隄去河尚有陸地水長則及隄址水落仍歸河渠洪流衝蕩不啻奔馬豈俟人力開鑿惟有廣積夫料加意修防收流應無庸議事遂寢大哉言乎河防樞要已具於此蓋收流卽沿明時分黃之說而易其名者也開渠分流勢大則奪溜堪虞若挑不深廣數丈之渠勢不能與大河爭流無論水平塡淤新渠不能成河或反以滔滔東下之大河水分流緩而洩其衝河之力致爲後日隱患河渠紀聞

時總河朱之錫奏兩河利害疏略曰黃河建瓴萬里及入河南以下土壤既鬆羣流奔匯泛溢之害無代無之元以前河猶從北入海其閒言塞議防官窮於智計民困於徵傜者載在史册難以縷數迨至前明用河資運夫有歲編銀有額設戒毖之法非不周也乃二百餘年之閒被大害與大役者猶至五十

餘見當時所稱治水能臣如徐有貞塞張秋役夫五萬八千劉大夏塞荆隆口用軍民夫十二萬餘潘季馴先後行河役夫俱以三十萬計所請帑金亦復不貲河之悍激湍流未易以人力勝蓋其性然也我　朝因明之舊數百里京儲仰給東南黄河自滎澤以至山陽南北兩岸垂四千里苟蟻穴不戒漕且中斷則凡所以籌河者豈能與前明有異臣自蒙　恩受事稽之故籍問之水濱前明經營遺蹟數十年來廢弛已甚如太行遥隄正宋任伯雨所謂寬立隄防約攔水勢者治河要策無以出此竟以工鉅帑詘議寢運河自通惠至清口止計二千餘里防淤防淺舊時規制僅存十五以臣職掌論之何事不宜修復然今司農告匱民力彫敝無論舉贏未易卽斤斤歲修常例河帑缺額漸苦捉襟臣早夜焦思實有不能一刻卽甯者爲今之計亦惟是內約盈虛外權緩急隨時補苴期不失爲治標之策而已

又言嚴剔弊端疏曰臣惟天下之事一事立則一弊生錢穀有錢穀之弊刑名有刑名之弊河工大矣豈能獨無要在有犯必懲而斷不能因去弊之故輒議變法倂以悞河如語所云因噎廢食也臣履任以來詳加體訪約有數端一曰工程有石工有土工有埽工有椿笆工工力不到法式非宜一弊也料物虛浮徒事粉飾一弊也一曰器具有方船活閘刮板戽斗鐵鏟鐵钁布挽竹筐鐵臿杏葉杓鐵簸箕五齒鐵扒鐵杵木夯石硪雲梯等項儲備不預徒手莫施一弊也製作潦草不堪適用一弊也之二者皆是悞工者也一曰夫役有廠夫堡夫溜夫隄夫泉夫閘夫淺夫鋪夫或食條編或食河銀有募夫食估計河銀剋減工食一弊也奸豪包估一弊也賣富僉貧一弊也賄囑私逃

一弊也一曰物料有樁木柳梢甎石草柴蘆蓆灰鐵糯米桐油等項交修捐索一弊也扣減價值一弊也折乾肥私一弊也盜用官物一弊也之四者皆是悞工而兼以病民者也然有在官在衙蠹地棍之不同除屢經禁飭外臣以爲在官者宜責司道府廳互相覺察據實報臣以憑題參不得曰河道不預我事故行推諉如隱諱不報別有發覺卽查歲終原開賢否各官中閒考語如有大相悖謬者治以徇庇之罪在衙蠹地棍者一如訪蠹之例責成各屬推官不時開報重者題參輕者究治一歲之內全無察報注以劣考庶奸弊可除而河工克濟是則勞民費財中撙節撫恤之一道也　又慎重職守疏略曰總河一官所轄黃運兩河不下四千餘里豈能分身一一親理所恃以共濟者道府廳印官耳而印官又未必能一意辦河則司廳尤其要

也是必預選而後綢繆可以無悞蓋因材器使用人所亟而獨治河之事非澹泊無以耐風雨之勞非精細無以察防護之理非慈斷兼行無以盡羣夫之力非勇往直前無以應倉猝之機若徒事繩尺以爲無過去之無名留之有害事後議懲悔已晚矣故非預選不可然人之才略可信操守難信人事可期意外難期預選固未易也但爲河道起見何敢逆爲過計改轍貽悞惟有白簡從之預選之法有二一曰薦用除道印各官不係專司者不敢薦用外所屬大小官員果能盡心河務卽指實薦舉擢用一曰儲材凡河官懸缺吏部陞補之日推於臣歲終題薦官員內照其本等職級循序陞轉蓋不學能知賢哲所難而況治河之事水性之變遷不常修防之方略異致器具物料之瑣屑百出夫役錢糧之盈縮多端若姑俟體訪而後施行機變之

來呼吸不及事後補救損已多矣故非諳習不可然人之喜遷轉而惡淹滯則畏其留憚勞怨而圖安便則幸其去諳習亦未易也但爲河道起見何敢代爲私計信賞必罰惟有功罪分明耳諳習之法有二一曰久任各河差俱以三年任滿一曰交代各官陞調降用俱令候代離任　又申明河官專責疏略曰天下之事刑名錢穀皆可以理斷聽決文移辦治獨河道一事非足到眼到則形勢之委曲工程之堅瑕鮮不有錯施而悞事者查先臣潘季馴修築淮工調委附近司道八員分管且申飭各官總有應理公務止許工上幹辦此可見經理河事非親身不可而況乎分內職業又何暇舍已而耘人也應請申飭河官不許別委　又疏陳剔河弊重職守專責成三事節錄河防疏略又陳運河牐座漕船定式事宜南旺南距臺莊高一百二十尺北距臨清九十尺應遵會典非積水六七尺不准啟閘以免瀉涸閉下閘啟上閘水微亦深閉上閘啟下閘水旺亦淺重運板不輕啟回空板不久閉漕船本名淺船各省漕糧計四百萬石各衛船舊額共一萬二千餘隻應遵會典梁頭闊不過一丈深不過四尺載米不得過五百石底平艙闊治河書載運船入水不得過六捺六捺者三尺也新運二月過淮六月抵通回空宜早以便冬兌冬開梅麓所言均切中肯綮公任河事十年什一在署什九在外才識精敏條理井然節錄河南通志

是年河復決陽武縣城南慕家樓築河隄賴以無恙目遊四海記

順治十七年河決陳州之郭家埠又決虞城之羅家口淮安府志

是年春夏之交衛水微弱糧運澀滯堰漳河分灌民田之水入衛濟漕河渠紀聞

按明時漳水分流至館陶入衛衛河水滿頂託䣜河之水不致建瓴直瀉是以漕行無阻然宏治隆慶以來出沒無常萬歷中漳更北徙入滏陽館陶之流絶順治九年又從邱縣北流逕青縣歸海不能入衛濟運雖勤加疏治終不能益其來源故有分民田水之舉河渠紀聞

是年部司姜天樞議導衛注河添設衛河主簿著爲令浙江通志

姜天樞餘姚人時河北累年亢旱天樞言昔僉事姜良材欲導河注衛増一運道今獨不可借其議而反用之導衛以注於河乎總河從其議浙江通志

康熙元年五月河決曹縣之石香鑪口十一月歸槽山東通志**六月河決開封黄練口**河南通志

是年河決曹縣之石香鑪又決武陟之大村決孟家灣口決武官營口睢甯縣志

是年歸仁隄再決分司吳煒開周橋牐大洩淮水黄流遂挾睢湖等水從歸仁決口入洪湖直逼高堰衝決翟壩流成大澗九道東注諸湖淹下河淮揚自是歲以災告河渠紀聞

是年重築四川眉州障江隄堰河渠紀聞

眉州隄堰自唐開元中益州刺史章仇兼瓊迎江築堰障江水入田灌眉山青神田畝七萬二千有奇又開彭山與通濟堰大堰一小堰十自修覺山下引水下注分四筒穿渠灌溉彭山眉州青神新津等處二百餘里復引萬年池水溉成都田蜀人廟祀至今厥後修廢不常自宋嘉定中幾缺日甚魏了翁至眉力圖修舉奋武陽石壘築成隄復蘖隤之舊其利尤普旨表表人寰於今不亡者至青神之鴻化堰分陂五十餘鴻化爲最大彭

山之礬堰擁江水爲大堰開六水以灌郡田皆支分江流與蟇頤同源自唐迄宋蟇頤堰歲修不廢（河渠紀聞）

是年重修四川夾江縣龍興堰以利民田又鑿大渠以廣灌溉（河渠紀聞）

按此亦引青衣江之水以利民也青衣水灌衣卽青故名江在縣西南一里自洪雅縣流入東至嘉定界入江元和志青衣水經縣西過南安故城亦謂之南安峽口其分流至城南注爲潭土人呼曰縣沱下流卽爲三大堰繞城而東又有八小堰每一里許築土爲牐擁水上田年遠沙衝水潰漸失其故至是際亨重加築治堅整如舊又以水小難周更於其南五里開鑿大渠分流散布沾潤益廣民利賴之更名曰劉公渠夾江在嘉定屬內均沾青衣之潤役水爲用志稱際亨治夾江開新堰緯有循聲（河渠紀聞）

是年總河朱之錫開芒稻月河改深牐底以利宣洩（河渠紀聞）

按此因上游決水入湖開周橋洩淮東下而籌歸江之路也志稱芒稻牐建於萬歷時二牐六門牐底深下應運鹽河底故水發啟牐則邵伯湖水驟消漕隄保固後以運鹽不便天啟六年改造增高牐底六尺湖水難消至是籌議於對牐開挑月河一道行鹽以免牐口吸溜令將芒稻牐底改深如舊後止改下尺有五寸尚未復舊王鐵山新河水勢三阻議云新開河水橋之南有舊河直對芒稻河東西兩牐之口人字河是也此河有數箭地淺涸水勢不能直射牐口若挑深此地則順下無阻芒稻河牐金灣新河之下口也兩牐六門計十一丈金灣上口三牐六門止八九丈入不敷出若於牐南再開數口則可無阻牐下

河路有闊二十丈至十餘丈者惟孔家渡南闊止五六丈水深二三尺水至此中阻應改深闊如舊制十五丈此篤論也嘉慶丙寅大開芒稻河尾闊二十五丈浚寬新河口三十餘丈並及董家石羊廖家三溝加深展寬保護下河如鐵山原議而更過之誠盛事也河渠紀聞

康熙二年修安徽和州銅城堰築永盛土旺兩圩河渠紀聞

志稱和州西南九十里其鄉曰銅城濱大江江口暴溢民不得田昔人築土爲長堰以捍其衝鑿石作牐門貫以木楗視歲之旱潦而闔闢之田得以常稔環二百里皆爲沃壤考明史洪武元年修和州銅城牐周迴二百餘里永樂二年和州民言銅城牐上抵巢湖下通揚子江決圩岸七十餘處吏目張良興言水淹麻澧二湖田五萬餘頃並乞修治築圩埂起桃花橋訖含山界三十里蓋以麻澧湖通大江築圩埂防湖水瀉入大江民田不得沾利也至是年久圩壞水無所瀦修築以復其利河渠紀聞

是年山西交城縣磁瓦河漲水侵城趙吉士築隄障之河渠紀聞

按志稱磁窑瓦窑二河在城北塔莎水出磁瓦河入峪水以匯於汾步渾水出瓦窑河由交河縣西北而東注於闔皆汾之上源近河居民疏引汾水溉田水漲衝城北門圮於水縣尹趙吉士築隄障水南流河渠紀聞

是年河決武官營口河渠紀聞決朱官營口睢甯縣志

康熙三年河決杞縣復決祥符閻家寨均寨之淮溢武墩高潤旋用土石築塞河渠紀聞

是年修長安之龍首通濟二渠河渠紀聞

按此陝撫賈漢復修復通城之渠也西安爲西北雄藩龍首渠一名滻水渠自東南龍首堰下支分滻水東入於城通濟渠引

滈皁二河之水通渭水由丈八溝西入於城環城交流爲永利日久更加修治溯昔陳堯咨知永興軍以城內井泉大半鹹苦相度城東二里之龍首渠其水清冷甘冽自城東開引入城散流廛閈以便民用渠初引滻水經九龍池至長樂門入城分作三渠東折向南西流轉北入蓮花池俱用甎砌城外造橋梁架槽引水入渠土渠加浚深闊築岸高厚以防走洩通濟渠水出咸甯之大義峪正派合小義峪炭峪之水爲潏河即交河支派第一派東北流爲龍首渠第二派無名第三派爲胡公堰水流經義峪與阿峪泉合流爲皁河經流韋兆等里至丈八頭作牐入府城西壕自西關入城初因龍首渠水不足用義峪等水經杜曲御宿川等處至丈八頭入皁河乃於丈八頭造牐穿渠引水西流轉東築隄爲渠其渠引入城周甎甃砌千五百餘丈城外土渠亦疏修二十五里茲復增修地之高者掘而成渠地之卑者築而成堰甎石之缺壞者補之土渠之壅塞者疏之渠水流通利益無方矣河渠紀聞

是年修四川嘉定之楠木堰以爲民利河渠紀聞

按川志楠木堰在嘉定西十五里起安谷鄉宋家場至馬落濠穿洞引沫水灌田又名牛特堰沫水自峨眉縣流入烏牛山下台青衣水入江故堰亦曰牛特一統志陽江在州治西一名沫水又名溦水即大渡河合青衣水東北流十五里至州東南合岷江水南舊有楠木堰障陽江之水以益田疇堰必固其防至是參政張能鱗施工重修又築蘇稽大堰以當其衝而水爲人役矣蜀中諸水咸出岷山江源在羌地之列鵝村分流爲二南流歷灌縣與湔水台西南流爲大渡河台諸水會於嘉定其穿

山爲洞引緜竹青衣水起風洞至白巖墻者永豐堰也壅水入田大爲之防得水之利而袪其害與民宜之循良之績也（河渠紀聞）

康熙四年河決安東茆良口（淮安府志）

康熙五年二月二十二日總河朱之錫卒故事節鉞重臣皆由廷推而公出自　特簡實異數云公於丁酉孟冬受事凡爲修守綢繆計者無不悉心擘畫以圖經久如夫役工程錢糧職守及諸弊端中閒興革損益皆商搉至當一一條上幾數十疏俱覆議報可於是河政煥然改觀庚子季冬復任殫力盡職益勤於初經營河上什一在署什九在外兼以雨暘匆若非旱憂潦卽潦憂衝每當各工並急則南北交馳寢食俱廢值盛暑介馬暴烈日中隆冬嚴寒觸冒霜雪誠所謂勞不乘暑不蓋駿騎有古大臣風以故首尾十年無大工巨役數省之民獲免昏墊公

亦坐是日憊欲乞身者屢矣會事格不果乙巳冬督催空艘抵臨清夕處兩閘閒風露浩浩夜以繼日不少休息及東旋形神顯頓入春後閱視大挑奔馳東臨邳宿閒積勞日甚因繕疏請告未拜發而公遽薨是時經紀後事家無餘財其歷年所節河帑甚裕公在日不欲以餘羨邀功至是督撫會疏陳公勤事狀具言歲修額銀爲　朝廷節省多至四十六萬有奇卽此一端可以概其官守公之治河也戊戌冬董口淤公從石碑口迤南別開新河二百五十丈接連大河以通飛輓己亥春駐山陽蘇嘴五大險工釐弊一清復太行老隄民修之制各保廬衆條議中州夫役悉照十五年以前熟地分別遠近漸次調用人服其公清釐曠盡銀兩達部充餉辛丑冬清口至高郵三百里閒悉成平陸公集夫挑浚疏請分給食米故工鉅而人不勞壬寅

夏曹縣石香鐪工決幾成大患賴公駐工籌畫夫料手口卒瘏凡五閱月塞決告成其他險工如王家道口孝成集槐疙疸黃練集俱著有成效而惠民莫如軫恤夫役沛州路當子午挽舟之夫動以萬計偃臥於道者不可勝數公具縴夫苦累一疏備陳其不堪者六曲有調劑者四　上嘉其奏下部議覆民困少甦會歲祲山左中州淮南道殣相望公設法倡賑全活者眾姦民朱明量誣胡守法不逞事株連數百十家公親讞款伏昃善獲安其他慈祥惠養固未易更僕數先是公欲纂輯河防一書稽潘公季馴後會　世廟升遐遂罷詩文書稿隨手散佚今僅存疏稿數十卷未鋟李之芳撰宮保尚書梅麓朱公墓誌銘節略

康熙六年河決石將軍廟蕭縣志復決桃源之煙墩次年堵塞淮安府志

康熙七年河決桃源之黃家嘴已塞復決次年堵塞淮安府志四月河決衝沒西北居民田廬數十里三汊以下水不沒骭涉者褰裳而行漕艘不渡決三義壩衝沒治後田廬數十里邑治幾廢清河縣志

康熙八年河決三汊口清河縣志

康熙九年八月河決曹縣之牛市屯次年修築完固河歸故道山東通志又決單縣之瞧樓寺漂沒民舍目遊四海記

縣遭河決者五年是年五月再入治王家營二堡盧家渡文華寺皆先後而決邑內百里皆水其大隄決時眾見大火如毬旋轉隄上火燄蓬勃少頃雨雹疾擊人畜號聲振野是日之夜永興集亦大風雨火光灼然著人如熱清河縣志

是年修陝西鄠縣金渠甯曲水利河渠紀聞

按志稱金渠在鄠縣東南二十里引紅溝河水至甯曲堡甯曲河一名洪河自赤谷發源甯曲俱係砂石不能鑿井至是鑿石

開畊以通水路自甯曲以上爲居民食水甯曲而下灌坂下田數百頃甯曲居民成集遂興市集名曰金渠鄜地北鄰渭岸南接山麓田園借谷水灌溉赤谷水尤居民所賴以生活者春秋齊相甯戚僑寓於此見土厚沙深不能鑿井創開泉源接濟其流逮金興定明成化嘉靖閒屢勤疏浚渠隘流緩食德者少引水祇至甯曲而止不能下注兹乃直達河底入渭非復神水之舊矣杜多珽金渠甯曲水利記云赤谷河流甚大折入甯曲金渠者僅衣帶水耳水之來徑率爲山石所梗夏旱則竭視其險隘烈而鑿之未幾洪流湧入引用不淵利益者千餘家是水之流也始上下營頭歷洪水磨以下十三村資灌溉焉又溯流窮源尋橫渠故道廣爲溝洫並復東西二渠溉地數百頃蓋皆人力所致爲民利也河渠紀聞

康熙十年河決桃源之陳家樓又決七里溝十二年堵塞淮安府志

是年六月河又決清河之五堡清河縣志

是年茆良決口塞先是安山一帶之小決口甚多而茆良口爲大茆良決於康熙四年歷今七載而始塞故下流海口流緩沙停而淤澱日久矣淮安府志

康熙十一年河大溢虞城河南通志**復決邳州塘池舊城**邳州志

康熙十二年河決桃源新莊口並王家營又自新河郭家口北決隄內外皆水田無立苗清河縣志

是年豫撫佟鳳彩請免派夫之累河渠紀聞

按豫省派夫雖經朱宮保定地分派遠近均役而遞年不息奔走妨農吏得因事勒索鄉農受累勢所不免至是請免疏稱每歲修築黄河用夫或萬餘七八千名自二三月至十月止俱按

地畝起派而在官在民弊竇百出愚懦受累無窮請照河工舊例每歲豫估用夫若干需夫價若干官爲雇募所需夫價通省均攤俾民得安心畎畝無河夫之累部議派夫仍屬累民豫省河夫停其僉派歲修動帑公雇夫役自此民得安心於隴畝矣河渠紀聞

是年重修陝西城固縣五門堰陝西城固縣東北六里有壻河一名左谷水一名智水　河渠紀聞

按城固北有壻水河障石爲堰鑿渠引水百丈堰之東即五門堰也堰分割壻水下抵斗山之麓中抱石嘴上流橫溝有五門洩山水堰以此得名溉田四萬八千餘畝然每當霆雨壻必浩發隄輒盡去歲用木石施治漂流如故至加以錐鑿火爍石嘴始去而利存至是更加修築以補其缺郭愷五門石硤記云城固西北有堰曰五門爲田幾五萬頃激壻水以灌堰抵牛山之麓中抱石嘴水弗可通民始刳木爲槽集木跨石於門以引水水若泛溢槽木輒漂去民不堪其苦元時鑿石爲渠深廣纔以尺計大水瀰漫始得一二及窪地高壤不能及遇旱輒爲焦土明宏治間力求疏導之法儲薪集工匠積薪石間燥火燒之俟石暴裂以水沃之石皆融潰督工悉力椎鑿應手崩摧渠深二丈廣倍之延袤七里工成峽開渠水充盈高下咸沾利益嗣以渠岸不固水旋入河時加石砌以禦衝決自是重修築堰固隄壻水泛漲而不爲害與百丈堰同功矣河渠紀聞

康熙十四年河決徐州潘家堂及宿遷蔡家樓俱於本年堵塞淮安府志

復決睢甯之花山壩睢甯縣志

康熙十五年河決宿遷之白洋河及于家岡二處又決清河之張

是年六月河決入治田禾淹盡民多流徙清河縣志

家莊王家營安東之邢家口二鋪口山陽之羅家口夏家口呂家口洪家口竇家口淮安府志

是年黃流倒灌洪澤湖高堰潰決三十四處黃淮合流東下淮揚大困江南通志

是年淮黃復大決高家堰時頻年被水諸隄工皆未浚河淮正道日益阻塞五月因久雨遂大潰決前工盡廢高堰一帶倒卸三十餘處水浸揚屬又過往年三之一漕隄殆不能支隨亦崩潰高郵之清水潭陸漫溝江都之大潭灣等處其決三百餘丈殘缺不可勝數深及四五丈不等自隄以東浩浩乎茫無際涯矣報聞　特遣大司空冀如錫少司農伊桑阿等親行相視訪究利病揚州府志

康熙十六年七月河決楊家莊二百餘丈時河流僅一綫亦有水從旁洩而河之故道竟成平陸者總河靳公上經理河工事宜八疏先於宿桃清三邑內開引河以濟運又於清口以下直出雲梯關外並開引河以導入海之勢淮安府志

是年二月總河王光裕解任勘問　命安徽巡撫靳輔靳輔字紫垣遼陽人先後任河事十六年卒謚文襄又二十年贈宮保賜世職著有治河方略總理河道靳文襄治河書

馥案靳文襄治河爲本朝第一人語多中肯因併擇錄於左

時靳輔題爲河道敝壞已極等事疏略曰備稽當日所以敝壞之緣由力求今日所應補救之次第大抵治河之道必當審其全局將河道運道爲一體徹首尾而合治之而後可無弊也蓋運道之阻塞由河道之變遷而河道之變遷總緣向來之議治河者多盡力於漕艘經行之地若於其他決口則以爲無關運道而緩視之殊不知黃河之治否。繫數省之安危。即或無關運道亦斷無聽其沖決而不爲修治之理况決口既多則水勢分而河流緩流緩則沙停沙停則底墊以致河道日壞而運道因之日梗是以原委相關之處斷不容於歧視也今若不察全局之情形事勢而因循故事漫爲施工則堵東必西決堵南必北決徒費時日徒糜錢糧而終歸無益豈惟無益將河患日深而莫可救藥矣何也黃河之水從來裹沙而行水大則流急而沙隨水去水小則流緩而水漫沙停沙隨水去則河身日深而百川皆有所歸沙停水漫則河底日高而旁溢無所底止故黃河之沙全賴各處清水併力助刷始能奔趨歸海而無滯也查今日河患之所以日深者皆因順治十六年至康熙六七年間所沖之歸仁隄古溝翟家壩王家營二鋪口邢家口等各處決口不即堵塞之所致也蓋歸仁一隄原以障睢水并永堌邸家白

鹿諸湖之水不使侵淮且令由小河口白洋河二處入河助黃刷沙者也自順治十六年歸仁隄沖潰之後睢湖之水悉由決口侵淮不復入黃刷沙以致黃水反從小河口白洋河二處逆灌停沙積漸淤成陸地至康熙六七年間各處大水黃淮並漲黃漲而王家營二鋪口邢家口等處沖潰矣淮漲而古溝翟家壩等處沖潰矣王家營二鋪口邢家口等處沖潰之後黃河之水由決口四漫者多而由雲梯關外入海者少古溝翟家壩等處沖潰之後淮河之水由高寶諸湖直射運河沖決清水潭下淹高江等七州縣之田者多而赴清口會黃入海者少河淮兩水俱從他處分洩不復併力刷沙以致流緩沙停海口積墊日漸淤高從此由遠至近由外至內河沙無日不停河底無日不墊海口淤而雲梯關亦淤雲梯關淤而清江浦清口并淤矣道

至康熙十五年閒各處又復大水黃淮又復並漲清口以下之河身既高不能奔趨歸海而睢湖諸水又合淮水并力東激以故除古溝翟家壩等原沖九處之外又將高良澗板工沖決口大小二十六處高家堰石工沖決口大小七處諸水盡由各決口直注運河加沖清水潭二淺等處各決口下淹七州縣之田而涓滴不出清口黃水又乘高四潰沖決于家崗等處又復灌入爛泥淺將武家墩板工沖開五十丈入故明所開之廢河歷楊家廟會合淮水直奔清水潭其武家墩上流刷成大河寬一二百丈不等又分一股入洪澤湖由高家堰石工決口會淮併歸清水潭而於各舊決口之處則又浸淫四漫較之以前勢愈分洩以致下流更淤而河身高墊更不可言矣查自清江浦至海口約長三百里向日黃河水面在清江浦石工以下今則石工與地平矣向日河身深二三四丈不等今則深者不過八九尺淺者僅一二三尺矣黃河淤運河亦淤今淮安城堞卑於河底矣運河淤清口與爛泥淺盡淤今洪澤湖底漸成平陸矣況尤有堪慮者目今現在之河身既已墊高若此而黃流裹沙之水則自西北萬里而來晝夜不息一至徐邳宿桃等處即便緩弱散漫臣目見河沙無日不加積河身無日不加高若此之時不及早大為修治則不特洪澤湖漸成陸地將見南而運河東而清江浦以下淤沙日甚必至三面壅遏而黃流無去路矣夫以萬里遠來浩浩滔天之水竟至無路可去則勢必沖突內潰而河南山東二省恐俱有淪胥及溺之憂彼時雖費千萬金錢亦難刻期補救臣是以謂敝壞已極修治刻不可緩也但既經修治則必使無旋修旋圮之虞更必使有可行可久之道始為有

當臣逐細籌酌其閒修舉情形有必當師古者有必當酌今者有須分別先後者有須一時並舉者總以因勢利導隨時制宜爲主臣謹竭臣之愚備採衆論而詳加斟酌將應行事宜分爲八疏條列具　題貼黃難盡伏祈　皇上全覽　敕部速議允行庶已淹之田可耕見在之地可保運道可通額課可復其於　國計民瘼誠均有攸賴矣

第一疏挑清浦至海口略曰臣惟河道壞至今日已稱至極修治之不可緩盡人而知之矣然事勢有順逆施工有次序必須分別先後之宜而後可斟酌興舉也臣竊見今日治河之最宜先者無過於挑清江浦以下歷雲梯關至海口一帶河身之土以築兩岸之隄也查清江浦以下河身原闊一二里至四五里者今則止寬一二十丈原深二三丈至五六丈者今則止深數

尺當日之大溜寬河今皆淤成陸地已經十年矣茲欲令黃淮之水盡從故道入海必須開其去路導之使行蓋築隄堵決用水刷沙雖爲治河不易之策然河身淤土有新舊之不同三年以內之新淤外雖板土而其中淤泥未乾沖刷最易五年以前之久淤其閒淤泥已乾與板沙結成一塊沖刷甚難故必須設法疏濬也今自清江浦至海口一帶河身之淤既經十載如不從萬全立議而概以治新淤之法治之恐決口盡堵黃淮齊下之際因河身淺窄一時沖刷不開又生他變則臣一身受溺職之罪固不足惜其如已費錢糧將來之　國賦有虧民生之昏墊何哉況用水刷沙卽曰不必挑濬而束水歸槽則又必須築隄既築隄矣與其取土於他處何如取土於河身寓濬於築而爲一舉兩得之計也今臣擬於河身兩旁近水之處離水三丈

下鍬掘土各挑引水河一道面闊八丈底闊二丈深一丈二尺以待黃河之下注蓋黃淮下注之時中央既有一二十丈舊有之河左右又各有八丈新鑿之河其所存兩旁之地雖屬堅土而薄僅三丈一經三面之夾攻順流之沖洗不待多時即可盡行刷去將舊有幷新鑿之河俱合而為一矣又兩旁既各挑深一丈二尺則中央河心自可刷至二丈之外河至深二丈寬四十丈便不窄淺從此日洗日刷日深日寬自可免意外之變而漸復當時之舊矣其所濬丈尺計每地一丈掘土六十方即以挑築兩岸之隄隄底闊七丈面闊三丈高一丈二尺每丈亦用土六十方再查工部尚書臣冀如錫等條奏內開隄底以八丈為度面以五丈為準誠為防河至堅之策今臣所議高闊之數俱減每隄一丈止科用土大十方者蓋以物力艱難姑暫從減

省擬議俾其足以抵當河水而止仍俟物力稍寬之時再行量撥人夫協同議設守隄之兵加高加厚務仍如部臣等條議丈尺之數可也至部臣等原疏內開南岸自白洋河至雲梯關止北岸自清河縣至雲梯關止務須一律修築等語俱應照議興築查白洋河至雲梯關約長三百三十里清河縣至雲梯關約長二百里以每里一百八十丈科之共約長九萬五千四百丈每丈用土六十方共計用土五百七十二萬四千方其九萬五千四百丈之內有原未有隄者有原有隄而今全無土者有原有隄而今更狹窄缺少須增塡者有隄根存土高一二尺至六七尺不等寬三四尺至一丈五六尺不等者合有無多寡牽算約存舊土高三尺寬八尺每隄一丈計約存舊土二方四分通共約存舊土二十二萬八千九百六十方實須增土五百四十

九萬五千四十方至於取土之處雖以離水三丈爲度然河身有在中央者有折流在河南岸及北岸者遠近不齊必須隨地科算總之離隄三十丈之內不許取土其三十丈以外取土者每土一方用夫三工一百二十丈以外取土者每土一方用夫四工二百四十丈以外取土者每土一方用夫五工合遠近而牽算之大約每土一方用夫四工兩岸之隄共用土五百四十九萬五千四十方應用夫二千一百九十八萬一百六十工每工照例給銀四分通共需銀八十七萬九千二百六兩四錢又自雲梯關以至海口尚有百里之遙除近海二十里潮大土溼之處無庸置議外其餘八十里之河身情形具與雲梯關內無異若不量加挑濬以導之量築隄岸以束之則黃淮合流出關之際河身既窄而淺兩旁又堅而厚大水驟至不能承受歸槽勢必四處漫溢雖關外漫溢與運道民生無涉然一經漫溢則正河之流必緩流緩則沙必停沙停則底必墊關外之底既墊則關內之底必淤不過數年當復見今日之患矣臣聞治水者必始自下流下流疏通則上流自不飽漲故臣又切切以雲梯關外爲重而力請築隄束水用保萬全不敢泄泄從事以貽後此之大害也惟是近海之隄止期足以束水不必過於高厚隄底止須寬五丈面亦須寬三丈高止須六尺亦一體照取河心之土築之兩岸共隄一百六十里計長二萬八千八百丈每丈用土二十四方計用土六十九萬一千二百方用夫二百七十六萬四千八百工每工照例給銀四分通共需銀一十一萬五百九十二兩二共需銀九十八萬九千七百九十八兩四錢其需用人夫共計二千四百七十餘萬工應限二百日完工計每

日需夫十二萬三千七百餘名念淮揚附近民人尚須供臣役疏挑濬幫隄堵決等各工之用斷不能更有許多夫前來應募臣查康熙九年前河臣羅多興修黃河各工除調用各處泉淺等夫外曾經令山東江南鄰郡地方協募赴工在案今此工之大數倍於前不得不循例而行臣擬令江南之鳳陽府屬募夫一萬五千名江甯府屬募夫一萬名蘇常二府屬各募夫八千名鎮太二府屬各募夫四千名徐州府屬募夫五千名滁和二州幷屬各募夫二千名山東兗州府屬募夫一萬四千名濟南府屬募夫九千名東昌青州二府屬各募夫五千名河南開封府屬募夫一萬三千名歸德府屬募夫八千名尚少夫一萬一千七百餘名應於淮屬之邳海睢宿贛沭六州縣地方召募其募夫之法應令各該府州就所屬州縣之大小近便酌量派募

務募二十歲以外四十歲以內精壯强健之夫赴工常川供役不許以老弱塞責及往來更換以致曠悞工程卽於該府屬首領州縣佐貳雜職等官內遴選能幹之員專管驗募限文行到該省半月之內募齊人夫各帶土車鍬擔等器飛星押赴工所董率料理依限挑築至於地廣夫多其閒恐有偷安苟且情弊必須畫段驗丈之法以釐之其法容臣預督各監理官量取土之遠近按工畫段每用夫五千工為一段編定字號插牌標識其中有原係平地者有已經缺窪須填者有存舊隄之土多寡不等者幷隄段長短丈尺之數逐一書明標識之上仍立簿一本一體登記交各監理官收存各監理官卽按各州縣協募人夫多寡之數照工撥給隄段令其如式挑築臣仍親臨工所用部臣冀如錫等條議鐵枓杵隙盛水不漏之法不時查驗以別

其夯杵之堅否臣更請立勸懲之典以鼓舞而警策之凡各州縣協募人夫有老弱病廢及姦猾逃逸一名至五名免議外六名至二十名者各該州縣官罰俸半年所委專管官罰俸一年二十一名至五十名者州縣官罰俸一年專管官降一級調用五十一名至一百名者州縣官降一級留任專管官降二級調用一百名以上者州縣官降一級調用專管官革職其所築隄段如有一處夯杵不堅盛水卽漏并底面丈尺雖合而面上兩旁低窪有一二丈者將專管官降一級調用兩處夯杵不堅盛水卽漏并底面丈尺雖合而面上兩旁低窪有三四丈者將專管官降二級調用三處以上夯杵不堅盛水卽漏并底面丈尺雖合而面上兩旁低窪至五丈以上者將專管官革職如所募之夫盡皆壯健並無一人逃逸所築之隄隨驗俱堅隄面兩旁

豐滿處處合式者該州縣官不論俸滿卽陞專管官如係正途照依應陞之缺加二級卽陞如非正途俱准照正途註册一體加二級卽陞更請責成道府州幷監理各官如各該道府州所屬有一官議處者將該道府州罰俸半年兩官議處者將該道府州罰俸一年三四官議處者將該道府州降一級調用五六官以上議處者將該道府州降二級調用所屬委官督工勤幹築隄堅固如式依期早竣者將該道府州亦不論俸滿卽陞其各監理官除募夫一項與伊無涉不議外凡伊所管各州縣委官之內有因夯杵不堅築隄不豐滿一員議處者將監理官罰俸一年二三員議處者將監理官降一級調用四五員議處者將監理官降二級調用六員以上議處者將監理官革職如議處議敘相同者准與抵算如監理官揭參者准免連坐若並無

議處止有議敘者將監理官照依原任應陞之缺加二級從優即陞如此則各官俱知勉勵可無闒茸貽悞之虞矣

一覈案靳文襄後以廷議遠省派夫恐不肖官役借端擾民改爲驢馱省夫之法嗣又以驢有倒斃喂養之費改用侉車代挑之法厥後又以興舉河工派募里民不勝苦累乃易派募爲雇募並預借安家銀兩至今踵行無弊可謂法至善無以加矣見行水金鑑

第二疏挑濬清口略曰竊照臣請挑清江浦至海口一帶河身之土以築兩岸之隄乃先治下流以導黃淮歸海之計也然下流雖治而上有淤墊之處不行及早流通則高家堰一帶決口雖堵淮水直下之時難免阻滯散漫之虞查洪澤湖下流自高家堰以西至清口約長二十里原係汪洋巨浸爲全淮會黃之所自淮流東決黃水內灌之後將此一帶湖身漸漸淤成平陸向之汪洋巨浸者今止存寬十餘丈深五六尺至一二尺不等之小河一道矣查工部尚書冀如錫等條議內開清口一帶沙淤之處速行挑濬等語然淤沙萬頃挑濬甚難臣再四思維惟有倣照挑濬清江浦以下河身之意於小河兩旁離水二十丈之地各挑引水河一道俾其分頭沖洗庶可漸漸刷開至於挑清江浦引水河臣止擬離河身三丈而此處議離河身二十丈者蓋清江浦以下係十年久淤之堅土而此乃三年以內之新淤臣曾掘土試驗浮面一層板土深有二尺下則係淤泥一尺許淤泥之下又屬板土板土之下又屬淤泥掘深六尺有奇而尚不能到當日之湖底且面層板土雖極堅硬而第二層板土因在淤泥之下反潤而鬆故雖離河身二十丈之遠而易於沖

刷不久便可合而爲一也惟是此處淤沙既易沖刷而臣亦議開引水河者蓋臣目擊面層板土之堅硬恐一時沖刷不開又於他處生變亦未可定因思此番工程錢糧人力無不浩繁若一處計慮未周恐有差之毫釐失之千里之悔是以不敢不畧議導引之策以圖萬全耳其所挑引水河應面寬六丈底寬三丈深五尺每淤地一丈掘土二十方遠傾於引水河六十丈之外兩岸共計七千二百丈共掘土一十四萬四千方每方用夫三工共用夫四十三萬二千工照例每工給銀四分其需銀一萬七千二百八十兩此工一治庶淮河下注之時可以沖闢淤泥徑奔清口會黃刷沙而無阻滯散漫之虞矣

第三疏高堰坦坡畧曰臣惟淮河之下流既已疏治則水可直行而會黃刷沙矣但臨湖一帶除現在原沖各决口外其餘隄

岸無不殘缺單薄危險堪虞若竟堵決口而不先修殘隄俾極堅固則水將尋隙地奔放勢必堵者方堵而決者又決豈非徒費錢糧徒勞民力耶此幫修隄岸又斷不容緩者也查工部尚書臣翼如錫等條奏疏內原有石工定要加高三尺殘薄之隄一律修葺高良澗一帶土隄必照修築高堰之法一律寬闊等語所議極爲周帀惟是部臣等之議專爲堅固起見而臣身膺治河之職當錢糧絀乏之際不得不反覆籌維力求節省也大抵隄以攔水祇期修築得法使水不能沖倒而止似不必拘拘於石工埽工板工蓋石工之費數倍於板若將高良澗五千二百餘丈板工盡改爲石費實浩繁卽或石仍石而板仍板現據山盱同知多宏安估計加高幫闊工料册內開自七里墩至周橋閘其長一萬一千五百餘丈應用石埽板工并修一帶殘缺

段口共需銀三十九萬五千五百餘兩臣就該同知所估石埽板工之冊而核算之並無浮濫則其費亦非小也況板工一項皆係以樁攔板以板束土用之平日尚有不能耐久之慮若遇大水乘風一擊而土鬆再沖而土卸矣勞民傷財將何底止臣再四思維因見淮湖運河等處板工易於損壞卽石工之傾圮者亦不可勝數惟見隄下係坦坦平坡者則雖遇大水不致沖塌蓋水性至柔而乘風則剛其板石諸工率皆陡峻故怒濤撞激易於崩沖若遇坦坡則水之來也不過平漫而上其退亦不過順縮而下隄制水而不能抗水故雖大水乘風止於隨高逐低而無怒激之勢水既無怒激之勢故自無沖崩之虞此乃以柔制剛之道誠理勢所必然者今欲求費省工堅惟有幫修坦坡之法可爲久遠衛隄之策也其法於隄外近湖之處挑土幫

築坦坡每隄高一尺應築坦坡五尺若高一丈之隄則坦坡應寬五丈卽有舊存樁木亦聽其埋於土內以爲隄骨一律夯杵務期堅實密布草根草子於其上俟其茂長則土益堅隄土既堅而又有草護再行設兵看守之法禁止民人之樵採驅逐牛畜之蹂躪則坦坡自可永久無虞坦坡無虞則本隄更屬萬全矣至於高家堰一帶石工亦宜照此幫築坦坡將石工併埋土內更爲至堅至穩之著也查自運河西岸歷七里墩武家墩高家堰高良澗至周橋閘北止共長一萬二千八百餘丈內有三千八百餘丈可以竟築坦坡其餘約九千丈隄根見被水佔必須先於離隄一丈之處密下排樁多用板纜以蒲包包土填出水面然後用蘆柴綑一尺高小埽鑲邊內加散土用力夯杵築成坦坡一丈俟全淮下注則隄外之水自卽退去水退之後再

行挑土幫修到底并將排樁盡埋土內至此一帶隄身向來原窄面不過二丈有奇底不過三丈有奇自上年沖塌淋卸之後處處單殘石工隄面猶有寬二丈者板工隄面寬者不過丈餘窄者僅有二三尺今本應悉照部臣等所議加高加寬丈尺之數但取土遠挑運萬難其加寬之處姑以二丈五尺爲準俟水退土出亦再令守隄之兵逐漸幫築今查高家堰高良澗一帶板石諸工原高約有七尺應如議再加三尺共高一丈隄底外寬五丈內寬一丈連本隄二丈五尺共寬八丈五尺隄面寬二丈五尺每隄一丈用土五十五方今可以竟築坦坡之三千八百餘丈見存隄底約牽寬三丈五尺隄面約牽寬一丈五尺高仍有七尺許每隄一丈約存舊土十七方五分應增土三十七方五分通共約用土十四萬二千五百方近者取於半里之外遠者取於一里之外用夫四工挑土一方共用夫五十七萬工照例每工給銀四分共需銀二萬二千八百兩其餘九千丈俱應先築坦坡一丈計每隄一丈暫省土十六方實用土三十九方然隄身頽卸單殘已稱至極每丈隄底約牽寬三丈面約牽寬六尺高止約牽五尺每隄一丈約存土九方應增土三十方共隄九千丈應增土二十七萬方近者取於七八里之外遠者取於二十里之外往返艱難不便計夫挑築必須照清水潭計羅買土之例每方五十籮共計土一千三百五十萬籮每籮給銀六釐共需銀八萬一千兩又樁木板纜蒲包麻繩邊埽匠工等項每丈約需銀十兩共需銀九萬兩三共實需銀十九萬三千八百兩然所需之數較之前估用板用石用埽之工可節省銀二十萬一千七百餘兩且可免板工沖激頽卸之患也

第四疏包土堵決略曰臣惟黃淮之上下流旣議治理疏通而高家堰隄岸之殘缺低薄者又擬加幫高厚則築古溝翟壩一帶之隄并堵塞黃淮各處之決口使河復故道可次第而施工矣查自周家閘歷古溝唐埂等處以至翟家壩南共計三十二里據山盱河務同知多宏安估計冊開築此三十二里之隄并堵此內原沖成之九河及高良澗高家堰武家墩等大小決口三十四處共需銀七十萬五千八百餘兩臣相度水勢按冊而計皆屬必須之項似無浮冒查冊內堵決皆係循例用埽而埽盡薪也遠運於數百里之外大繩捲束而投之水中其物料人工之費每塡隄一丈水淺者費銀三四十金至七八十金不等水深者費銀一二百金至六七百金不等是以需用錢糧如此之多也且臣驗各處埽工凡柳枝多者尙可多延數年其蘆草

多而柳枝少者不過一二年悉皆朽壞頹塌殊非經久之道於是再四思維剋水者土也當求東土禦水之法斟酌變通以爲節省永固之計不必概用埽工臣虛心酌畫除有鑲邊裹頭必須用埽者有急欲閉合龍門之時包土稍緩應速捲大埽立時塡塞斷流者有修建滾水石閘等項應先築攔水小壩而此壩於閘工告成之日原應毀廢俾水流通今若下樁包土恐日後難於毀壞有宜仍用埽者俱照舊用埽外其餘一切工程俱宜密下排樁多加板纜用蒲包裝土麻繩捆扎而塡之較之用埽既可省費一半而堅固耐久又愈於埽今擬將前項工程改下埽爲包土仍築坦坡制水不過費銀三十萬兩較之原估之數可節省銀四十萬餘兩至黃河桃源清河安東三縣之新舊各處決口水漲則刷成大河水涸則兩旁淤墊是以各該縣估計

之册隨事變更不能畫一今黃水方大難以確估然臣親見情
形大抵俟秋冬水落之際或應用埽或兼用包土不過再費銀
八萬兩可以盡行堵塞使兩河之水悉由故道入海矣通計此
疏內築隄堵決共需銀三十八萬兩
第五疏挑運河略曰竊惟築防塞決疏引黃淮使復故道合流
入海事宜如果一一興行則閉通濟閘壩深挑運河盡堵清水
潭等各決口以通漕艘誠為今日至要之務所當次第修舉者
也查運河自清口至清水潭共約長二百三十里通計四萬一
千四百丈因黃水內灌將河底淤墊甚高居民日患沈溺運艘
每苦阻梗今必須將河身大為挑濬決口盡行堵塞庶幾運道
可得通行民生可免昏墊臣請　睿鑒敕下江南浙江江西湖
廣各撫臣嚴督所屬將本年應運漕糧及早徵收受載火速催

趲務於康熙十七年三月內勒令盡數過淮俟糧船過完容臣
將通濟閘壩即日封閉一切商民船隻幷該年回空漕艘俱令
暫由周橋閘繞出高郵州而行淮關部司亦令暫駐周橋閘收
稅臣一面督集人夫將運河大為挑濬面寬十一丈底寬三丈
深一丈二尺每河一丈挑土八十四方通計四萬一千四百丈
共挑土三百四十七萬七千六百方挑起之土俱令傾於東西
兩隄之外更加夯杵將西隄築成坦坡東隄加倍堅厚以圖永
久毋許將濬土亂堆隄上以致雨淋仍落河中每土一方用夫
三工計共用夫一千四十三萬二千八百工限三百日完工每
日用夫三萬四千七百七十六名查挑濬運河向有每工給銀
四分之例亦有撥派坊里人夫量給銀米之例但淮揚二府節
被水災里民困苦已極兼之此番工程浩大需夫眾多萬難派

撥況坊里人夫率皆老弱不堪之輩而又每每逃逸大抵坊里夫十名不敵募夫三四名之用卽使派撥亦屬有名無實若一體召募則無告饑民又得藉以活命相應照例每工給銀四分共需銀四十一萬七千三百一十二兩其督工等項議敘處分事例幷請如臣第一疏內題請之例一體而行至於堵塞高江二州縣之清水潭大潭灣等決口六處雖據南河分司估計冊開應用柳束人夫俱於各州縣協濟而所估錢糧尚須物料等費銀六十餘萬兩等語然此數處工程只須俟翟家壩至武家墩一帶決口盡行堵塞黃淮合流從故道入海之後下樁包土相機塡塞幷一帶西隄之外照築坦坡凡有水占隄根之處量用短樁笆蓆等項攔土築隄不過總費十五萬金便可足用蓋淸潭一工自目今視之誠爲最難若俟各工告竣之後留此工於結末則流止水消取土亦易故可省費如許也計此疏內挑河堵決共需銀五十六萬七千三百一十二兩

第六疏籌畫錢糧略曰竊維一切治河事宜臣已於前五疏內一一陳請矣伏查案准工部咨爲欽奉　上諭事內開工部等衙門會覆尚書冀如錫等題前事查黃運兩河關係運道民生今旣經尚書冀如錫等將應修各處驗明具題相應照議卽行大爲修築但今正需錢糧之際若照此驗勘修築需用錢糧甚多不便槪行修築應令新任總河將應修緊要處所酌量修築堅固不致有悞漕運等因奉有依議之　旨欽遵行臣知照在案臣到任之後凡經理河工驗閱形勢卽將部臣條議工程細加揆度如果照議修築誠爲至堅但所需錢糧不下五六百萬當此軍興需餉之際措撥艮難是以廷臣有不便槪行修築之

議蓋部臣奉　命勘河目擊河道壞極情形不得不從堅固立議以爲一勞永逸之計而廷臣灼知司農仰屋之艱又不得不酌量修築議覆也惟臣身任總河親見民生之昏墊運道之阻梗田土日淹賦稅日絀且又深知河帑之無餘請撥之無項安敢不委曲籌策以仰副　宵旰之憂虞耶顧臣審勢揆情減築隄浚河之丈尺幷條議坦坡制水下楯包土等法以代石埽板工然實尚需銀二百一十四萬八千餘兩幷臣第八疏內應打造濬淺船二百九十六隻約需銀一萬兩通共需銀二百一十五萬八千餘兩乃必不可少之數也念河流爲患自康熙六年至今十載之閒歲歲與工費過錢糧三百餘萬且更有歷年蠲免之正賦節次賑䘏之帑金不可勝計而河患之深日甚一日臣身膺重任不敢玩泄是以確酌全局曲思穩當之策臚列上

請也惟是所需如許多金既事在必不可少而又實無可撥之項臣因再四圖維不敢稍避勞怨委曲詳酌謬擬設處錢糧之計謹一一爲我　皇上陳之其一則議令淮揚被淹田畝補納修河之費也竊計淮揚二郡被淹田畝何止十萬餘頃祇因節被水占耕鑿難施若黃與運河之治則田土盡出可以施畚鍤而望收成矣其中量納修河之費豈特理之所宜諒亦情之所願也然田畝有高低之不同其價值因有貴賤之各別臣細加體訪知此等田畝至水退可耕之時其在黃淮之東南者每畝値銀一兩至二三四兩不等其在黃淮之西北者每畝値銀一二錢至六七錢不等臣請俟大功告成土田可種之日容臣會同江蘇撫臣將凡被淹東南上則田一畝令納修河費銀三錢中則田一畝令納修河費銀二錢下則田一畝令納修河費銀

一錢破潰西北上則田一畝令納修河費銀六分中則田一畝令納修河費銀四分下則田一畝令納修河費銀二分其銀准分爲兩年完納若係無主之田但有人能納修河之費者卽便給與執業至於本田正賦照例三年之後陞科其每畝俱照二百四十弓之制科算毋許以多爲少欺隱不均如此約而計之二郡被潰田畝補納修河之費約可得銀一百六十七萬但議者或爲災民田畝不能優恤而反重賦之似屬病民殊不知撫民之道有經有權發帑救民而復寬其力者經也先憂民之憂設法拯救後樂民之樂多取不虐者權也且臣採訪輿論皆稱田被水潰之後及河治水退則田皆沃土必有二三年加倍收成之美言人人同似屬確論顧此昏墊之民設兩河一日不治則民田一日不耕將凍餒流離伊於河底是必河治而後民始得所也明矣夫以斯民得所之時坐享沃土倍收之利於是分粒米狼戾之餘以補河工萬難之費此經權互用有不得不然者臣所謂不敢避怨而斷然以爲必可行者也一則運河經過之貨物宜令加納剝淺之費也查運河內一切往來船隻向因河身淤墊阻滯盤剝艱苦萬端若黃淮俱歸故道清口以內一律浚深則此後各船俱可暢行無阻省費甚多因令量輸所省之費以作治河之用亦屬理之所宜情之所願也臣請俟運河浚深船艘通行之日容臣印發日記號簿二本交給淮揚兩關分司凡過往船隻裝載豆麥米等項者每石著納剝淺銀二分引鹽油燭等項者每百觔著納剝淺銀四分其餘一切雜貨細貨每百觔俱著納剝淺銀六分兩關止納一次不令重納兩關之中此關已經收過該船剝淺銀兩者卽給印券爲憑該船齎

此印照前赴彼關立時驗放如此收至一年卽行停止約可得銀一二十萬兩夫加納似乎病商然臣細察商人遇河道阻則剝淺車腳之費視加納之數不啻數倍今治河以利之責其出餘利以助河工亦情理之最當者矧貿遷有無商惟視本計利於賣地權貴賤耳今助工於運河而取贏於賣地則子母仍無虧也一則開廣武生納監之事例也臣訪得武生之中亦有願納監生入文場鄉試而格於文武兩途不敢擅自請納者今若准令武生亦照文生之例許其加納准入文場應試則願納者必多查文生加納銀一百二十兩俊秀納銀二百兩俱准爲監生今武生比之文生爲不及較之俊秀爲有基臣請許令武生加納銀一百六十兩准與文生一體爲監生入文場應試通行各直省督撫凡有武生納監者俱照例交納藩庫解赴臣衙門濟用大約一二十萬金似亦可得以上三款若蒙　俞允則治河之費已備卽有不敷統容臣於河庫內通融動用惟是此等銀兩俱在河工告成之後方可責成輸納不能應目前緊急之需臣愚以爲宜令直隸江南浙江山東山西河南湖北各直省州縣俱豫徵康熙二十年分起存正雜錢糧十分之一約可得銀二百萬兩其中卽有未敷統容臣於河庫內通融動支至各直省豫徵銀兩請　敕各省督撫諸臣嚴督該省藩司卽日先將見存藩庫銀兩照豫徵二十年分十分之一之數限部文行到該省十日之內火速墊解臣衙門濟用如有遲悞容臣將該司查參聽部議處該司仍一面豫徵還庫補項俟河工告成之後容臣會同江蘇撫臣督令淮揚兩郡府州縣官照議按畝徵收修河之費幷督淮揚兩關收取各船剝淺之費抵還豫徵各

直省康熙二十年分錢糧十分之一之數幷移會各直省於該年應徵項下少徵十分之一扣還民間如此一轉移閒不費公帑而大工可刻期興舉矣

第七疏裁併河官選調賢員略曰臣惟修治河工必先以措設錢糧爲要今措設錢糧之處已經臣條議上　請倘蒙　皇上俞允則大工自可刻期興舉矣惟是大工興舉之日協理必須多員而大工告竣之後保護尤資羣力與夫事可兼攝者則冗員應裁權宜歸一者則職守應併是皆當因勢度宜先爲酌派定其責成使之可遵可守無紛雜掣肘玩忽坐悞之弊庶可望其樂於黽勉不爲推諉而共相維持以保永久也竊思臣身任總河凡直隸東豫江浙各省有河地方幷河務河官皆臣總理統轄不待言矣其自臣而下兼理兼轄者則爲分司各道專管者則爲廳印諸員分管者則爲各州縣之佐貳雜職等員雖官無大小各有所司然其職掌之紛淆事權之雜出以致掣肘貽悞者皆當確議釐定也查河道項下興修守護等事既有專管分管各官駐宿河干朝夕料理其司道等官原以兼總大綱承上接下應督率屬員指揮調度之任只須一官而兼轄數府不必一府而兼設數官者也今淮揚淮徐兩道又設南河中河兩分司竊見分司三年一換自以一官爲傳舍而他人亦以客官目之未免呼應不靈且分司無地方錢糧刑名之任其於民情之休戚風俗之姦宄不能一一熟察道臣係久任之官而又兼管錢糧刑名之事於地方情形自能周知一切調撥協濟事宜易於得當而官民之奉行尤稱惟謹臣愚以爲宜將中河南河兩分司裁去其該管各務量其地形事勢分歸淮揚淮徐兩道

兼理淮郡之山陽清河安東鹽城海州沭陽贛榆并揚州府屬河道俱責成淮揚道兼理令該道仍駐淮安淮郡之桃源宿遷邳州睢甯并鳳陽府之靈璧縣以及徐州所屬河道俱責成淮徐道兼理令該道移駐邳州至北河通惠兩分司亦應并裁將北河分司事務照省歸併分交濟甯天津二道管理通惠分司事務交給通永道管理又東兗道遠駐沂州而兼轄滕嶧兩縣河務亦屬未當應歸併濟甯道兼理庶為妥協也又淮安一府共有同知十員而管河者居其八皆係節次添設者也殊不知河工事務全在用人之當而不在設官之多矧治河之法疏濬防塞各有攸宜同知為專管官與分管防守之佐雜微員不同乃畫河為兩岸而分管之是竟置河身於不問矣且其間有彼此意見不同而推諉觀望者有屬員奉行不一而奔命不遑者

事權之雜出誠為未便也臣愚以為同知八員之內今宜裁去三員將山清同知原管運河事務歸併山盱同知多宏安管理駐劄淮安府山清同知原管外河并安海同知河務俱交宿桃南岸同知董安國管理改為山清安海同知駐劄安東縣俱令淮揚道兼轄宿桃兩縣河務并歸仁一隄俱歸併歸仁隄同知佟國聘管理改為宿桃歸仁同知駐劄白洋河邳睢靈璧三州縣河務仍令邳宿同知蘇嵋管理改為邳睢靈璧同知仍駐劄邳州徐屬同知事務仍令祖文明管理仍駐劄徐州俱令淮徐道兼轄其所裁山清同知魏師段安海同知李朝事宿桃北岸同知黃道弘俱應赴部改補又宿桃兩縣既有主簿四員理應每縣各設二員不應彼此牽混臣請將宿遷縣主簿王振先改為宿遷北岸主簿宿桃南岸主簿改為宿遷南岸主簿桃源縣

主簿王金改爲桃源南岸主簿宿桃北岸主簿夏文家改爲桃源北岸主簿庶職掌俱各畫一而無紛雜混淆之虞此臣所謂事可兼攝者宂員應裁權宜歸一者職守應併者是也若夫河道一事攸關民生休戚地方安危甚非眇小凡膺民社之寄者皆當曲圖補救力爲保護不宜徒委河官坐視敝壞如撥夫運料等事在正印官有人民地方之責者設法自易其管河同知通判佐雜等官與民絕不相親於錢穀刑名街坊里下諸務毫無關涉安能設施凡府州縣之正印官往往視河務爲餘事目河官爲贅癖每有漠不相關之狀而無同舟共濟之情雖遇疾呼未必驟救以致掣肘悞工不一而足臣請嗣今以後凡遇河防衝決之事不論　欽工民工俱仿照盜案之例將該管之道府廳州縣佐雜等官一併照例　題參議處仍勒限半年修復

完固亦照盜案定承修督修催修之例而責成之如有諱決者照諱盜例處分至於薦舉　大計等典凡有河地方之司府州縣正印並道廳佐雜等官俱將河工之治否一併考成以分殿最必任內無河道衝決之事併遇決旋修不致殃民損課者方准保舉卓異如此庶各員知警共相綢繆於未雨之先而河道之沖決自少即有沖決亦自速爲修治不致蔓延滋害如今日之甚此臣所謂大工告竣之後保護尤資羣力者是也以上事宜皆指平時而言如蒙　俞允則可爲將來防守章程至現議之大工如果剋期興舉則必須多選能員責成料理查工部尚書嚴如熤等條奏內原有一員分工三十丈之議雖從愼重堅固起見然應修隄岸共約二十萬丈恐不能有如許堪委之員今臣第一疏內挑河身之土以築兩岸之隄每月用夫十二萬

有奇除分管之佐雜等官現有各州縣管押夫役官員可以責
成分管外臣請特調才能廳印監理官十二員分頭董督而監
理之查現有臣請改設之山清安海同知宿桃歸仁同知共二
員應再選調十員又臣第二疏內濬清口以上一帶淤沙第三
疏內增築武家墩至周橋閘一帶幫隄第四疏內築翟家壩一
帶之隄并堵塞高家堰各處決口等工程約需佐雜官四十餘
員容臣隨時酌量於各屬調用并將所調各職名彙咨達部其
應用才能廳印監理官五員今現在止有山盱同知一員應再
選調廳印官四員分頭董督而兼理之二共實需選調廳印官
十四員查此皆關係田畝賦稅運道民生重務必須遴選勤敏
强幹才智俱優實心任事之員方克勝任臣再四思維非臣素
所歷試親見確有才能允堪任用者臣不敢濫任貽誤伏祈

皇上俯念河道關係重大允臣所請將現任江南太平府同知
劉沛引揚州府同知王興元池州府同知管通判事喻成龍甯
國府通判常君恩廬州府通判黃際會滁州知州趙清正和州
知州夏瑋合肥縣知縣雷動聲清河縣知縣劉光業宿遷縣知
縣李燦山東單縣知縣韓第恩縣知縣何朝聘并原任五河縣
丁憂知縣陳顯忠原任揚州府降調通判俞森等十四員准臣
馳檄調取勒限來工各給委劄分界事權授以機宜共襄大務
其調取各官原任原缺應請　敕部即為銓補至臣第五疏內
挑濬運河堵塞清河潭等處決口各工程原擬在後興舉應俟
興舉之日再將應調協理官員另疏題　請此臣所謂大工方
舉之日協理必須多員者是也又各官之內除俞森事實臣現
在另疏具　題外其餘十三員有臣於安徽巡撫任內曾經委

用歷試才能者有臣素知其能而又親見其勤敏練達者若夫
丁憂之員雖有不准題留之例然此係因其有才堪用是以調
取監理督工並無地方人民錢穀刑名之責與現任官有別相
應一併　題明至於調取監理之廳印分管之佐雜等官所修
工程必須交明該管廳印佐雜等官確驗如果合式堅固該官
廳印佐雜等即便出具收管印結該道府覆驗相同即便加結
申送臣衙門親勘無異會疏具　題將調取之大小各官無論
原是正途與否俱作正途照依原任應陞之缺加二級從優即
陞其該管河廳佐雜等官分領自修之工如遵期完竣如式堅
固出結申送道府州縣驗明相同加結轉送臣衙門親勘無異
亦即彙疏具　題照依調取各官一體議敘若夫給發一切銀
兩如協募現募等夫俱一例紋銀四分一工椿埽水手五分一

工木笆等匠三分一工俱循照往例給與仍著落各監理官會
同各分管官五日一發當官給散其餘一應料物等銀俱著從
公速給毋許遲延如有劣員更換銀色短少分兩扣尅囘頭等
弊并或有奸徒陰謀取利冒領錢糧揑造訛言倡邪惑眾阻撓
大工暗壞工程者俱容臣立刻嚴拏究明情罪遵照　勅書內
事宜按軍法　題請正法警眾如此則在工官民各知警懼有
奮勉而無壞事大工可以告成矣
第八疏添設兵丁略曰臣惟修治兩河既定分工任人之法則
必當求其成功矣但河工告成而不立法以期久遠恐數年之
後姦弊滋生難保其不旋壞也臣到任以來細加體訪知保全
河道之策全在能盡人力而不可諉之天數至於隄岸衝决之
由則官民夫役均有罪焉官之罪有三一在備員闒茸不知河

道爲何物其於運道民生不啻秦越人之視肥瘠雖有以未雨綢繆之說告之者而茫然不能用也一在利於多事希圖乘機侵蝕故薄者不塡而缺者不補以致潰決廢壞不可收拾也民之罪有三或與近隄之人有讎而盜決以渰之或因已田乾旱而盜洩以溉之至於周橋翟壩姦民知商販畏淮關之稅重而樂於趨其地也於是盜決以俟之隄決而商至商至而伊得遂其乘機取利之謀矣若夫夫役之罪則總在利於動而不利於靜樂於有事而苦於無事是以百計陰壞之耳他如高良澗等處板工上年大水衝決除決口二十六處之外其餘一帶殘隄貼樁之土悉皆卸塌樁木無土擁護易於竊取致被湖內小船及水渰災民乘夜盜鋸者不一而足臣目擊鋸痕深爲痛惡雖出示嚴禁密訪查拏然犯者已逃從何究詰又聞向來多有奸

惡夫役當大埽方下龍門未合之時暗藏刀斧乘夜割斷揪頭繩索以致所下之埽隨時衝淌諸如此類欲保全河道者不過一二人而謀壞之者徧地皆是是以殘壞至此臣再四籌維欲圖將來久遠之計莫妙於多設專心保全河道之人則設兵以守而立勸懲之法使之知利之當趨害之當避誠爲不易之策也臣聞故明末年各省漕糧皆係世職衛官領運漫無考成以致無官不侵蝕無年不拖欠無日不追比糧歸奸橐而在上者無可如何流弊至極迨　本朝定鼎以來責成各衛現任守千等官領運按運考成欠者置之以法完者准予優陞不數年而錮弊一洗歲歲全完此有勸有懲使知有利有害而自爲趨避之明驗也臣愚以爲今既大費財力高築堅隄必須按里設兵使之住於隄上逐日看守并將疏濬修葺事宜一切責成之外

河自雲梯關而下至於海口爲兩河朝宗要道每隄一里必須設兵六名每兵一名管隄三十丈隄根栽柳務活隄旁蓄草務茂隄内則乘暇添土逐漸幫寬每二里半建一墩令兵十五名居於墩側每墩給浚船一隻各繫鐵埽箒二箇於船尾繫繩以五丈爲度每月之初一十一二十一日兩岸墩兵各乘浚船或布帆或鼓棹或纜錨下鐵埽箒於水底溯流刷沙往來上下必令五丈之繫繩不能到底而懸鐵埽箒於水中方止兩岸共隄一百六十里設兵九百六十名給船六十四隻再設兵二百四十名給船十二隻專令浚隄外之海口一帶淤沙自雲梯關至海口應共設兵一千二百名守備一員千總二員把總四員給浚船七十六隻各分汎地而責成之自雲梯關而上南岸至清口北岸至清河縣各長三百里每里設兵三名每兵管隄六十

丈五里建一墩令兵十五名住於墩側每墩亦各給浚船一隻鐵埽箒繫繩以四丈爲度應共設兵一千二百名守備一員千總二員把總四員浚船八十隻亦照前法責成之自清河縣至宿遷縣兩岸各長二百里每里亦設兵三名每名亦管隄六十丈五里建一墩令兵十五名住於墩側每墩各給浚船一隻鐵埽箒繫繩以三丈五尺爲度通共設兵一千二百名守備一員千總二員把總四員浚船八十隻亦照前法責成之自宿遷縣至徐州西兩岸約各長三百里每里設兵二名每名管隄九十丈五里建一墩令兵十名住於墩側每二墩給浚船一隻鐵埽箒繫繩以三丈爲度通共設兵一千二百名守備一員千總二員把總四員浚船六十隻亦照前法責成之内河自清口西南至瞿家壩南共長一萬八千餘丈應共設兵四百名每兵管隄

四十五丈五里建一墩令兵二十名住於墩側隄栽密柳坦坡蓄茂草坦坡之外二十丈俱密種茭荷蒲葦菱芡之屬爲永遠護隄之策應設守備一員千總一員把總三員運河由清口至邵伯鎮南約長三百三十里每里設兵二名每名管兩岸隄各九十丈五里建一墩於西隄令兵十名住於墩側其栽柳蓄草等項俱照翟壩一帶之法責成之應共設兵六百六十名守備一員千總二員把總四員以上六營共設兵五千八百六十名俱設步兵而無庸設馬內以一分爲百總管隊准支步戰兵糧餉其餘九分俱支步守兵糧餉其應設兵五千八百六十名容臣移會江督臣於江蘇所屬額兵內抽調步戰兵五百八十六名步守兵一千四百十四名尙缺步守兵三千八百六十名容臣遴選召募每兵每月給銀一兩米三斗每歲共需銀四萬六

千三百二十兩共需米一萬三千八百九十六石連守備千把總等官之俸薪馬乾等項每歲約需銀四萬九千餘兩應將淮揚徐三府州屬併靈璧一縣額設之堰募隄淺等夫查明全裁即以夫工充此兵餉其不敷者容臣於河庫錢糧內通融撥給歲需米石亦於河庫內動銀買給一併容臣於年終報銷至應給浚船二百九十六隻必須打造每隻約用銀三十四兩共需銀一萬兩已經臣於第六疏內　題明矣其各弁兵建曠朋扣等項照例扣貯以爲各處歲修及修艌浚船之用其各官兵不必設造盔甲只鎗刀械幟之類俱令自備如各弁兵所管地方隄坡堅實日漸幇覓並無浪窩殘缺之處柳密草茂外河之水果深五丈四丈及三丈五尺不等內河坦坡之外茭葦荷蒲盛長如是三年無異將該管守兵拔爲戰兵戰兵拔爲把總把總

拔爲千總千總拔爲守備有缺即題陞無缺則報部照伊應陞之缺遇缺即陞如各弁兵所管地方隄坡不堅或並不幫寬及有浪窩殘缺之處并柳稀多枯草被芟割外河之水不及五丈四丈三丈五尺三丈等深內河茭葦荷蒲廢弛不種兵責四十板枷號一月穿耳徧遊示衆仍革去糧餉另行遴補千把總革職守備降二級調用若各弁兵該管地方因循闒茸以致衝決隄岸者官革職拏問兵從重處死以上俱責成總河臣親往確驗幷不時委官差人嚴查密察務使各弁兵人人警畏不敢稍弛如此則賢否別而勸懲昭利害攸分當莫不勉勵鼓舞共相守護保全河道之人多而陰謀廢壞之徒無可逞其姦計若果久而無替雖百世可保無虞不特三年而已也至於一例之河道而臣議設兵船乃有多寡之殊者蓋下流既通則上流可無意外之滯是以外河獨重於雲梯關以下也又慮水底之事目不能及設有意外驟淤之處其本汛浚船不能即疏則又當立調各汛船兵協力疏浚各疏本汛以守其常通融協助以防其變而黃無慮矣黃河無意外淤淺之事則淮河自是安流淮河安流則運河益可無恙翟家壩一帶之兵倍於運河者翟壩一帶當淮河之衝爲上流最要之地也又查歸仁一隄已經侍郎臣折爾肯等同臣察審具　題現在候　旨俟　命下之後應作何接築竣工之處容臣另議　題請至其間或更有應損益增減及一切未盡事宜有無庸瀆　聽者容臣竟自舉行有必當上　聞者容臣隨事入告可也抑臣更有陳者凡一切工程需用錢糧多寡之數雖皆臣確核估計然凡有可以設法節省之處臣自當格外力求節省至一切隄岸河身之遠近丈尺有

按册而稽者有無案可稽約里而計者雖無大錯然其中細數或有與疏內未必恰合者統容臣於臨時確丈爲準若夫臣條奏八疏內之一切事宜有臣親自勘驗復採輿論酌妥定議者有臣雖訪實情形而無暇往勘特遣的當親信之人確驗繪圖向臣一一陳說斟酌定議者總以事關國計民生如臣之庸愚斷不敢偏執已見惟有廣集衆智竭臣之駑力愚心以仰答

皇上已飢已溺之懷并脩拔微臣之殊恩於萬一而已至於黃淮爲患延蔓多年倘獲邀皇上齊天之福得以奏績則運道民生俱爲萬幸設臣才術淺昧料理失宜以致徒縻時日虛費錢糧無益於民生運道并旋修隨圮限內沖決則請將臣從重處分以爲後來溺職者之戒統俟工成告竣之後恭請

皇上特遣大臣確驗定奪者也靳文襄治河書

按靳文襄後疏請以一兵管隄四十五丈日則催夫運土勤督夯杵夜則看守料理照管車輛惟力少工長難期寬厚擬每兵一名聽其自募幫丁四名同住隄上共相守助至幫丁必須代謀生計請嗣後凡一百八十丈以內俱爲河地將此地分給幫丁耕種如原係荒地即令幫丁開墾或間有現在納糧之田即令業爲幫丁庶人力益衆而防守益密嗣和碩裕親王等會覆第一第二第三第四第五第七等疏俱奉旨依議第六疏奉旨治河著動用正項錢糧捐助事例候旨行第八疏奉旨沿河地畝撥給兵丁又强令地主作爲幫丁著再確議後議覆不行見行水金鑑

論開關海口曰雲梯關者不知名自何時乃黃淮二瀆所由以入海者也往時關外即海自宋神宗十年黃河南徙距今僅七

百年而關外洲灘遠至一百二十里大抵日淤一寸海濱父老言更歷千年便可策馬而上雲臺山（雲臺山在安東縣海外東北二百四十里道光年已與岸相連可策馬上山矣）理容有之此皆黃河出海之餘沙也自河道內潰會同之勢弱下流不能暢注出海而海口之沙日淤海口日淤而上流愈墊以致漫決頻仍內訌而不之止故凡議河事者莫不力言挑濬而不知其勢必有不可者何也挑濬之口最狹淺亦須寬至里深及丈方可通流以土方之算授工計萬夫三日之力不能及於一里且漸近海濱人難駐足加以滔天之潮汐一日再至不特隨浚隨淤尤恐內水未及出而潮水先從之而入矣夫海口之高皆因關外原屬平廠漫灘以故出關之水亦隨地散淌散淌則無力無力則沙停耳潘季馴有言海無可浚之理惟有繕治隄防俾無旁溢則水由地中沙隨水去也爰是

自清口以下至雲梯關三百餘里挑引河以導其流於關外兩岸築隄一萬八千餘丈凡出關散淌之水逼束於中不得外溢則沖沙有力海口壅積不浚而自闢矣　論塞決先後云河水當泛濫奔溢之時其決口必非一處或大或小或上或下議塞者莫不先大而後小先上而後下而不知其理有不然者蓋大口難塞非踰旬累月不能竣迨大口工竣而小口又復汕刷而成大雖用裹頭埽護之法第能使之不闊不能使之不深然亦未有中泓既深而兩端不塌陷者則是所塞之工處處皆大口矣夫大口既寬闊至於成河止矣必不至更刷而大急將諸小口盡行堵塞而後以全力施之大者至於先下而後上從事甚易其理亦然截其尾毋攖其鋒下口既截而後以其力施於上或挑引河或築攔水壩或中流築越壩審勢置宜而大者小者

當亦無有不受治者矣　論量水減洩云至柔莫如水然苟不得其平則雖天下之至剛者不能禦平水之法奈何曰量入爲出而已今使上流河身至寬至深而下流河身不敵其半或更減而半之勢必懷山襄陵而潰決之患生夫河面窄狹之處或城鎮山岡不可開闢我則於其上下流相度地形多建滚水閘壩及涵洞放入通水之溝渠以測土方之法移而測水務使所洩之數適稱所溢之數則其怒平矣至其下或復寬闊如故又恐其力弱流緩沙停則仍引上流所洩之水歸之正河以一其力則雖以洪河之浩瀚而盈虛消長之權操之自我不難擇便利而疏導之矣　論防守險工云防河之要惟有守險工而已黃河之易決莫如中州其地土鬆而沙多每一坍塌輒至數百丈然其地寬廣不與水爭地其築隄甚遠至近者亦三五里此

隄不守復築一隄以守之河流去隄身既遠則游波寬緩亦不能深入勢必復引而他去而淤灘仍爲平陸故雖險而易守也江南自徐邳而下大抵皆城郭室廬村鎮繁庶不得不畫地戒嚴亦其勢然矣守險之方有三一曰埽二曰逼水壩三曰引河三者之用各有其宜當風抵溜其埽必柳七而草三何也柳多則重而入底然無草則又疏而漏故必骨以柳而肉以草也禦冰凌之埽必丁頭而無橫何也冰堅鋒利橫下埽則小擦而靡大磕必折也然埽灣之處則丁頭埽兜溜而易沖必用順埽魚鱗櫛比而下之然後可以擋溜而固隄至十分危急摟根刷底上提而下坐埽不能禦則急於上流築逼水壩回其溜而注之對岸或一二三道若止一道恐河流悍烈壩一摧而隄即不可救也若開引河則其費甚鉅又必酌地形而爲之若正河之身

迤而曲如弓之背引河之身徑而直如弓之絃則河流自必舍弓背而趨弓絃險可立平若曲折遠近不甚相懸河雖開無益也。論堅築河隄云防河之法首在於隄然隄太逼則易決遠則有容而水不能溢。故險要之處縷隄之外又築遙隄以備異漲隄稍瑕即潰與無隄同必選擇淤土每覆土一尺即夯硪三回築畢用鐵錐杵孔沃以水水不滲漏爲度然亦有純淤土而滲漏者則其土必太堅錐不易入其捍水尤有力且土必龜拆爲驗隄之高卑因地勢而低昂之用水平打量毋一概以丈尺爲準以水面爲準築隄之法陡則易圮如隄根六丈頂止二丈俾馬可上下隄面及根必多種茸草以蓋之蓋草能柔水性能庇雨淋而坦坡又可殺風浪之怒也其取土宜於十五丈之外切忌傷隄空取以致積水成河刷損隄根然取土有遠近難易

之辨故其工值之多寡視其遠近難易而增減之又土方之數有虛實上下之辨故其工值之多寡復視其虛實上下而差等之隄成之後必密栽柳葦茭草使其茁衍叢布根株糾結則雖遇飄風大作總不能鼓浪衝突此護隄之最要策也　論堵口諸要云河決之始如用埽裹頭以防汕刷築逼水壩開引河發樁必須深釘入底以防懸空誤事河防一覽所載備矣至於沉繫埽箇全在揪頭繩索其力尤重於樁樁須多而肚埽必重而後沈當柳七而草三塡土之後倘埽工之外忽起翻花大浪急須於隄內下埽塡土晝夜壓截其翻花浪起於數十丈之內猶易若起百丈之外則危矣其隄工若但坍毀而平下猶可塡土加埽若一懸空則危矣若內外傾欹亦不可救堵決者不可不知也　論就水築隄云於水中築隄取土甚遠或至數十里外

工費不貲者當用水中取土之法其法先定隄基隨用船裝遠土於水中築成圍埂其埂出水二尺中闊三十丈長五十丈圍埂既成用草料防護隨將埂內之水車乾然後於離隄基十五丈之外敔土挑至隄基之上密加夯硪築成大隄其隄如應頂寬二丈底寬十丈高一丈六尺每隄一丈用土九十六方連船裝築埂之土并車水防埂一切夫工器具料物以及陰雨食米等項每方約需銀二錢六分較之尋常就遠取土之費約省過半　約言六條云一築隄不可草率也未築之先宜相度形勢擇高阜老地勿近窪下河形蓋地高多好土地窪多浮沙丈量估計之時須用水平打探逐段分削高下樹立封墩假如估隄高一丈頂寬三丈底寬九丈此六收法也忽遇一段較兩頭地勢窪一尺則將此段估高一丈一尺頂仍寬三丈底寬九丈六

尺窪一二三尺者照此遞加庶隄工告成方得通長一律即使水至隄根亦無窪下漫溢之患凡隄有縷遙越格戧之別臨河者曰縷離河遠者曰遙遙單薄而為之重門者曰越越有裏外蓋在因時制宜間於遙越之中者曰格慮河勢變遷臨河隄工萬一失守水遇格即可捍禦大溜逼近隄根欲為捲埽之基或隄工有滲漏之病於背後幫貼者皆謂之戧臨河用臥羊坡一名走馬坡是外坦裏陡四二分收便於下埽也遙格則用馬鞍式內外平收可也至將築之時先委明白工程官一員監築然後分派承築各員須用封墩號橛寫明官銜段落高寬丈尺令承築各員先將分派本工地上行硪二三徧再加新土是平地之病根已除他日可免蟄陷浸滲此後每層須用潤澤散土毋用焦乾大塊蓋潤散則遇硪即固盛水不滲焦塊則夯硪不膠遇

水即漏以虛土八寸行硪三徧打實五寸如此層層到頂必能堅固又慮兩坦硪力不到務用散潤老土普面蔓蓋數寸行硪四五徧播種草子經春草根固結庶無水溝浪窩之患雖估計有水旱遠近之別第硪工甚鉅若將舊頭負硪亦足以工完公築隄者止可令夫頭包土。切不可令夫頭包硪恐其厚土坯而惜硪力也。至上初層土必硪行一律。再加二層土必免虛鬆之弊。又往往一工之中夫頭數人包攬承築即分為數段恆有狡猾之徒於交界處所各留尺餘不肯做足彼此推諉致成合漏。及至工完始將合漏一坯做成夯硪不到雨過即成水溝眼牛藏象之病實基於此務令監築官逐層稽察試驗不許留有合漏遇有交界相接處押令加土行硪庶無貽誤又築隄最忌流沙夏冬二季流沙遇風即飛颺遇雨即坍淋即使本工並無好

土於築成後。亦必遠處尋覓老土。三面各蔓蓋五六寸。行硪數徧方免剝削卑弱之病。夏月土鬆易於蟄陷。冬月土凍不能凝固。非緊急搶險。仍擇二三四月八九十月農隙土堅修築得宜若夫增卑培厚尤當加意稍不經心隄工必致新舊不膠難資捍禦加幫底寬若干即照平地行硪若干寬再將老隄坦坡樹木草根剷盡。坡上切成階級樣子。每磴寬尺餘。與新土層層犬牙相呑。如式平頂將頂上草根剷盡。頂土挖透半鍬。俾新舊聯絡。然後普面逐層加高。斯可無蟄裂之患矣　一修守不可輕忽也新舊隄工宜未雨綢繆司河員弁於冬末春初百蟲起蟄之後往來隄上細看兩旁坦坡有積雪凍疏之處以及獾鼠爬掘之迹並指頭大小窟穴即令兵夫用鍬挑透。覆以新土。大則行硪。小則夯杵。舂修既堅後值大雨時行茸草盤結即無水溝

之患。凡隄頂雨過有窩名曰井穿此因築隄之時或係冬月凍土或係膠泥大塊壘砌成隄硪力未到橋擱棚架於中百蟲乘虛鑽入大雨一過卽成穿井由頂及坡深四五尺不等始則大如箕斗。塡墊不得其法。愈沖愈大。竟有塡土數方而不得滿者。此臨河水漲時多有沖決之害也。塡時須將井穿內浮土盡行挖去，仍於週圍本土各挖五六寸，只清至出水之處，至四面無空缺而止。先用夯杵逐細杵打數徧，再加新土數寸，著實杵打，如是層土層夯，塡與老隄相平後，另用碎土四五寸覆蓋井穿之上，並蔓老隄四圍各尺許，庶徐徐蟄平，再雨不得滲漏塡水溝亦依此法，方能一勞永逸。切不可用柳稍爛草塡塞，亦不可用膠泥大塊補墊，恐蟄陷虛懸，爲貛鼠之窩穴，成異日之險。要至捕貛鼠之法亦宜急講凡貛有行住之分舊隄多住貛新隄

無隙可乘則行貛不能成窩住貛有用大椒陳棉同搗於洞口燃煙薰之者有覓獵犬捕之者有張小網於洞口兜之者其法不一運用在人若捉鼠則用地弓鐵簽迎風開洞百不一失耳

三下埽不可漫浪也險將至而旱地下埽者名曰等埽險已至而挑槽下埽者是謂搂崖順隄根初下者謂之肚埽埽外邁埽謂之面埽是謂二路一層沉水埽上加埽謂之套埽是謂二路二層此上釘鑲散料謂之廂墊下埽之時須詳審地勢相度情形先於隄根數尺外挑深槽卽以槽內之土平鋪坦坡墊成埽臺以便捲埽先下藏頭埽凡埽要小頭大尾一名鼠尾埽一名蘿蔔埽上水小頭下水大頭以便二埽小頭藏於大頭之內二埽下水大頭又可藏蓋三埽庶大溜順埽挑開。不能掀揭埽頭。致有走埽之虞。凡遇險工估計料物甯有餘。毋不足。每見滑

規估埽一丈簽樁一株執此膠柱鼓瑟之論毋怪乎蟄陷卽走埽也何則初下埽箇仗揪頭滾肚諸繩挽拉之但月餘卽腐朽矣全賴長樁釘埽於下而管束廂墊於上也三尺一樁也可五尺一樁也可果係迎溜頂沖雖香爐脚梅花瓣亦無不可獨是豫省樁木每株只銷銀二錢七分而購辦每株有用一二兩不等者用多則賠用少則悞此不知變通者不可與言工程也果能保固要工決無令河員墊賠之理萬一貽悞身家性命係之

四防險不可玩忽也三汛之中有首險有次險焉凡水浸隄坡及埽工平、蟄謂之明險卽次險也若相機加廂估做防風小心保護俱可抵禦惟埽下有貓洞串水內潰埽臺依然平整隄坡先已縫裂漸至樁尖外奔水底抽撤物料崖塌埽爬蟄陷無已及隄內有貛窟或凍土大塊玲瓏其間卒遇異漲之水沖刷

坦坡引水內注致成漏洞謂之暗險卽首險也搶險者不可忽略亦不可慌亂急令善水之人入水細細探摸看貓洞在何處一面於進水埽邊密密簽釘大樁隨蟄隨廂一面將裂縫隄坡順埽鍬挖約及進水之處盡去裂土急以輭草如麥穰豆稭之類迎水塡塞待水流不溜再用散草順埽塡塞愈緊愈妙切勿壓土俟塡平本埽然後通身加廂壓土須外七裏三方爲穩妥總之埽內宜輭不宜硬宜輕不宜重也。輕輭則水入沙停、合而爲一。硬重則橋擱攻擠。必致內潰。莫可救援、諺語云隄上不下埽。埽上不打隄是也。所謂隄上不下埽者必須挑挖深槽、使埽平蟄入地。捍水於外、護隄於內也。倘埽不著實、勢必摟根潰崖。埽張隄裂。搶護不能施力而埽走矣。所謂埽上不打隄者緣埽係輭物易於腐朽加土其上久之蟄陷成坑卒遇頂沖舊樁爛

埽遂架其中水必乘虛汕刷補救不得其法勢必穿隄而成決口矣又有順長埽中間成險走失一段即將上下兩埽簽釘大樁（乾隆以後黃河不用樁防其架空不便加廂惟永定河仍用樁以水淺於黃河也）然後照空補埽務細細探明兩頭有無暗樁或齊頭或馬面此埽不長不短適妥其中始為有濟短則有貓洞長則橋擱下虛不能著實反成大險是補埽不可不慎也至若堵塞漏洞更宜詳慎切勿著忙斷不可在下水頭亂塞恐愈塞愈大反釀成禍胎惟沿隄細看見有漩窩即是進水之門須探摸洞口大小或鐵鍋或襖被徐徐塞入再用碎土順洞口四面加土成井出水尺餘始用土一筐一筐填入井內再於井外用軟草柳梢撳紮埽由簽釘水內層層釘廂防風出水二三尺即可保護無虞或臨河一面水溜不能施力即於隄背後星飛買土搶築小月隄以閉其氣待高出

治水述要卷四　四九

漏洞進水之上約三五尺內外水平即不流注大河水退再用土填實俟秋汛已過將大隄挖開清去病根層土層硪以資鞏固若夫串水裂縫之時不加省察及至搶險又無章程以至隄坡走漏而不知搶護倉皇而無法雖日費斗金亦奚益之有司河者與其葺籬於亡羊之後不若徹土於未雨之先也至於頂沖埽工冬月亦宜防守謂之凌汛慮其剷刷埽箇須於埽外豎木護之迨天氣融和即架小船沿埽查勘遇有冰凌剷刷空虛之處即便掘挖到底至平整處止或套埽或加廂如式填平與上下埽齊層層騎馬再釘長樁一入伏汛決不致有貓洞串水之患而埽工亦不過平墊而已孰費孰省於此可見

五形勢不可不熟悉也蓋廳官要知一廳所屬之全河水勢情形汛官要知一汛全河之水勢情形以及隄工之高卑厚薄離河之遠

近險易並有無支河引水內灌廳官每季自源至尾閱視周徧某汛某處係埽灣迎溜坍塌崖岸離隄較近或於對岸迎溜處切嘴或於本身坍塌處切坡掛柳此防患於未然之法縱使不能挽回亦得差緩其勢。而我從容以禦之。汛官每月一查遇有此等坍塌地方報明本廳協同勘驗先期修防俾不致卒成大險有臨事周章之患凡隄工單薄之處離河稍近亟請加幫以資防守如有支河形或現在流水者或將來出槽水溢者即便相度情形看流處深淺寬窄細視此河有無直射隄工若無礙隄工俟冬末春初堵之倘有妨礙當去大河邊百餘丈擇兩岸地勢最高處水淺而漫者急用乾土踹坯築成大壩俟出水二三尺方可行硪硪畢則糊漿不能斷流難以成功水溜而深者兩岸盤廂馬頭用物料迎溜吊纜軟廂背後跟土填堵一名吊

纜廂一名神仙埽堵塞淺水漫口亦用此法先在上水頭打橛兩排將大繩頭挽結橛上或一尺一條或二尺一條繩尾渡過對岸亦挽橛上或繫纜小船之上徐徐鬆繩俾兜物料著地每廂丈餘即釘簽樁數株以攔之而背後之土緊緊跟隨以閉其氣河寬則兩岸吊廂中間台龍河窄則廂至對岸可以合龍合龍之後務令背後土壩斷流壩上重重壓土。多多簽樁。方免洩氣蹶埽之患。仍於壩後百餘丈再築土壩一道。堵支河壩須與大隄頂平否則長水依歸竄入越壩跌塘也以爲後靠。若乾河形惟擇兩岸有高崖處將河形內草根等硬物去盡先行地硪二三偏一如隄工之法層層堅築須坦坡寬長兩頭勿陡直宜漸坡去方無串刷之患築成之日務尋真正老土通身漫蓋尺餘厚行硪四五偏庶水至不能汕刷凡堵支河土壩臨河一面俱要用防風。以防汕刷。正壩

之後。再築等壩一二道。以作重門。所謂不一勞者不久逸。不暫費者不永甯也。　六訓練兵夫不可不有素也凡事熟悉則生巧疏懶則費力即如下埽簽樁廂壩壓土極易事耳一念及運道民生則關係甚鉅絲毫不可輕忽平時並不講究一旦興工盡聽兵夫任意佈置其間稍有知識者固不乏人而愚蠢不諳者亦復不少每遇大工搶險之際互相觀望參差不齊考其樁埽之名件則全不知曉問其水勢之順逆工程之險易則應對茫然萬金工程倚若等爲保障是何異開門而揖盜乎故孔子曰以不教民戰是謂棄之此訓練之不可稍緩者也訓之云者耳提而面命之也練之云者按期而考驗之也每逢朔望之日集兵夫於公所而問之曰埽有名件有漕規爾其識之乎比如埽高一丈長十丈用柳幾何用草幾何用纓纜幾何用箍頭繩

纜幾何樁幾株橛幾段彼如曰不知也乃告之曰用四十觔重乾柳一千八百束用七觔重草一千八百束纓二百套纜二百套用五觔重箍頭繩七十條五十觔重滾肚繩六條五十觔重揪頭繩四條五十觔重穿心繩一條用樁十條橛二十段捲紮埽心要圓緊抱結各繩要牢穩留橛之後要倚橛橛上要戴帽戰繩捲結埽身鉤繩摟於埽外守繩要細心鬆緊聽號令廂填埽眼用柳三百束草三百束無柳即以秫稭代用釘樁要靠山外四裏六樁尖要分所條細庶不棚架廂填張口穿心抽撤物料致成險工埽未沉水先於臨河一面繫小枕簽釘埽旁謂之挂簑以便用土壓埽平水面再用物料箇釘廂須解散廂搭宜平整壓土要均勻埽未著實須聽樁下有響聲埽若陡蟄先用大繩攀樁頭層層騎馬乃係廂填之鉤鍋密密簽樁實屬固埽

之根基埽灣用順埽以摟之頂沖須建壩以挑之如何塞貓洞如何堵滲漏如何堵水溝井穿如何捕獾捉鼠照依修守條內之法教之如何謂之三汛曰桃伏秋如何謂之四防曰風雨晝夜如何謂之二守曰官民協力風防怕汕刷急廂防風以護之雨防怕沖淋隨時塡墊以補之晝防怕漫溢相機加高以禦之夜防怕盜決張鐙鳴鑼以巡之官者河兵堡夫也民者近隄百姓也兵夫止可防守平時若遇伏秋異漲之水全賴民人協濟當異漲之時水溢隄岸埽若加高或內外皆水欲廂塡或料物缺乏搶護稍遲隄必漫決埽必漂走倉猝搶險不可不知多集人民就借本隄之土築一子堰外繫埽由壓土廂塡外邊多籤小橛仍用繩繫在隄坡埽由內絮輭草壓土以防風浪掀揭俟物料運到挨次廂塡庶無貽悞此名曰打圍子每逢朔望日則

逐條訓誨之每初十二十則逐條考驗之令其自捲或長一丈高一尺小埽件件應對如式者記功賞勞不如式者或記過或薄責庶賞罰明而人心服如是按漕規由高一尺至高一丈以外者陸續指示之俾習以為常久而貫通卒遇險工自然隨機應變協力同心況豫省兩岸河弁皆可於若輩中遴選補用由是兵成熟諳之材官收指臂之效豈非河工第一要務乎　搶頂沖大略云搶救之法莫難於頂沖其力專其勢迫治上游則直來而不可遏截治下隄則礙隄而不能舒展如隄外灘地尚相去大河百十餘丈或百丈則相度水勢所射之處於外灘地內離隄三四十丈飛掘丈許深槽捲做高丈許釘埽先期埋入槽內用椿籤釘然河勢直來遇埽阻必折而下流其所埋釘埽須預擬形勢挨次自上游迴薄之處起順水之性或百丈或七

八十丈下至稍可舒展處爲止庶臨期不致倉猝若離隄甚近則卽於大溜內先用順埽保護一面仍於順埽外捲下釘埽均照大溜長短以定埽箇多寡俟水勢稍彎則或用挑壩或用雞嘴照治埽灣之法自堪保固總之埽灣頂沖之處莫善於未險之前先於隄內創築裏月裏月隄須較縷隄加高加厚預備縷隄破後能禦頂衝然地勢高於河身則可若是窪地卽不必做緣縷隄處旣破溜急直瀉地勢旣窪易引正溜裏月安能禦之總不如預廂埽段爲穩或先積甎石多拋摟護埽岸亦是妥法以備不虞實爲事半功倍但月隄宜寬宜遠下水更宜長以便轉灣不宜逼近大隄耳　魚鱗埽云魚鱗埽卽小雞嘴埽或相去十丈或相去二十丈重疊遙接如鱗砌者也然此埽惟用於絞邊拖溜直河或攙用摟崖順埽之內其頂沖埽灣無所用也至於座數之稀密多寡在因地制宜而已　堵塞支河法支河有兩樣堵塞之法亦有兩樣如一種上有河頭

當河水初長時水卽由河頭流入在灘地內轉折迴旋遠者數十里或數里仍歸大河此上有河頭下有河尾者也堵之之法當先塞河頭蓋黃河灘地臨河必高靠隄必窪因此處旣有河頭則不能如河岸同其高阜故一經漲發由河分注且以有源之水長流於穿溢河形之內其勢必急若於灘地之河身內築埽橫截外高內低必致漫埽而過每漫一埽必沖跌一壩非徒不能堵適足以激水怒以益寬深漸至妨礙大隄故先於河頭高阜處所擇支河有崖岸之處約去大河百十丈或數十丈堅築內外大坦土壩一條必須外坦廂做防風裹頭方爲萬全其灘內一帶河身中亦擇其淺隘處或相去里許或相去一二里閘段做束水小壩如石閘形各留中間口門數尺或丈許使水仍可通流庶河水初長未及漫灘之時則河流分頭之水至壩

卽仟壩外所流河身百十丈不過數日亦可淤平則河頭门數十丈已極高寬非普面出槽涓滴無由分入矣及至普面出槽之時一帶河身復逐段有束水小壩如水比地高則壩沈水內河內之水不過與灘地之水同一漫流必漸淤漸積迨河水稍落縱使河身尚未全淤然水爲束水壩所阻且上無來源河水愈退則淤墊愈增支河之至寬深者歷伏經秋必然盡成平陸又有一種支河上源並無河頭因內地甚低當河水出槽之時匯歸於低窪之內聚而成溜日刷日深亦轉折迴旋於灘地之內或數十里及數里然後歸入大河此則無河頭而但有河尾之支河也如不爲堵截恐年復一年河頭一成內地旣窪則更爲難堵此種河形宜先於河尾緊靠河岸高阜處堅築內外大坦土壩一條截其去路再於灘內河身淺隘處亦間斷做束水小壩惟中間留口門又當有寬窄之別蓋此等支河必灘地內原有至窪之處非數頃卽數十頃者積滿之後然後由最低處衝而成河故凡近窪地之頭一束水壩須寬留口門庶使窪地之水不致漫跌其下各壩則愈遠口門愈小而窪地必淤河形亦平矣

挑水壩凡建挑水壩宜於埽灣之上游相度水勢初灣之處酌量大溜離隄若干自河岸起約計大溜一半之處應築挑壩直長若干丈如溜急水深則宜自岸至溜全用埽箇如估建直長一十丈壩面寬十丈方合大溜之半者則靠岸起手之埽應估下高一丈長二十丈埽一路外再一路減長一丈計長十九丈依次遞減至第十埽則共計直長十丈壩面寬十丈之數如水深高一丈之埽不能到底則照底埽之長加套埽一層或高幾尺或高一丈或不必套埽廂壩亦可總以堅固足資

捍禦爲主其上下水雁翅下水須比上水長十分之二亦酌量
斜長若干應分爲幾埽估計捲下如水淺溜緩靠岸頭埽則與
頂溜門埽其長相等上下水雁翅或應下斜長順埽內用廂塡
或止用廂塡相機估做亦以下水之長比上水多十分之三爲
度再加挑壩一座大溜不能遠去可於頭壩之下相去數十丈
或十數丈之處再做挑壩一座接連再挑則水自開行矣然兩
壩相隔中間之空處俱須下藏頭摟崖順埽或一路一層或兩
路一層卽第二壩之下亦應下藏頭順埽摟崖約至溜緩處爲
度則隄堪鞏固亦無迴溜之虞大凡埽灣之處其未灣之先必
頂沖直下惟前路爲隄岸所阻不能前進然後折而爲埽故埽
灣之處多由上游俱係嫩灘或去隄太遠不能於上游覓安當
建壩之基不能不就大溜灣處建之又恐對岸沙嘴逼近大挑

則溜難舒展必至出而復反致成迴溜其爲險更甚則宜做扇
面壩以挑之扇面壩卽挑水壩之圓而長其形如扇面者是也
下水亦應佑藏頭摟崖順埽　挑掘引河法凡黃河埽灣之處
對岸必有沙灘灘在北則南隄險灘在南則北隄險治水之法
除於險處做磯嘴下護埽幷創築裏月之外救急之善莫過於
沙灘之上挑掘引河爲效甚速且河成之後險亦永平誠一勞
永逸之計也然挑之畧有未安則糜費正復不少蓋黃河埽灣
之處其大溜必直走險工一岸沙灘上游盡屬漫灘且灘地雖
似高阜其沙灘之腳必自河底斜坦而上始出水面是水面下
尚有沙灘難以挖掘若貪近省費不遠尋河溜可接之處安立
河頭縱河已告成斷不能掣溜入河一經開放立見淤塡或因
河不迎溜乃於對岸做挑水壩以逼之若河寬壩短則不能挑

溜歸入引河終屬無益若大河原窄必溜急水深則下流既扼於挑壩對岸復阻以沙嘴勢必去而復返挑壩之下激成迴溜倒崖撞隄變態百出是一險未平又增一險更費周折此未估挑河之先當遠覓河頭不可草率者一也河頭既得之後自必依形順勢相度河尾以便估計然自頭至尾一河之長遠者非數十里即一二十里近者不下數里如此緜遠河灘之內能保其無忽高忽窪之處若衹以意見荒度不分高下一概遂定寬深開放之時地高之處必致淺阻恐深窪之處亦成淤墊況高者宜深挑河面當加寬窪者宜淺掘河面可收窄庶費所當費省所當省兩皆合宜故估計之法其初次丈量先於應掘河身內封土作堆以計丈尺再估之時即於封堆上用長竹各插望竿一條務使一律條順直達河尾不可灣曲曲者移之條順之

後然後用水平或三十丈或五十丈挨次打量記明某段高若干某段比某段低若干照依高低科算土方通核錢糧庶無貽誤此估計之不可草率者二也又估計既定之後自必按段分委人員其河頭河尾兩段必選平日諳練之人方可委任將新到學習與不甚謹慎之人俱派委於河身之內蓋河之頭尾關係通工且河性無常消長難測苟素非諳練不知利害則輕忽從事倘一經暴漲或有坍塌則河未全完水一內注則全功盡棄故河之頭尾須寬留灘地或百丈或八九十丈仍量儲柴草以備不虞方爲萬安此分工不容草率者三也又分工之後自必發帑募夫若發銀太少則遠夫不𣪍盤纏不能應募發銀太多則便滋花費恐後有累工欠帑之弊須酌量每河一丈該掘土若干方値銀若干兩先發十分之四以人夫之住居遠近牽

算每夫一名約先給銀二錢假如每河一丈該土六十方每方銀八分該銀四兩八錢約先發銀一兩八錢該募九名每夫牽陰雨停工每一日計掘土七分每日可掘土六方嗣後餘銀計工續發可無貽累之虞矣此發帑當斟酌者四也又人夫到日自必與工挑掘然不必先挑河土令各員責令各夫頭如分工二百丈者先於夫內撥夫四百名於河身兩岸相去十五丈之外順長掘小溝一條約面寬四尺深二尺段段相接自河頭直至河尾不過一日便可全完仍令各夫頭各覓木橛或門板木板於小溝上搭橋爲路凡所掘河土俱令過溝外遠去堆起依順小溝順長堆積堆至各段之土兩相連接約高四尺後方令其往上再堆不許一筐棄置河邊被奸夫充塡假崖致少尺寸如此則堆積之土既可無假崖之弊且開河之日坍塌不過岸

土水力能勝使土隨水去易於寬深而無積土壅塞之患即未經告成之先外有積土阻攔遇暴漲可免淹漫下有小溝通流遇大雨可以宣洩此初興工之所當斟酌者五也至於掘河又不可普律全掘如第一段長二百丈第二段亦長二百丈令第一段夫頭除河頭灘地一百丈外再於所分之內留第一百丈不挑先挑第二百丈第二段夫頭之二百丈則先挑第三百丈留第四百丈不挑將此兩段挑完之後然後第一段夫頭挑第一百丈第二段夫頭再挑第四百丈又須將已挑完一百丈與未經挑一百丈之交界處仍留土埂一條約寬四五丈俟未挑之九十五丈通身挑完之日方掘此土埂蓋因河土甚多非計日可竣之工能保無連陰積雨有淹沒土塘之患故二百丈之內先掘一百丈則雨水有所容蓄不致淹沒凡可免於車戽之

費所以於交界處仍留土埂者恐後挑一百丈之時遇雨則又上下通連仍舊被淹是以必於挑第二百丈全完然後盡掘土埂無水固妙卽有水以一百丈之水均於二百丈之內水深不過一二尺始終總無曠工總無賠累矣此挑工宜分先後者六也又全河挑完之日自必待大水長發開放開放之時先掘河尾平地十分之三始率夫挑掘河頭蓋河尾無溜不能撞刷卽單薄滲水尚易收拾若河頭先開河尾未完則水一進便恐淤墳此又開放之不可不慎者七也

隄工補漏法　隄工當外灘水長之時忽然走漏前人有覆鍋塞絮之法然但可堵些微滲流如或隄內有井穿獾洞則外面似無大壞不知隄內已屬空虛一塞不止則再塞一覆不止則再覆甚至塞草包掘隄頂一陣手忙腳亂將浮面些須老土蹂躪塌卸則勢如湧泉不可復

救凡遇此走漏之處須細看隄外之水如不過淹隄二三尺隄內平地不過比外地低矮一二尺過水不甚大者可飛調人夫卽於隄內走漏之處緊接大隄急築長十數丈或三十丈底寬八九尺面寬四五尺高五六尺小月隄一道攔定走漏之水勿令伸腰出頭聽其流滿月隄內之空處則內外相抵不致過水矣然後從月隄兩頭挨次用土實填於水池之內做成小戧隄一條則可保鞏固萬不可先於漏處用土加幫恐夫少而不能立成人多則必致反損大隄致有前病此內堵之法也如或隄外水深五六尺隄內平地又比外隄矮數尺則倉卒相乘何能築此高厚月隄則宜飛運輭草如無草堆積之處則暫拆附近民房苫草於隄外坦坡下或長十丈數十丈挨次鋪廂隨用土層層加壓於輭草之上層草層土加至出水則漏自斷但來往

挑土運草之夫。只可於隄頂及草上行走。不可傷著坦坡此外堵之法也。總之此二法俱係急救法斷流之後水勢略退仍須掘開隄面尋出走漏空處。層層堅築。庶無後患。　裹頭法凡掘口初開急須先下裹頭以防沖寬若時已暮秋水勢不甚洶湧則不妨就於沖斷隄頭捲下埽箇如時方伏秋水勢洶湧若裹護太緊不但不能住且必更益寬深然亦無聽其沖刷之理須相度情形將已斷之隄。除去近溜隄頭十數丈。或一二十丈之內。將好隄掘斷與地相平。或比地深一二尺。將埽下於掘斷隄頭之內。須如在大溜中下埽一樣。簽樁加鑲壓土。幷於上下水。各下順埽。或二十丈或十餘丈以防將來水到埽邊有拖溜迴溜之患。水到埽邊。仍須相機保護。　合龍法堵閉缺口至合龍時全河水勢正當故道尚未寬通旁流又復阻塞進退兩難屈

不能伸之日此時苟措置稍有不周必致乘虛奔潰盡棄前工故堵合缺口築至龍口寬十餘丈之時務將從前已下各埽凡揪頭滚肚。以及樁橛等項。一一檢點明白。更調集人夫於相去龍門十數丈之後。兩壩臺各積土百數十方。然後每邊各再進一二埽。鑲填極穩。方可捲下蘿蔔埽以合龍門既下埽後飛即釘樁鑲填。就近挑所堆積土。層層加壓。如壓埽已著地則連前近口處各埽。亦一律加鑲。普面壓土。深四五尺。至鑲填柴草又不可一律鋪填如埽面寬十丈者止於埽頭埽尾向內各鑲寬一二丈其埽面中間盡用土壓。埽土壓土愈重埽箇愈穩且將來蟄陷亦少。從來缺口堵合之後大溜卽不全歸正引兩河亦必離埽工百數十丈之外似乎足資鞏固但近埽之處不有河形卽係窪地水勢一長仍必分流儻不早爲預備則外門嫩沙

見水便去埽下埽箇日久腐朽一有變更便無從下手或裏口跌塘太深。可於外口約略長短再下順埽數十丈。或二路二層或兩路一層以護之。如跌塘尙淺則於裏口建貼心埽以爲內戧。更須創築裏越隄一道方爲萬安。此又告成後必做之工程也。

從來黃水沖決一次。全河必受病一次。及至堵合之後。水勢不順。二三年內必有無數變局。甚至另有沖決之處。故決口告成後。必須細察全河之南北兩岸。某處長有沙嘴。某處沖有支河。某處改移大溜。各審其爲害之緩急輕重。處處因地制宜。應築者築。應疏者疏。務使河溜寬通。隄工無礙。然必須上下照應。不可有此利彼害暫利久害之病。

探埽已未著地聽樁法

凡下埽須將已下之埽壓土鑲塡探明已經著地平穩妥貼方可往前再邁。庶無失悞。但口門水深溜急。難以探量。卽探量亦

未確實。人有以揪頭之寬緊爲準者。殊不知此法只探得埽箇之是否著地。不能知水底地勢有無高低。倘地勢有高有低。所下之埽擱於高地之上。揪頭亦必不緊。那知低處尙屬懸虛。如信爲平穩。往前再邁。及至再邁之埽將近著地時。懸虛低窪之處。兩埽相夾。勢必過溜。更緊漸刷漸深。終成後患。惟有聽樁之法最爲確實。如所下之埽驗得揪頭稍寬。復將耳朵一隻虛虛貼於所釘各樁之上。逐一細聽。一有低窪過水之處。深者樁必顫。聲必大。淺者樁雖不動。亦必聞水聲。仍須再加土壓。務以毫無喘息方爲妥貼。或壓至格格作哽咽聲。亦可不致汕跌矣

減水壩。滚水壩。從來河勢變遷。必由於積沙之弊。沙之由積。必始於水分而流緩。故治河之要。宜合不宜分。宜急不宜緩。若減壩則專主分洩。似與河工有損。可以無容建設。殊不知河之深

廣確有定數水之大小莫可預期假如河面寬五百丈者究其行溜之處至闊不過六七十丈至深不過三四五丈其餘漫水盡係淺灘可見此五百丈內之水已足供沖沙刷底之用若當伏秋大漲必欲盡蓄汛水於兩岸大隄之內無論沖擊淹漫搶護不暇縱使兩岸各有大隄然南北相去至少必數十里水一出槽勢必由寬就下四散分流徒足致水面寬闊緩弱正溜絕與大河毫不相涉是減壩之設非惟爲保固大隄正欲分洩有餘合其力以送沙也第建造之舉大非容易耳

造減壩事宜

減壩即今於硬土留豁口之意然人多不遵行惟作石關可以代之減壩與滾壩不同減壩面與地相平過水多滾壩面比地高過水少減壩惟可設於河之南滾壩兼可設於河之北蓋因河岸自河南起下至江南內有淮河更蕭碭兩邑而東又多湖蕩均仍歸淮河下抵清口且從來淮弱黃強黃漲之時淮不能敵則清口倒灌每能阻運今以所減上游之水仍以濟下流敵黃之用誠爲一舉數得之工但建造之計少有不周則必至下淹民田上分河溜爲害無窮減壩壩基必須擇內有舊河或相去不遠之處即有湖蕩外灘須相去大河十數里或二十里覓不高不窪之老土平地查明每年盛漲此處水深若干尺大抵水深一二尺者即可用不可太窪其壩長自左至右至多不可過百丈自外至內至少亦必寬八九十丈先將平地夯硪堅實於兩邊隄頭照建石閘規模按原估高寬用石砌成金門及迎水分水然後於上迎水一面於平地上照所估應長丈尺先釘鎖口樁六七路下口分水亦照原估丈尺釘鎖口樁八九路將樁內所留壩面用夯硪密打極堅用極熟礦灰泡篩潔淨以蔦樟葉泡水熬江米作稀粥石灰內

和以黃土二分用粥湯兌入舂搗極勻乘石灰潮潤之時挨次平鋪於鎖口樁內墻面平地以上每層約高五六寸稍乾即用礠挨次顚打不可如築隄太重但以堅實平正爲主如此普面鋪平於上再加一層約其厚一尺二寸則儘堪堅固矣至於每年冬月墻面須蓋土三四寸庶免冰凍萬不可因石灰不如石塊用石鋪砌石頭雖堅必須逐塊鞘湊卽使打鑿極細水過之時必汕開石縫漸及底土一塊虛鬆通身盡壞不可救治故不如三和土做成整石一塊毫無空隙之反永久也

堵合漫口法治河之道自古迄今舍順水之性別無所謂良法此智愚之所共曉也獨至堵合漫口則曰漕運民生兩關重大不得不權宜逆治此但知論其形未審其理耳黃河之所以成漫決者大抵非悵於不及隄防必失之隄防太過奔騰下注原因失其故

道所以橫流實非本性惟初決之時水勢初達所苦者在淺隘人心欲堵所患者在寬深主其事者苟不能相形度勢於遏截之中仍留一紓緩之地盡力以制水水亦必盡力以勝人斷不免兩相牴牾變態百端曠日需時堵合愈難而全河愈病故堵合之道雖多凡所設施不能枚舉然要其大端惟在主持者敬畏存心不躁不怠先以心會地之形再以心會水之性然後定謀決計循次舉行自然操縱得宜趨避恰合水亦無所逞其能人亦無所用其智兩相退讓而工亦告成矣併述古法之必當師法者數事於後以備臨時變通而採擇之

堵頂沖決口凡決口開於頂沖者其隄必橫其溜必直既決之後大溜必全入口門口門以下之故道既不行溜必立見淤塡既淤則口門之水更急不得不開掘引河以分其勢第直河之大溜必走中泓

口門對岸無近溜開河之處若不開河則來水一無去路何能興工下埽須於直河上游初轉灣之處。尋覓引河河頭。蓋從來口門在北。其直河初轉灣之處。溜必在南。口門在南。其直河初轉灣之處。溜必在北。相度地勢。估開引河一道。然堵合之工不可太急須先裹護決口隄頭俟引河將次告成然後進埽約進至已束住大溜十分之三即便將引河盡行開放使水分注則口門之溜自減埽亦易進矣如引河所分之溜不過十分之五口門仍受水五分且引河隔口門路復遥遠則口門五分之水已成入袖。不能退回。亦足爲患。如不甚變更則照常捲下。儻有變更或引河河頭之下對岸有崖岸可就即於崖岸之處建一大挑壩以挑之。如無崖岸則於口門之下覓一地方再開一小引河以分此五分入袖之水則埽工自穩矣其堵合埽臺切宜

兩邊兩對。不可高下。

堵埽灣決口　凡決口開於埽灣其大溜不在口門之左必在口門之右如正河與口門各分大溜之半則不必開決引河。但於口門之或左或右相去數十丈或百丈大溜之上游建一挑水大壩。如係灘地壩無靠身有高地則就高地無高地即建隄一道接至大隄隄上用順埽保護挑水使歸正河則口門水緩埽自易進矣但埽臺須上游稍高下流稍下如初係埽灣及後漸成頂沖則當於初變之時飛即接長挑壩或隄高上首埽臺萬不得已亦開引河

堵疏防決口　凡隄因疏防而決者其隄原非頂沖亦非埽灣且高寬足恃去河復遠平素原不留心祇因隄工歷年久遠或內有鼠穴獾洞井穿等項外雖堅好而內實空虛及河水淹浸滲泡日久則水由虛直入致成潰決如此決口雖水勢洶湧然究竟終屬漫灘與大

溜有刖但急下裹頭。俟汛水稍退流亦自緩不難立堵間有自行挂口不煩堵合者惟隄根之下舊有支河急須於方決之時星飛乘汛水未落水面尚寬晝夜急堵若稍一遲延則汛水歸槽支河之溜。卽引入大溜。變成至難堵合之決口矣。不可與漫灘同論也。

出馬頭法馬頭者卽堵閉下埽之埽臺最宜得勢得地則自始至終不煩更改埽亦安穩如決口之水從中浤直下者所出馬頭其左右兩邊相去決口之丈尺遠近不妨相等蓋水從中來則兩邊埽臺受水之力亦相等庶挨次前進終始各無輕重埽自平穩矣如溜自左來或從右來則不當溜一邊須離決口處較當溜一邊少遠十數丈或十丈八九丈蓋溜從一邊來則當溜一邊其勢急其水深必先出埽出埽三二箇之後大溜必稍稍直下然後於不當溜一邊亦挨次前進埽箇大

抵當溜一邊在堵合工程已成七八分之前其埽臺俱須比不當溜一邊上三四尺。斜迎大溜。帶挑帶堵。方能得勢。然不當溜一邊未免受水漸重須當堵合工程已完七八分之後則將當溜一邊埽箇暫停。讓不當溜一邊進埽。與當溜一邊上下長短相等。則受水之力亦相等。然後一齊進埽。及至合龍無貽悮矣。

上提如兩邊埽工堵至八九分光景。內有一邊埽門之下因水急溜深不能一齊進埽以致一邊上一邊下兩不相對難以合龍則須於水急溜深一邊在門埽上水下長十丈順埽兩路卽於順埽上另出馬頭往上一提對定彼岸進埽則深溜在下龍口亦對而易合矣

下埽堵合決口大抵初動工時水深溜闊不甚難下如貪圖疾速於埽未落底或揪頭滚肚無人看守聽其寬緊不一或樁未刨尖等項卽便鑲塡壓土往前趕下雖

一時不見有病然埽工愈遠則水愈深溜愈急後下之埽全仗前下之埽牢穩結實方能依靠若少有不妥則從前之病一齊並發或劈空蟄陷或滚裂折腰或走漏過水或口門埽傾種種變態俱由此起故下一埽必須壓土加鑲釘樁下橛俟此埽已經落地將繩纜檢點明白樁頭剷尖然後再進方無貽誤永定河廂埽合龍諸法略與此同聞係乾隆年間南河派弁兵至永定教導惟近今黃河埽大無樁爲異耳　安瀾紀要乾隆三十六年以後凡堵閉漫工概不簽樁然考以後河工除運河水小用樁外其餘黃河歲修之工亦以水深樁不入土甚至横纜不便加廂遂皆廢樁不用矣

下埽壓土釘樁有上水下水之分堵合埽工大抵做到四分以上光景水勢便與前不同或溜從埽工上水緊靠埽頭沖下者則埽先須下上水一頭揪頭須著人守定然後下下水一頭壓土打樁亦先從上水起如下水有回溜倒從埽工後尾沖入口門者則須先下下水一頭壓土釘樁亦從下水起

釘樁凡釘樁不宜太直樁頭須稍稍向裏一二尺然腳繩務必要緊不然埽方浮於水面之上樁尖向外卽推埽離檔不可不慎也

走漏埽工凡埽工走漏如因樁頭未剷或剷而未尖者其漏無溜其水自半腰流出但於漏處掘開深三四尺必見此樁剷尖淹蓋如漏有溜但容細而無翻花此壓土離檔之故但如漏處加鑲緊守揪頭多多壓土如漏有大翻花者若翻花離埽尾遠其漏大必係埽未落底加鑲壓土自然平穩如翻花近而溜大必係埽下有深坑因坑短埽長埽箇横擔於深坑之上故埽雖落底而水流入坑內從新自埽尾流出若不速治深坑兩邊漸沖漸長及至與埽相等則劈空下陷其埽立走須於埽工上水先下邊順埽或長十丈或長二十丈兩路鑲塡釘樁壓土如式然後將漏處用斧將埽砍斷直折到底見深坑尉啓

用草捲土埽塡之以塡至淄斷爲度（靳文襄治河方略）

馥案靳文襄先後任河督十二年其方略大抵本潘季馴束水攻砂之旨屢遭坎軻志不稍變康熙三十一年公復任總河距公卒期不遠猶詳陳河工事宜疏語多中窾要備錄於後

疏言臣受命之初淮潰於東黃決於北運涸於中疏塞並施而但爲補苴旦夕之謀勢必潰敗決裂至不可收拾時値軍興旁午仰賴　睿謀獨斷不惜帑金數百萬兩河得以復故禹貢記河之入海曰同爲逆河入於海海湧而上河注而下兩相敵而後入故逆也禹播之爲九而又同之不同則力不一不能逆海而入今之雲梯關外卽古之逆河而不隄以求其同入海得乎潘季馴近世之能臣其言曰海無可浚之理惟有導河以歸之海河亦非可以人力導惟有治隄使無旁溢則水由地中沙隨水去其言當不易也導流自清口至雲梯關關外築隄一萬八千丈東水不得外溢則沖沙有力海口之壅積不浚自闢矣黃淮二瀆敵也然黃強時多淮強時少強則易潰而河不兩行可減而不可分弱則易奪而自泗盱以東淮無他水交會惟卽以黃濟淮使強者不獨強則二瀆交得其平而會同之勢成此減水各牐壩之爲得也黃河莫窄於徐州一遇伏秋大漲衝突他潰淮水北出清口每患爲黃流所抵乘虛內注惟有殺黃以濟淮而莫善於牐壩建牐壩尤莫善於徐州上下之地黃河南岸碭山毛城鋪徐州王家山十八里屯睢甯峰山龍虎山等處減水牐壩九座其因山根岡址鑿爲天然牐者居其七旣以殺黃且使所過之水各隨地勢由睢溪口靈芝孟山等湖入洪澤助淮如遇淮漲黃消淮自足以敵黃牐壩亦無可過之水如遇淮

消黄漲則凡牐壩所進之水分流並至卽借黄助淮以禦黄而淮之消者亦漲倘更遇黄淮俱漲則彼此之勢略等有中河以洩黄周橋六壩以洩淮亦不至偏强爲害更以天然之岡址鑿天然之牐座雖驚濤動地終不能迸山根而敗之至引黄入湖過牐壩之水其流必緩緩則沙停越數百里至洪澤已成清水與宿桃清三邑南岸潰決逼近洪湖而易墊者不同也卽靈芝諸湖黄水一過澄淤亦如宿遷之侍郎倉基安東之碩項等湖沮洳悉變爲沃壤其利又不特殺黄助淮也川之善潰莫如黄蟻穴之漏不終日而滔天故防河最難河無在不當防而決之害北岸爲大南亢而北下也開封南岸率由汴河達淮久之亦必復故與運道無係也安東以下雖北岸然與海近不遠漫徐邳北岸卽決岡阜四合盤紆東下貫阜河入駱馬而並歸中河

曹單決由魚臺上下入運或匯荆山口彭家河入運皆無奪河之患若宿桃清北岸一決則運道阻而自海沭以南馬陵迤左週圍千里渺然巨浸矣開封北岸一決則延津長垣東明曹州三省各邑胥溺近則注張秋由鹽河入海遠則直趨東昌德州而赴溟渤濟甯上下無運道矣且開封地皆浮沙河流迅駛一決則奔馬掣電瞬息數百丈工必大而下埽更難故前代河決之患此地十常七八劉大夏築大行隄西起黑羊山東至曹州及豐沛北岸之大障也宿桃清境內無山岡阻滯河流迅駛亦如之故其害略等　國初塞荆隆決口五六年後竣費至八十萬此可知北岸之害大也北岸莫大於開封及宿桃清而曹單次之徐邳又次之若安東以下無憂也然此亦就黄言黄未嘗統兩河南北之大勢而言河自滎澤至海口三千餘里在在皆

有隄防淮自桐柏至海隄防止一高堰人知高堰不固淮洩而黃躡其後大爲淮揚患而不知爲全河之大患也河決於上者必淤於下下淤而上必決從此而桃宿邳徐濟曹單開封亦潰奔騰四溢東省諸泉阻塞不得暢泛溢之勢挾黃水而愈張運道民生俱不可問矣故高堰一隄全淮繫之全黃亦繫之非特淮揚與運口也惟北固開封之障中愼宿桃清之守加培中河兩岸之隄南護高堰之防大者無虞則其他可以隨決隨塞雖非旦暮可竟之事而因勢立法導水止水無不相宜此統舉全河之大勢撮其要略言之皆有實際用之俱有實效所以爲後來治河之津梁者幾備矣河渠紀聞

是年七月河決宿遷孫家塘清河縣志

是年撤回南北中三分司部員其河道工程委該地方監司府佐貳管理江南通志

是年創建王家營張家莊減水壩二座江南通志

是年河決楊家莊二百餘丈淮安府志

馥案是工至康熙二十年始塞蘄文襄以河身未濬故不急堵治河方略

康熙十八年山陽運河戚家橋隄工衝決五十餘丈隨塞之補挑南運河餘工取土加築運隄大挑清口爛泥淺裴家場帥家莊引河四道淮水全出清口暢注會黃東下歸海河渠紀聞

是年創建黃河南岸碭山縣毛城鋪減水石壩一黃河北岸大谷山減水石壩一以殺上流水勢河渠紀聞

是年創建周橋高澗武墩唐埂古溝東西減水壩六增置寶應子嬰溝高郵永平港南關八里鋪柏家墩江都鰍魚口減水壩六改

建高郵五里鋪車邏港減水壩二及山陽運河鳳陽廠減水壩一對壩開越河凡舊隄處皆更以石（河渠紀聞）

是年四月清水潭決口塞（河渠紀聞）

是年創建宿遷之朱家堂温州廟桃源縣之古城清河縣之王家營安東縣之茆良口減水壩共六座（淮安府志）

是年徐州北岸花山決口旋即塞之（河渠紀聞）

是年移置南運口於三汊河（河渠紀聞）

按漕運至天妃閘入黃陳瑄所闢之道也在黃淮交匯之南形勢過直濁水內灌滯季馴移上二百丈置運口於新莊牐黃水仍復內灌直至高寶城下令官民商艇俱盤壩至是靳輔改移於爛泥淺之上（河渠紀聞）

康熙十九年大水壞泗州城高郵水潰入城彌月（河渠紀聞）

康熙二十年始開阜河上接泇河移運口於張莊以通北運（河渠紀聞）

按明李化龍開泇自夏鎮達直河口後直河口塞改行董口及董口復淤遂取道於駱馬湖由湖西北行四十里始得溝河又二十餘里至窰灣口始接泇河駱馬湖本窰田明季黃水漫溢積而成湖夏秋水發舟行無阻冬春水涸淺處不流東楚且水面遼闊縴纜無所施乃因阜河集之舊淤河形濬而通之上接泇河之委下達於黃即取水中土南起阜河口北達温溝兩岸築隄長四千八百丈又自温溝歷窰灣至貓兒窩計四十里兩岸築隄二萬七千丈貓窩以上地亢土堅空之弗隄貓灣以西至唐宋山三千餘丈乃霪潦暴漲之所從出入者則隄之嗣以黃水大漲淤阜河一千餘丈不能通舟時議拆去窰灣埽臺仍由駱馬湖文襄力辨其非親督官弁兵夫挑淤丈餘黃水稍落

清流隨出仍舊刷成大河黃河由阜河口至駱馬湖口四十餘
里而阜河黃水較駱馬湖口實高三尺黃水陡長倒灌淤墊運
口閉斷阜河口攔黃壩另於阜河迤東歷龍岡岔路口達張家
莊口挑支河一道如人字形俾與黃水相比而不相抵由是以
阜河地高之水下注於二十餘里較卑之地出口其迅流足以
敵黃無淤塞之慮按化龍開泇避險而新河規制未備直口董
口以次遞淤而駱馬湖遂爲漕道咽喉要地然湖底不平土性
泥爛水大則汪洋無垠水小則淺澀時見縴纜無所施銜尾者
膠滯不得前逐艘挑挖舁送役兵夫數萬於碧波中撈泥疏淺
而所撈之泥風浪蕩散復還故處船至仍須再挑慄慄惟懼滯
運不特近地居民苦累騷然而漕艘終虞延誤且自康熙十六
年楊莊遙隄潰決大溜北瀉猛利宿遷黃河之底衝刷較深駱

降水落水面低河涯六七尺駱馬湖水不能蓄漸有乾涸見底
之勢加以築隄建壩河水不外洩日淘日深湖底日就消涸駱
馬湖亦於糧艘無從北上是開泇之功猶未畢其事也自阜河
開而泇河始得順成取水中之土以深水卽移出水之土以築
隄使貓窩一帶沮洳之區益就其深徐兗諸水漫流其地大浚
其防束水於槽中而備減水之壩以防異漲爲人之所難爲任
人之所不敢任委曲調劑卒底盡善以迄其功移運口於張莊
更得平水之益善作者必待善成泇河之功文襄實成之矣河渠
紀聞

康熙二十一年五月河決宿遷縣徐家灣塞之六月復決宿遷之蕭家渡靳文襄治河書
是年九月時有候補藩司崔維雅奏靳輔治河必不能成功其

所建各減水壩當盡行拆毀別圖良策大加挑築方可奏績
詔輔急速來京十一月十三日　上問輔向來力任治河必可
成功今楊家莊方塞而徐家灣已開徐家灣方堵而蕭家渡又
決功如何得成輔奏云臣受事之初河道壞極彼時挑濬疏塞
皆至緊要之處蕭家渡原係歲久民工尚可支吾擬大工畢後
再行續估請修不意諸口全塞各處漫流盡歸正河其勢驟加
猛急而河身尚未衝刷寬深以致漲決此皆臣智識卑短不能
早見事先之罪也　上云如今依爾度量此工究竟可以成功
否輔奏河工最是難事但人事既盡亦無不可成之功即如清
水潭屢塞屢決臣為避深就淺之計越湖築隄駱馬湖淺澀不
通臣相地形水勢改挑皁河別通運道彼時大小屬官皆以為
創行新建相顧畏懼臣一力擔承示以必可成之理即有後累

不以相及究竟清水潭築成皁河開通此皆人力既盡工無不
成之明驗也今蕭家渡之決總由人事耳明年春分節前務期
竣工至南北兩岸未經估修舊隄及地勢卑窪之處俱應一律
加修以為善後綢繆之計仰　皇上洪福自然成功十五日部
議蕭家渡處分擬將總河以下凡在河工諸臣皆褫職督工其
不合式處責令賠修奉　旨免其賠修仍准動錢糧加修十九
日辭朝傳　上諭河道關係重大事本極難朕代爾擔憂爾反
看得容易從今當小心謹慎凡源流緩急之間細心采訪時時
看作難治之事方可奏績戒之戒之（靳文襄治河書）次年塞蕭家渡口
靳輔上疏請修河南上流隄岸言楊莊蕭渡皆在河之下流漕
河易治若徐州上流入河南境地皆浮沙河流迅駛一決如奔
馬掣電瞬息數百丈決於上者必淤於下下口受淤勢必以漸

而決於上然決之害北大南小南亢而北下也前代河決開封常居六七北決則延津長垣東明曹州三直省附近各邑胥溺近而注張秋由鹽河入海遠則直趨東昌德州而赴滄渤濟甯上下無運道矣開封南岸從汴可以達淮歸德徐邳而下其地山陵其隄歸仁其湖靈芝孟山洪澤其去無路久之亦必復故又與運道無係故決之害開封北岸爲大曹單次之徐邳又次之上同

康熙二十三年修安徽五河縣南湖隄壩河渠紀聞

按五河南湖潔河入淮之口也五河居諸水下流無隄以障水則田不可得而治修南湖壩障淮衞田易土以石作牐而節宣之牧民之實政也韓竹修五河南湖壩記云凡水之利豬之則內可以溉疏之則外可以洩獨五河一邑河壩居十之八上水滔滔而至不能疏而去之縣尹鄭鼐相視南湖一帶其上流雖有玉莊湖暨小河赤龍澗之水然歲旱則田皆可耕湖尾爲蔣家壩卽入淮之口舊有土隄障淮數圮且不能啟閉易以石牐而蓄洩之役民趨事視地之高下多寡均輸齊力功於是成適値霪雨彌旬淮水大漲內水亦暴至集衆加修培高數尺接長數千丈水愈漲嚙隄搶護一綫危隄於內外數十里洪濤巨浪中而又當風雨連朝陰霾夜黑之時卒以人力勝隄得不圮水至倚隄爲命高下俱獲有收利澤施於無窮五河南湖之治豈不以人哉河渠紀聞

是年八月二十夜大雨颶風漫缺靈璧縣來字堡隄四十餘丈徐州北岸長樊大壩衝去埽工二段幸有月隄未斷安東北岸二鋪塌隄六十餘丈水至月隄而止靳文襄治河書

是年七八月黄水叠長無消徐州南岸十八里屯北岸李道華樓高地無隄之處漫灘過水又漫缺碭山北岸王家堂隄三十餘丈水落歸槽補築完固上同

是年十一月初十日　聖祖仁皇帝聖駕南巡閲高家堰工是日微風小浪　上云今日風不大就是這樣浪若再風大怎麽處總河臣靳輔回奏風再大時就要打上隄頂若西北大暴風一起浪俱從屋上過了　上云眞是利害　又問照黄河險工下大埽防護如何回奏大埽下了總是大浪來當時就掣去了除非是下丁頭埽庶略加擁護然亦要每年修補的　上曰朕前番差人出來看工俱是瞎看是看銀子罷了

馥案星使勘工多有受賄賂變是非者鮮獲實濟　聖祖洞燭無遺一語道破萬世臣子能體此意則凡應汛勘估工程不濫派委員矣

是年十二月十九日總河靳輔題奏徐州以上直至河南滎澤縣之西河道雖寛數百丈若遇伏秋異漲漫灘而上直抵兩岸隄工其寛不下數十里迨至徐州北岸係山嘴南岸係州城中央河道僅寛六十八丈將千支萬派浩浩無涯之水緊緊束住不能暢流既艱於下達自難免上壅是以明朝二百餘年開徐城屢屢潰衝而徐州迤上南岸之漫溢迄今歲歲見告也臣先於大修案内將黄河南岸碭山縣毛城鋪地方創建減水石壩一座又於黄河北岸徐州大谷山地方創減水石壩一座蓋擬分洩徐城迤上之異漲也乃康熙二十一二十二兩年已賴兩壩宣洩得以無患至康熙二十三年河流異漲兩壩不足宣洩又復於李道華樓十八里屯等高阜無隄之處漫灘而行且將

碭山北岸王家堂隄工漫缺三十餘丈此徐州州城以上之情形也今臣細酌善後之策在黃河南岸必須於碭山縣毛城鋪減水壩之上再添建減水深底石閘一座不獨分洩異漲而石閘之水先至壩後可免建瓴傷壩之虞又於徐城王家山十八里屯二處就山根開鑿減水深底石閘三座更於徐州北岸大谷山等處添建減水深底石閘二座統計徐城以上共添減水石閘六座遇平常水則閉閘束流遇非常異漲則啟閘分洩每閘一座約可洩水一百方可殺徐城大河水勢一尺徐城以上統計添閘六座共可殺大河水勢六尺則徐城自免潰衝而徐城以上各隄俱可保固矣又河流自徐城下行一百餘里至睢甯鯉魚山地方北岸係鯉魚山南岸一帶爲峰山龍虎山兩山相峙夾黃河於中央河面僅寬百丈而河底乃係山腳衝刷不

深河流到此又爲一束以致今年有來字堡之漫決也臣擬於南岸峰山龍虎山之旁開鑿天然減水深底石閘四座以爲隨機分洩之計又南岸各閘壩減水之下必由歸仁隄經過目今只有五堡減壩一座幷便民閘一座不足分洩應於五堡附近添建深底石閘一座減水大石閘一座幷將便民閘改深五六尺以資分洩庶可無虞又攔馬河先後共建減水壩六座今必須再添建深底石閘一座使河流由閘先進積水以養壩尾俾免傷壩之虞又南岸各閘壩既建之後不特可以殺黃河怒漲之勢而淮流微弱之時又可藉以分引黃河之水由歸仁隄下注洪澤湖使助淮流然洪澤湖周圍數百餘里所引上流分黃之水一時不能灌滿仍難免黃水倒灌運河之患今必須再於清河縣西建雙金門大石閘一座幷於閘下挑引河萬餘丈如

遇黃河十分異漲則立啟此閘由引河分洩歸海則黃淮會合之處又可減黃水一二尺有裨運道最爲喫緊至於清河縣添建石閘一座更屬保運濟漕至要之工亦應於運口閘之上乘時速建者也奉　旨九卿詹事科道會議具奏康熙二十四年二月初一日會議題覆奉　旨這建造減水閘壩若俟該督撫等會議具題必致遲悞靳輔前曾奏稱建造此等閘壩將無用滚水壩舊石可用等語這事情著差前經看閱河道諳練河工司官一員速往與靳輔詳議若建壩分水不致多損民田著即一面興工一面具題倘水無歸路多致淹沒著會同該地方督撫等官確議具奏嗣差郎中党愛與該督撫等會議奏准照行靳文襄疏略

覆案靳文襄建減水閘壩如許之多且係深底石工誠爲釜底抽薪之計然必當年河槽尙深隄內外地勢相平故敢如此設立若河槽墊高只能用滚壩不能用深底石閘防奪溜也

康熙二十四年鑿睢甯縣黃河南岸龍虎山天然減水深底石牐四座河渠紀聞

按此因來字堡漫缺而籌分洩之路也河自徐城下百餘里逾瓦房至睢甯縣鯉魚山山抵北岸南岸龍虎山兩山夾峙黃流在中河面僅寬百丈底係山腳不能衝刷河流至此一束建牐於此以宣洩漲水因勢利導之法也文襄創建徐屬減水牐壩皆鑿山爲峽壘石山根雖有湍溜駭浪不能蝕嚙牐之上下兩旁水由中滋滔滔下注分水之勢而不受水之衝天然鎖鑰發古來未有之奇而昔人有毛城壩不可開之說懼其淤洪湖也壩寬五十丈洩盛漲水二分由五湖瀉入洪澤定例徐城水誌

長至九尺始開壩分洩誠慎之也前說似爲更事近理及數十年閱歷以來始知毛城壩之利大而害輕也每當異漲之年毛城漫壩過水分溜至三分有餘而洪湖長水盛大直衝東下挾全力以敵黃攻沙刷成寬深有容之河槽較多於毛城壩所減之水方而洪湖大暢不致壅積爲患迅流入海每見江豫兩省南岸決口水盡入洪湖從無泛濫之虞數月後海口大通外河以下河槽愈加寬深比至合龍功成水歸故道深通漸勝於決口時固知清黃並行清不敵黃而出口之力小變黃爲清黃不敵清反隨清刷沙而滌海之力大其理至微其用甚鉅非閱歷既久不能察其運用之妙也至黃流入湖所以不大於湖者出壩之水散漫於湖田原野其流必緩緩則停沙行五六百里而後至湖邊大半已成清水而湖水力大水不能直抵湖心散流

於湖邊即有不盡之淤亦留於邊地其害較輕若竟不開毛城之壩徐州水不下洩勢必旁決而邳睢淤矣邳睢淤而清口亦淤淮不能出反致高堰不能保而下河危矣此其相因而及之勢與毛城分洩之害孰重孰輕故不開毛城壩之說初聽似爲切實而理有未窮其知尚有不盡也惟毛城壩非遇大漲不輕議洩以刷河保湖斯爲久安長治之道峰山四牐皆石峽鑿山通水制同王家山水入孟山等湖與毛城鋪減水入湖之道同而瀉龍虎鯉魚兩山東迫之水其得力更過之非文襄之精心妙用曷克致此（河渠紀聞）

康熙二十五年挑中河（中河就運料小河擴而成之兼可洩桃清山安積水　河渠紀聞）

南清河口至北宿遷張莊運口計程不過二百里而泝黃逆上日行不過數里勞費既多每有漂失乃於攔馬河之西加挑運

河二千餘丈兩岸築隄直接張莊運口於遙縷二隄之中開河一道廣八九丈深丈餘通運道一百八十里繞過宿遷治北名日中河糧船出清口渡黃即進仲莊牐昔人謂靳輔此功不在陳瑄鑿清口之下節錄河渠紀聞

康熙二十六年大挑下河海口河渠紀聞

按自疏築之議不協輔不得與下河之事罷去於是以白駒岡門等口宣洩不及下河被淹歸咎於上流閘壩放水孫在豐等鋭意挑濬力排眾論議挑車兒埠使泰州之水由苦水岸入海挑海陵溪使高郵之水通岡門下海挑車路白塗海溝三河使興化之水由丁溪草堰白駒入海至是先將近口之石礎白駒丁溪等處估計興修堵塞高堰一帶閘壩並高堰以北車邏以南邵伯鎮以北所有大小牐壩全行堵閉剋期興挑此盡反前

說爲堵閉海口之計使海口可治以人力應早治矣然下河沈淪宜郵堵閉南關車邏大壩酌留高堰一二壩亦足濟事于成龍立議堵壩亦未可厚議其非也河渠紀聞先是康熙二十三年冬

聖祖仁皇帝南巡十一月初六日吏部尚書伊桑阿等奉

上諭朕南巡省民疾苦路經高郵寶應等處見民廬舍田疇被水淹沒朕心深爲軫念訪問其故具悉梗槪高寶等處湖水下流原有海口以年久沙淤遂致壅塞今將入海故道浚治疏流可免水患自是往還每念及此不忍於懷此一方生靈必圖拯濟安全咸使得所始稱朕意爾同工部尚書薩穆哈往被水州縣詳勘覆奏務期濟民除患經費在所不惜其體朕意速行仰惟

聖仁如天軫念民困　翠華所臨卽殷殷於下河水患務期挑浚下流使災民得安隴畝經九卿科道議將會流串場河

之車路等河及白駒丁溪草堰等口挑濬深闊引高郵等州縣蓄水入海同上按是時僉議主疏導引積水入海而靳輔持論在築先是淮安人在籍翰林張鴻烈言闢壩過多淮揚州縣被淹高寶七邑受決口之水河北八縣受滾壩之水必挑支河以宣洩山鹽高寶等七邑溝澮原多海口遙遠串場河又爲保護鹽場環繞迂迴疏浚不易黃河兩岸地廣田荒挖河原不足惜八邑較七邑尤易疏洩請浚沭陽之沭河安東之潮河以入於海輔以淮徐鳳陽三府十九州縣同患不止邳宿八縣治法不在挑河在築隄并親往確勘言高寶七州縣海口高昂內地低海潮五尺餘潮水內灌前宋臣范仲淹築隄以障之民享其利若先挑海口引潮內灌與范隄障水之意相悖而積水亦不能洩其法在束水注海內地築隄高一丈六尺束高一丈之水則高

過海潮五尺隄頂俯高水面六尺束水之力既堅趨海之水必速查減水壩之最大而多者莫過高郵城南應將高郵城北並車邏以南邵伯鎮以北之零星牐壩俱行閉塞拆取石料移於高郵城南邵伯鎮南二處改建深底大石牐二座俾洪澤湖減下諸水並天長盱眙各山澗之水由高郵城南之南關大壩五里八里柏家墩車邏等壩並新建之大石牐內洩去十分之八邵伯鎮南所洩之水半由芒稻河並通州入江半由串場河入海高郵城南所洩之水應自車邏鎮起築大橫隄一道直抵高郵再自高郵城東起築大隄二道歷興化縣白駒場至海東各牐壩洩下之水彙歸一處直達大洋且必使出水之地寬於進水之地安流下注而無壅刷潰決之虞若挑而不築水至散漫田閒淹浸如前久而淤成平地無濟民生惟取挑河之土即以

築隄隄成河亦成則水不旁洩或徑直趨海或就近趨湖由湖
歸河由河入海庶爲兩利估需經費百餘萬費重難行文襄嘗
言築清水潭時深挖河底挑出宋元古錢家常器皿更有甎井
石街確係當時民居自北流全徙而南奪淮入海淮瀆窄水壅
不得下遂陡長尋丈淹沒清河縣居民之洪澤村一帶而爲湖
水猶不足渟蓄又東注高寶低田漫淹爲湖運河之勢卑於高
堰一丈有奇兩河議云高堰去寶應高丈八尺有奇去高郵二
丈有奇高寶隄去興化泰州高丈許或八九尺有奇去高堰不
啻卑三丈有奇自明迄今又不啻丈餘矣是下河形在釜底民
苦淹浸而高堰等壩減下之水因以爲壑斷可知矣而文襄議
築一丈六尺之隄束高水一丈以爲高過海潮五尺卽可束水
入海竊以爲非本心之論夫於至低極窪之地而築五六百里

兩岸之長隄無論取土艱難不克奏績卽如築圍埂戽水取土
之法用以成隄而水浸隄根丈餘保無漏洩虛陷丈六之隄出
水六尺禦水祇有二三尺之頂土遇缺則穿風雨暮夜路遙工
險防守無策用柴則數莖之柴不能護千里之隄用土則一抔
之土不啻投重淵之深一隙走漏全功俱隳況淮南之地自高
寶而東則下由邵伯而南則昂自興鹽以東濱海諸鹽場比內
地復昂雖有入江之路不能疏洩全河之水而入海之道祇有
石䃥廟灣天妃諸口可以下洩舍是別無去路今若開南關車
邏等壩則下河必淹故惟有節束五壩導入江之水而不敢大
洩伊古以來淮不南下而北趨者有由然也文襄知下河卑於
沿海之地不得不以爲壑開河導水徒增釜底之深不能飛越
民田出海而顧欲爲此必不可成之功蓋時方議浚下河不能

獨有異議。故於無法中求法也。同上康熙二十四年靳輔因前議築隄束水開百有六十里之河費重難行別求變計疏稱下河自宋元以前原無水患即高郵寶應諸湖多屬田畝明初始被大水淹浸成湖黃河全徙而南奪淮以入於海淮水壅不得下陡長尋丈將民居洪澤村漫而為湖復從高堰翟壩等處旁流東注高寶窪地俱漫為湖又移禍於下河下河地勢極卑洩下之水皆匯為澤下河東即大海自當以大海為壑疏洩海口之議似可濟困而臣必堅主築隄束水幷開一百六十里大河之說而不敢專言開海口者測量地勢自清江南行三百里至江都之茱萸灣折而東行百里至泰州又百里至海安鎮過海安折北即范公隄沿隄行歷安豐東臺河垛丁溪白駒劉莊等場計二百里抵鹽城又北行百里至廟灣復折而西百里至蘇家嘴又百里至清江浦週圍統計千里有奇內止有廟灣天妃石礶三口向係下河洩水入海之道人馬至此必登舟過渡餘皆行馬之陸路下河地闊三百餘里長二百餘里乃卑處於週圍馬路之中雖有廟灣等口之洩而存蓄積水仍一望汪洋釜底之形如此高堰洩下之水不得不為承受之壑也下河尚卑於沿海之地亦恐海潮有內灌之患但止就水性而言方其奔赴之時雖有排山倒海之狀然自近至遠必隨地形之高卑盡其平滿之量然後遞流而前所謂盈科而後進也高堰洩水洶湧而來勢必盈釜底之科而後漸達於海釜底之禾苗未有不化為烏有者淮揚土著之人又有謂開浚小河可導水使出者殊不知河之貯水猶器之貯水也有一石之器斯受一石之水若有一石之水而僅設五斗之器則水之入器者止五斗而此多餘之五斗必浮溢於外矣今開之河止增釜底之深究竟盈科遞進之勢不能飛越民田以入海仍不能救禾苗之淹沒也前疏請築隄束水使淮之下洩者盡歸隄內藉隄之高以助其出海之勢隄外地皆可耕耘開一百六十里之河有源之水滔滔而來寬河足以有容下河水患可弭但費重難行恐錢糧不給再四與陳潢曲加籌畫因思杜患於流。不若杜患於源。高堰直東爲下河東北爲清口今自翟壩起歷唐埂古溝周橋高𡐓高堰等處於堰東離隄一百二十丈築大重隄一道束堰隄減下之水使之北出清口設法分洩於新挑之濟運中河渠寬足以容受清口所受分外餘水即可於清口左右分洩而去不致壅積傷隄黃河北岸清河之仲家莊現建有石牐再於仲家莊並陶家莊王家營各建大石牐一合四牐分洩與從未過水之西

王營大壩同洩入濟運中河徑直歸海又山陽南岸草灣以下向有運料小河拓展寬大井一律添建大石牐由運料河徑直入海又鹽河一道原借中河之水挽運亦於安東縣建大石牐洩水由鹽河徑直入海天長盱眙山㵎之水仍引由芒稻入江如此水涓滴不浸下河。清口雖有增水。而洩水之數加多。庶幾可保萬全。此亦於至不得已之時。而籌萬有一然之計也今之二隄卽仿此意設置至今久不議修。引盛大之水。於清黃交匯之處。尤虞頂阻。水不得復由其道高堰後隄純土築成洩水入夾隄內。浸泡日久。亦恐潛通水氣損傷大隄。河淮運樞機在是。固難遽議施行二隄矮大隄七八尺至一丈不等荒殘日久加培高厚亦可爲重門之障保護淮揚內有運料小河商民往來宜便料船通行尤利於工以功大難興然前人留貽之善政固

宜待時而動也同上昔人知下河不可受水故立隄隄以西曰上河隄以東曰下河史奭河防議云治下河水患必審其來源去路來源則高堰各牐壩西下之水也嚴閉壩牐使淮水不旁洩得以全力衝出禦黃清口不淤則下河不溺此治其來源也高堰西下之水漕河不能容則開山陽之涇河黃浦寶應之子嬰溝江都之金灣三牐及芒稻之東西兩牐洩水最爲直捷使運河水勢南北分洩亦爲下河疏其去路也至下河各海口若山陽之廟灣鹽城之石礎天妃興化之劉莊青龍橋白駒之闢龍港草灣之滷河口小海之小海團泰州丁溪之龍閙港河垛車兒之滔子口皆洩隄東七邑之水者年來非不開放而人民田廬難免沉溺蓋由各海口離漕隄三四百里而遙紆迴曲折不能直達亦由下河七邑地窪如釜沿隄減牐之水出范隄各場

口地勢反高水由釜出未及海口而與鹽一帶之田廬已入深淵所謂盈科後進也王文通云隄東下河之水既不通江又難到海者誠有見也故運河之水導之入江入海者上策也不得已而洩之下河則當準漕隄牐口之水。與各場海口之數相等。庶來源去路。足以相當。而其中行水河路。積年淤塞。尤不可不亟爲深濬者也。在涇河黃浦之下則射陽湖一路子嬰溝之下則鹽城舊官河一路清水潭之下則泰廟東河一路以及興化之海溝河白望河車路河邵伯之下則顏家莊楊家莊以達樊汊及泰州西溪河並各場之串場河范隄東達海河路俱開通深闊水有去路而下河無此患矣此通盤籌畫治下河之原委也同上

覆案下河疏濬迄不得力惟有少開上游閘壩及減水分流入

江入海之法當時諸臣大爭意見然濬河竟未見大效恭錄事後　上諭二道可以知其大概矣

康熙二十七年正月　聖祖南巡召見原任總河靳輔詢問河工善後事宜三月奉　旨朕南巡閲河聞江淮等處衆民及行船夫役俱稱頌原任總河靳輔感念不忘且見靳輔疏理河道及修築上河一帶隄岸於河工似有成效實心任事克著勤勞前革職屬過著照原品致仕官例復其原有銜級欽此河渠紀聞

康熙三十七年十一月初七日奉　旨挑下河事關係民生朕軫念民生先經交與凱音布孫在豐于成龍王新命等挑過伊等已俱挑完大有益於民生等因具題檔案俱在部可查人俱在可問今看來俱徒糜費錢糧並無水涸田出有益於民之處今桑格等又稱應行挑浚具題九卿不問明先經挑過之人不查檔案即議准行如果此番挑浚果能水涸田出有益民生朕不惜錢糧即發庫銀興工捐納事例斷不可行現在山西捐納銀米事例尚未明白桑格等如果將下河照伊等所題挑浚即能水涸田出有益於民將伊本身家產出具保結即准挑浚等因奉此同上

康熙二十七年修安徽徽州漁梁壩豬水灌田河渠紀聞

按徽地多山農田因山爲塍資水灌溉然地峻如建瓴水下瀉不能停惟有築壩障水一法徽州漁梁壩之修以此也朱廷梅修漁梁壩記云徽城東倚山西南北三面距新安江立治江合歙黟休甯祁門績溪五邑之水會歙浦入於浙地極陡峻水無停流宋嘉定間郡守宋濟去郡南二里聚石立柵以遏下流後更疊石壩年久圮壞明宏治間即故址砌石九層蓄水二三里

未三年復圮乃去堨囊砂礫實以方石下流更爲梯級用殺水勢至明末益圮久不議修余至郡邑人言漁梁不修徽屬將日敝乃周覽詢謀得吳子崧汪子士鋐吳子瞻泰定議施工倣嚴郡石梁規制縱橫各半中爲龍背而坦其脊更擇石之色青而理堅者補罅實腹左右蓬卷凡青石二十餘層闊三丈高半之橫亙三十倍上爲三水門郡以西汚瀠浩瀚如巨浸堨之力也蓋絕流爲梁於紫陽之麓梁坦脊不闕於水水門東瀉不怒其流以人役水可爲法矣河渠紀聞

康熙二十九年議引小丹入衞其蘇門萬金等渠用竹絡裝石之法堰水濟漕河渠紀聞

丹河發源太行山至丹河口分渠九道大丹河直歸沁河餘渠引灌農田通衞入運總河王新命議每歲三月初用竹絡裝石

塞八渠使水歸小丹入衞留涓滴以溉地至五月盡重運過畢則開八渠用竹絡裝石塞小丹河口以防山水漲溢蘇門萬金二渠亦用竹絡裝石量渠高下堵塞使各渠水常盈所餘之水晝夜長流濟運是時漳水北徙館陶之流不至衞水微弱不能負舟漕運愆期故有是議河渠紀聞

康熙三十五年江海湖河並漲潰安東黃河南岸童家營大隄決水入射陽湖山陽鹽城大困河渠紀聞

按此淮安之一大阨也高寶山鹽之水以射陽爲壑自泰州新河以下爲湖五十有奇獨射陽一湖更深且廣諸水必先注此而後放於海湖之尾閭有鰕鬚二溝深通暢達洩射陽積水迅流入海爲豬匯宣洩之孔道淮安以東俱成膏腴舟楫魚鹽之利甲於徐海自童營一決水徑趨射陽挾沙而入湖心淤如盤

碟田隴爲沙所壓高至丈餘腴產化爲沙磧塞涇澗之河平鰕鬚之溝吸川消水渠道變爲夷埂不獨淮上閉塞而下河歸水之路亦塞其半矣安東以下河身最狹塞決艮不易浚北岸窰灣千有餘丈之引河而水勢始殺因即堵閉然後加戧隄添築越隄自童營屬之胡莊以爲重障經營稍定而深廣通暢之湖河已失其舊所以氾濫數年而不息也後雖稍有開鑿不復如故已淤之射陽不可復闢通水而不能盡水之性無如何也時南北大水水上天妃壩石工漫王公隄老壩口車路頂衝徐州護城石岸水與岸平幸獲安全雖漫缺龍窩張家莊險工數百丈而搶修完固終不似童營之決爲下河通塞之關鍵淮安之一大阨也（河渠紀聞）

是年總河董安國築攔黃大壩於雲梯關海口挑引河一千二百

餘丈於關外馬家港導黃由南潮河東注入海而河患日亟（河渠紀聞）

按海口自康熙八九年間黃流擁沙成灘橫直二十餘里相傳爲攔門灘其時黃河從東北紆迴入海董安國創築攔黃壩引河由馬家港歸南潮河東注於海更易舊制轉致去路不暢上游易潰雲梯關海口在黃淮正東二瀆合流直下勢順土疏歷久不易南北潮河爲海沭諸水分流之道與正河各不相涉南潮河在雲梯海口之東北勢本不順況以新挑之河驟受無涯之水斷難容納下流不達其原在於上流不治而濬海求通別尋一道以歸於壑棄數百年常行之道鑿以爲智蹈不學無術之譏所謂舛也張文端拆攔黃壩堵塞各處決口東水攻沙仍由故道通流入海今之大通口也黃河自宋神宗時南徙與淮合至今六百餘年海沙漫淤雲梯關距海口二百餘里康熙年

間海口在黃家港地方潮汐往來壅沙日遠近時河海交接之處兩岸接生淤灘南岸遂有新淤尖尖頭洋之名北岸有二滚三滚四滚之名距王家港又有四十餘里之遙灘勢愈長海口愈遠水勢散漫口門計有二三百丈至一千數百丈之寬惟有清黃併力攻沙湧盛滿急立見深通清水刷滌倍勝於黃。每見南北岸有事時黃水穿湖下注大半變爲清水山安一帶河深二丈者刷至三四丈不等海口奔騰下注灘勢雖遠滌沙無異若黃流倒灌旁洩山安一帶水緩沙停海口自塞通塞之關係於上游此有明以來分黃導淮之所以爲謬而至今言海口塞者動議疏濬不知海無可濬之理沙有自闢之勢惟當覘上游水勢之分合強弱自得其理不然自拆攔黃壩於今又五十年矣而黃淮滔滔東下如故全河之局不必問諸海濱矣（河渠紀聞）

是年總河董安國議開盱眙縣聖人山禹王河導淮入江（河渠紀聞）

是年總河王新命疏言禹王古河自盱眙聖人山歷黑林橋桐城鎮楊村天長縣以達六合之八里橋各有河形溪澗山岡不等若開引入江則天長楊村桐城各汊澗大水發時可不入高郵邵伯諸湖湖水不致泛溢而下河之水可減至古河之口現與淮水不相通流必建立閘座水小則閉閘以濟漕水漲則開閘以洩水庶淮水洶湧之勢可殺高堰減水壩即不便遽塞而水亦可少減是古河所減者乃於淮水暴漲之時而非時常分洩淮河之水似無不可以敵黃至天長楊村桐城挑河入江之後若入湖舊河一帶居民用水灌田或建閘或建壩再行酌議等因九卿詹事科道會議得開復禹王古河之處無庸議（河渠紀聞）

按李翱來南錄自淮沿流至於高郵乃泝至於江沈括以爲淮

泗固常入江此乃禹之舊蹟也熙甯中曾遣使按圖求之故道宛然居易錄禹貢沿於江海蔡註順流而下曰沿沿江入海自海而入淮泗達於淮泗自古江不通淮江之通淮自隋開皇大業開始閻百詩先生曰淮水入江自孟子一時誤記朱子所謂不必曲爲解說最是然鄭夾漈已强爲之說曰按左傳哀公九年吳城邗溝通江淮自是江淮始相通孟子蓋據哀公後吳王夫差所掘之道以爲禹蹟而忘卻禹貢不知亦非然也千百年眼亦有孟子蓋指夫差所掘之溝以爲禹蹟之說杜注明謂於邗江築城穿溝東北通射陽湖西北至末口入淮乃引江達淮與孟子排淮入江者不合直至隋開皇開山陽瀆大業開邗溝皆自山陽至揚子入江水流與前相反至是孟子之言始驗蓋古時江高淮低故江水入淮今淮爲黃河所奪淤沙日久轉而淮高江低也先生嘗謂孟子說錯了淮入江後九百餘

歲果自淮南入江若孟子預爲之兆者亦屬異事又按筆塵言夫差溝通江淮以窺中國後人以淮水低溝水高故立堰以防之舟行度堰入淮謂之北神堰在楚州城北五里卽今土壩所由始也周世宗南征以舟師自淮入江阻於此堰乃鑿楚州西北老鸛河水以通其道而淮水之舟皆達於江其說亦有理百詩先生又於潛邱劄記中昌言之曰孟子錯言排淮入江至隋文帝開皇七年將伐陳韓擒虎於揚州開山陽瀆以通漕煬帝大業元年以邗溝水道屈曲發民濬治自山陽至揚子入江渠廣四十步孟子之言始驗所以唐白居易詞汴水流泗水流流到瓜州古渡頭是也近河臣疏云孟子大賢去禹僅千餘年必不爲無據之言況舊蹟至今可考以盱眙縣治東二十里有聖人山山下有禹王河一名古河土人咸稱大禹治水導淮入江

故道為據余考之明一統志盱眙縣山川有新河在彭城鄉宋發運使蔣之奇開浚以避淮流之險猶未詳及讀宋史蔣之奇列傳元豐六年之奇擢江淮荆浙發運副請鑿龜山左肘至洪澤為新河以避淮險自是無覆溺之患詔增二秩升發運使河渠志元豐六年正月戊辰開龜山運河二月乙未告成長五十七里闊十五丈深一丈五尺初發運使許元自淮陰開新河屬之洪澤避長淮之險凡四十九里久而淺澀熙甯四年皮公弼請復濬治起十一月壬寅盡明年正月丁酉而畢人便之至是發運使羅拯復欲自洪澤而上鑿龜山裏河以達於淮帝深以為然會發運副使蔣之奇入對建言上有清汴下有洪澤而風浪之險止百里淮邇歲溺公私之載不可計凡諸道轉輸涉湖行江已數千里而覆敗於此百里間良為可惜宜自龜山蛇浦

下屬洪澤鑿左肋為複河取淮為源不置堰牐可免風濤覆溺之患帝遣都水監丞陳祐甫經度祐甫言往年田棐任淮南提刑嘗言開河之利其後淮陰至洪澤竟開新河獨洪澤以上未克興役今既不用牐蓄水惟隨淮面高下開深河底引淮通流形勢為便但工費浩大帝曰費雖大利亦溥矣祐甫曰異時淮中歲失百七十艘若捐數年所損之費足濟此役帝曰損費尚小如人命何乃調夫十萬開治既成命之奇撰記刻石龜山後建中靖國初之奇同知樞密院奏淮水浸淫衝刷隄岸漸成墊缺請下發運司及時修築自是歲以為常乃知疏所謂聖人山者即盱眙縣東北龜山也下有禹王河即蔣之奇元豐六年所開龜山運河也一名古河又即一統志所載之新河豈可以土俗無稽之言而據為金科玉律哉又豈可以孟子一時之誤記

而謂禹貢之不足信哉曩嘗聞諸先輩言江高而淮下禹必自淮浦入海者正行其所無事以下爲趨也今欲從瓜埠入江無論謝家鍾家曾家岡及分水嶺爲所畫斷勢必燒山鑿道且江受淮水而地形實高淮水趨江而形實窪下奈何疏又云循沿河形細閱有現在河形淤涸成田者有溪流溝澗寬窄不一者有山岡平陸高低不等者疏已自言有山岡禹時導淮入江不虞此山岡阻塞乎自相矛盾莫此爲甚至淮徑入江不復濟淮揚運道不數年而國計民生交受其病有不可言者則人所共曉不復贅云記中所言河臣即築攔黃壩之董安國也安國亦誤聽泗州莫之翰之言遽行入告不學無術一至於此泗州志有莫之翰請開禹王古河詳文曰禹之治淮原有二道禹貢之書曰導淮自桐柏東會于泗沂東入于海此一道也孟子曰排淮泗而注之江又一道也予與去大禹治水時僅一千九百餘年使無實據必不著之於書況其舊蹟則至今可考也查盱眙縣治東

二十里有聖人山山下有禹王河據土人咸稱爲大禹治水導淮入江之故道汴宋時尚通舟楫爲東南運道迨宋南渡以迄元明日就湮塞而明初又於山麓穿渠之處增土築斷以避祖陵風水反跡之嫌其現在河形深淺不一始盱眙歷天長六合以達大江在在皆有遺趾每風雨晦冥氣勢蜿蜒如長河雲霧靄中土人嘗彷彿見風帆舟檝如鼓棹挽拽狀其天時晴明河身地內間作簫管聲居民呼朋引類相率往聽不一而足大抵江淮通流之脈絡不肯終秘而以開勞鴻功歟啟後賢也此河一開可分淮流十分之四而濱淮上下可免魚鼈其利一也三開之水可勻滴不入高寶將見沮洳之民降邱宅土下河之工計日可成其利二也其洪澤湖渟滀之水不至大盈亦不至大涸不大盈則鴻濤無所肆其號怒而遙隄葦岡如磐石下流州縣可無燕雀處堂之禍其利三也不大涸則漕艘往來得以安行入河既免狂濤之險復無膠剝之煩其利四也且江淮交通檣帆絡繹利在商賈其利五也土著之民引水灌溉田畝蓄洩以時無憂旱澇其利六也天長縣志亦有其說志云或問孟子言排淮泗而注之江今何以會黃而注之海也曰淮泗未嘗不可以注之江也注江之路有三今由高郵邵伯白馬草子湖從瓜儀閘一也由盱眙天長六合一也今此渠變爲桑田矣由邵伯入芒稻河入江一也又問史稱隋煬帝鑿汴渠以通揚州看瓊花閱龍舟渠成翦綵爲芰荷錦纜牙檣美人挽搜則通自汴至揚州有河無疑世傳自天長六合開以達揚州觀音閣爲聚舟馬頭今羅四橋之西北河身猶存循而尋之徑自河南分勢下洩或直達揚州儀眞或中出泥汊河以洩

淮泗之水可平曰此第一義也皆捕風捉影之語不足據也小谷口薈蕞

馥案推五行者以水屬智而孟子論智以禹之行水譬之蓋非智者莫能治水矣世有一種鈍根人見理不明急於圖功偶聞俗論與其私心所欲行者稍有牽合遂致一向偏信愈執愈決至以捕風捉影之詞據爲考證如泗州志雲霧風帆之說甚可嗤也治水者茍能善觀地勢深悟水性而又以現在輿論從前古迹一一取而印證之自能有濟而與行所無事之旨不背矣

康熙三十六年漳水忽自分流館陶入衛濟運河渠紀聞

衛河山泉之水微弱不足濟運惟恃漳爲灌輸歷由館陶分流入衛明宏治隆慶閒出沒不常北運常虞淺涸萬歷中更從入滏陽河而館陶之流遂絕至是忽混混而來分流仍由館陶入運漳衛匯流舟行順利嗣濟甯道張伯行請引漳自成安縣柏

寺營通漳之新河接山東館陶之沙河古所云馬頰河者疏其淤塞使漳水暢流入衛衛水盛則牖河之水不致建瓴直瀉沿河古淺不復阻運此四十五年議也至四十七年全漳入於館陶漳衛合力排山倒峽而來恩德當衝受害此德州之哨馬營恩縣之四女寺建壩開支所由起也然開支以洩水而沙水易淤支河過水之後溜斷沙停河身及海漘高於內地非大加深濬水出數十里外卽不能復下不足以暢達洪流漳水湍悍衝急恩德上下諸隄加倍固守歲修大費經營則必復分流之舊使無偏注之患然後可爲永利而無害也河渠紀聞

是年六月河決時家馬頭河渠紀聞

時家馬頭北決其隄北皆係窪地志稱在宿遷十之三桃源十之五清河十之七泝海尤下民大困決後堵築不就遲至五年

之久而依違遷就於其間築攔黃壩而海口淤開新河而水流不暢衆共見之當局亦心知之下流無所歸而塞口止啼勢必有壅而更潰者明知事不得已姑隱忍以倖一日之安易曰迷復無歸言失道已遠又無所歸也河渠紀聞

治水述要卷四

後記

我是從數學史學習中逐步瞭解治黄史的。漢代《許商算術》的作者許商，好天文術數之事的王景、李尋善，他們既是數學家，又以治理黄河而聞名。我國現存最早的河工著作《河防通議》，將中國古典數學天元術運用到治黄工程中，創造了中國古代工程數學的一個高峰。除了數學史之外，内蒙古師範大學科學技術史研究還以少數民族科技史和地方科技史見長。李迪先生曾指出地方科技史研究的重要内容是人與自然環境變遷、科技遺迹與自然環境以及環境與生産的關係，此類研究具有明顯的現實意義和重要價值。想要通過大科學史研究，弄清變遷的原因和未來的發展趨勢，産出對于地方各方面的開發有更大、更直接價值的成果，這類研究大多離不開文獻。之後，李迪先生更是直接指出科技史研究不僅是對過去的科技工作和科技成果的回顧與總結，而且要着眼于現代，讓古人的發明創造爲今人服務，繼續在現代發揮其應有的作用。我將先生大科學史的治學理念視爲座右銘，在科研工作中更加注重讓科研成果服務于國家戰略與區域發展需求。

二〇一九年九月，習近平總書記在黄河流域生態保護和高質量發展座談會上指出，黄河流域在我國經濟社會發展和生態安全方面具有十分重要的地位。黄河流域生態保護和高質量發展是重大國家戰略。同年十月，黨的十九届四中全會提出『加强邊疆治理，推進興邊富民』，首次把邊疆治理寫入黨的文件。内蒙古師範大學組織科研力量，積極申報研究闡釋黨的十九届四中全會精神的國家社科基金重大項目，其中『中國特色社會主義民族區域自治制度自信研究』項目獲批。我承擔其中的『鑄牢中華民族共同體意識下的民族自治地方文化自信研究』子課題，而黄河是首選文化要素。二〇二四年，該項目順利結項，我也對黄河文化所藴含的時代價值有了更深的體會。

有鑒于此，我帶領文化遺産智能應用服務中華民族共同體建設『英才興蒙』團隊，以黄河爲主題，開展了文獻、文物、傳統工藝等多模態資源庫建設和跨模態應用示範工作。這次與内蒙古人民出版社合作出版的《黄河國家治理文獻集成》，旨在梳理和總結文獻中所藴含的歷史經驗和文化信息，爲當代及未來的黄河治理和地方文旅産業發展提供參考與借鑒。

感謝内蒙古民族文化産業研究院、巴彦淖爾市圖書館等单位的傾力相助，感謝内蒙古自治區黨委宣傳部、内蒙古出版集團、内蒙古人民出版社對本項目的支持與幫助。

在此，也向致力于黄河治理和大河安瀾的歷代先賢與當代典範表達崇高的敬意：你們的不懈努力與無私奉獻，爲黄河的安寧與人民的福祉築起了堅實的防綫；你們的智慧與勇氣，將永遠銘刻在中華民族的歷史豐碑上，激勵後人不斷前行。

董杰

二〇二五年一月

北疆文化